连栋温室

避雨棚及内置荫棚

温室内置拉幕式荫棚

外置荫棚

展览温室

月　季

香石竹

香石竹插穗苗

百合种球

百合

非洲菊

非洲菊组培苗

马蹄莲

石斛兰

大花蕙兰

六出花

郁金香

洋桔梗

金鱼草

垂花蝎尾蕉

勿忘我

蛇鞭菊

鸢　尾

鹤望兰

红　掌

高山羊齿

巴西木

散尾葵

一叶兰

三色堇

矮牵牛

孔雀草　　羽衣甘蓝

千日红　　长春花

四季秋海棠　　天竺葵

丽格海棠

君子兰　　　　　　　　　　　斑叶竹芋

仙客来　　　　　　花叶芋　　　　金琥

八仙花

紫花五色梅

金边瑞香

苏　铁

组合盆花植物选择

荷　花

睡　莲

候拍区

拍卖现场

中等职业教育农业农村部规划教材

花卉生产技术

银立新　郭春贵　主编

中国农业出版社

内 容 提 要

　　随着我国经济的发展，农业产业结构和生活方式发生了重大转变，花卉消费成为一种时尚，花卉生产也逐步趋于专业化。花卉栽培种类和品种日益增多，新材料、新技术被广泛应用。花卉贸易中对生产标准、产品质量要求和知识产权保护等各方面提出了新的挑战。本教材编写立足于中等职业教育，以服务生产，适应花卉企业岗位要求和培养学生职业能力为宗旨。教学内容以市场流行的商品性切花和盆花生产技术为主，兼顾一定的学科综合知识和花卉国际贸易常识。理论浅显，突出适用，强调学生自主探究性学习和集体作业，以利于学生自主创业和协作精神的培养。本教材适于中等职业教育相关专业教学使用，也可作为职业培训教材和高职高专教学参考使用。

主　编　银立新（昆明市农业学校）

　　　　郭春贵（江西赣州农业学校）

副主编　程　冉（山东济宁农业学校）

参　编　傅雨露（浙江绍兴农业学校）

　　　　曹永琼（昆明市农业学校）

　　　　郝建国（山西省原平农业学校）

　　　　岳红霞（晋中职业技术学院）

　　　　梁会敏（河北省邢台市农业学校）

　　　　符燕玲（云南省曲靖农业学校）

审　稿　曹春英（潍坊职业学院）

　　　　鞠志新（吉林农业科技学院）

前　言

我国幅员辽阔，气候复杂多变，具有丰富的观赏植物种质资源、悠久的花卉种植历史和花文化传承。进入 21 世纪，随着社会经济的发展和人们生活水平的提高，以及城市适宜人居环境建设步伐加快，花卉消费水平不断提高，消费需求也呈现了多样化的趋势，为农业产业结构调整和农民增收致富带来了良好的发展机遇。同时，由于花卉国际贸易严格的质量标准和知识产权保护，也对我国花卉业提出了新的挑战，更需要一大批有过硬的专业技能和懂得经营管理的从业人员来支撑花卉行业的发展。20 世纪 80 年代以来，我国大多农科类的中等职业学校都相继开办了园艺专业，在园艺、园林及种植类专业中开设《花卉学》、《观赏植物栽培学》等课程。近年来随着花卉产业的不断发展和花卉生产规模的壮大，针对职业学校毕业生适应规模化生产的岗位要求，一些出版社组织了专业技术人员编写了《花卉生产技术》教材，以满足学历教育的教学和职业培训需求。

本教材为中等职业教育农业部规划教材，由中国农业出版社组织 8 所农科类职业学（院）校长期从事花卉教学和生产的教师共同编写。在编写过程中参考了一些花卉生产企业生产规范和法国农业部制定的"BEPA（Breve d'Etudes Professionnelles Agricoles）"和"BacPro（Baccalauréat professionnel—Production horticoles）"层次，农业类职业学校的职业能力训练体系。结合目前花卉生产的实际，本教材在编写时淡化系统理论，强调学生适应岗位的能力、创新精神、团队精神和良好的职业道德培养。引导教师按照实际工作任务、工作过程和工作情景组织教学，以任务引领学生自主调查和学习。并根据当地的实际情况建设教学实习基地，有效地开展教学和生产实习。本教材在编写时考虑到南北地区的差异和市场需求，选择了一些市场上较为流行的花卉作重点介绍，适当增加了一些水培花卉、盆栽组合以及劳动力组织等内容，使用时可结合实际而增减。

本书绪论和第九章由银立新编写,第一章由岳红霞编写,第二章由梁会敏编写,第三章由郝建国编写,第四章由程冉编写,第五章由曹永琼和符燕玲共同编写,第六章由郭春贵编写,第七章、第八章由傅雨露编写,由潍坊职业学院曹春英和吉林农业科技学院鞠志新审稿。由于编写时间仓促和我们水平所限,书中出现错误和遗漏在所难免,敬请各位读者批评指正。本书在编写过程中得到了中国农业出版社和曹春英、鞠志新老师的指导,得到各参编学校领导和昆明国际花卉拍卖中心张力先生、荷兰莫尔海姆园艺公司的大力支持和帮助,谨此表示深深的谢意。

由于编者水平有限,不妥之处在所难免,敬请广大读者批评指正。

编　者

2008 年 11 月

目 录

前言

绪论 ……………………………………………………………………………………… 1

第一章 花卉分类 ………………………………………………………………………… 9

第一节 依据花卉的生物学特征特性分类 ……………………………………………… 9
第二节 依据花卉的观赏部位分类 …………………………………………………… 11
第三节 自然分类 ……………………………………………………………………… 12
  一、自然分类法的概念 ……………………………………………………………… 12
  二、植物拉丁文学名的作用 ………………………………………………………… 12
  三、国际植物拉丁文命名法则概要 ………………………………………………… 12
  四、花卉拉丁学名实例 ……………………………………………………………… 13
第四节 其他分类 ……………………………………………………………………… 13
  一、依据花卉生产栽培形式分类 …………………………………………………… 13
  二、依据花卉的商品用途分类 ……………………………………………………… 14
综合实训 ………………………………………………………………………………… 15
  当地主要花卉种类的识别与分类 …………………………………………………… 15

第二章 花卉生产的环境因子 ………………………………………………………… 16

第一节 花卉与温度 …………………………………………………………………… 16
  一、花卉对温度的要求 ……………………………………………………………… 16
  二、温度对花卉生长发育的影响 …………………………………………………… 17
第二节 花卉与光照 …………………………………………………………………… 18
  一、光照强度对花卉的影响 ………………………………………………………… 18
  二、光周期对花卉的影响 …………………………………………………………… 19
  三、光的组成对花卉的影响 ………………………………………………………… 19
第三节 花卉与水分 …………………………………………………………………… 20
  一、不同花卉对水分的要求 ………………………………………………………… 20
  二、同一种花卉在不同生长期对水分的要求 ……………………………………… 20
  三、空气湿度 ………………………………………………………………………… 21

第四节 花卉与土壤 21
　一、各类花卉对土壤的要求 21
　二、土壤的酸碱度与花卉的关系 22

第五节 花卉与空气 23

综合实训 24
　实训一 花卉生长与环境的关系调查 24
　实训二 花卉栽培的土壤类型及腐叶土的沤制 25

第三章 花卉生产设施 26
　一、温室及其建造 26
　二、塑料大棚及其建造 30
　三、荫棚及其建造 34
　四、冷藏及运输设备 35
　五、栽培容器 35
　六、其他器具 37

综合实训 39
　实训一 参观花卉的栽培设施 39
　实训二 温室及塑料大棚环境的调控 39

第四章 花卉繁殖与育苗技术 40

第一节 种子繁殖 40
　一、优良种子的条件 40
　二、花卉种子的成熟与采收 41
　三、花卉种子的寿命与贮藏 42
　四、种子的休眠与层积处理 43
　五、种子繁殖的方法与技术 43

第二节 分生繁殖 45
　一、分株法 45
　二、分球法 46

第三节 扦插繁殖 48
　一、扦插繁殖的类型和方法 48
　二、影响扦插成活的因素 51
　三、促进生根的方法 52
　四、扦插设备 52
　五、扦插苗的管理 52

第四节 嫁接繁殖 53
　一、影响嫁接成活的因素 54
　二、嫁接方法 54
　三、嫁接苗的管理及注意事项 57

第五节 压条繁殖 57

  一、压条时期 57
  二、压条的种类和方法 57
 第六节 组织培养 58
  一、营养器官的组培繁殖 58
  二、种子的组培繁殖 59
综合实训 61
 实训一 常见花卉植物种子的采收与识别 61
 实训二 种子繁殖 61
 实训三 扦播繁殖 62
 实训四 分生繁殖 64
 实训五 嫁接与压条 64

第五章 鲜切花生产技术 66

 第一节 鲜切花生产概述 66
  一、鲜切花的概念及特点 66
  二、切花生产的特点 67
  三、切花生产现状及发展趋势 68
 第二节 主要切花生产技术 69
  一、月季 69
  二、香石竹 75
  三、菊花 80
  四、唐菖蒲 82
  五、百合 84
  六、非洲菊 89
 第三节 常见切花生产技术 97
  一、马蹄莲 97
  二、石斛兰 99
  三、大花蕙兰 100
  四、六出花 102
  五、郁金香 103
  六、洋桔梗 106
  七、晚香玉 107
  八、翠菊 108
  九、金鱼草 109
  十、小苍兰 111
  十一、勿忘我 112
  十二、蛇鞭菊 113
  十三、鸢尾 114
  十四、鹤望兰 115
  十五、小金蝶兰 116
  十六、红掌 119

十七、垂花蝎尾蕉 …… 122
 第四节 常见切叶、切枝和切果花卉生产技术 …… 123
  一、高山羊齿 …… 123
  二、肾蕨 …… 123
  三、巴西木 …… 124
  四、鱼尾葵 …… 125
  五、散尾葵 …… 125
  六、一叶兰 …… 126
  七、天门冬 …… 127
  八、银芽柳 …… 129
  九、蓬莱松 …… 130
 综合实训 …… 132
  实训一 种球的采收与处理 …… 132
  实训二 切花生产技术 …… 132

第六章 商品性盆花生产技术 …… 134
 第一节 商品性盆花生产概述 …… 134
  一、盆花栽培基质及其无害化处理 …… 134
  二、上盆、换盆、翻盆 …… 137
  三、盆花浇水 …… 139
  四、盆花施肥 …… 140
  五、盆花光照调控 …… 141
  六、盆花花期调控 …… 142
  七、盆花整形与修剪 …… 143
  八、盆花包装与运输 …… 144
 第二节 一、二年生草本花卉 …… 145
  一、三色堇 …… 145
  二、矮牵牛 …… 146
  三、金盏菊 …… 146
  四、雏菊 …… 147
  五、瓜叶菊 …… 147
  六、波斯菊 …… 148
  七、万寿菊 …… 148
  八、孔雀草 …… 149
  九、蒲包花 …… 149
  十、鸡冠花 …… 150
  十一、羽衣甘蓝 …… 151
  十二、千日红 …… 151
  十三、向日葵 …… 152
  十四、茑萝 …… 152
  十五、福禄考 …… 153

十六、一串红 ………………………………………………………………… 153
　　十七、观赏辣椒 ……………………………………………………………… 154
　　十八、四季报春 ……………………………………………………………… 155
　　十九、紫罗兰 ………………………………………………………………… 155
　　二十、长春花 ………………………………………………………………… 156

第三节　多年生宿根草本花卉 …………………………………………………… 156
　　一、四季秋海棠 ……………………………………………………………… 156
　　二、丽格海棠 ………………………………………………………………… 157
　　三、天竺葵 …………………………………………………………………… 158
　　四、石竹 ……………………………………………………………………… 159
　　五、火鹤 ……………………………………………………………………… 159
　　六、君子兰 …………………………………………………………………… 160
　　七、广东万年青 ……………………………………………………………… 161
　　八、观赏凤梨 ………………………………………………………………… 162
　　九、龟背竹 …………………………………………………………………… 163
　　十、绿萝 ……………………………………………………………………… 163
　　十一、春羽 …………………………………………………………………… 164
　　十二、斑叶竹芋 ……………………………………………………………… 164
　　十三、文竹 …………………………………………………………………… 165
　　十四、吊兰 …………………………………………………………………… 166
　　十五、鹿角蕨 ………………………………………………………………… 166
　　十六、鸟巢蕨 ………………………………………………………………… 167

第四节　球根花卉 ………………………………………………………………… 167
　　一、仙客来 …………………………………………………………………… 167
　　二、大丽花 …………………………………………………………………… 169
　　三、矮生美人蕉 ……………………………………………………………… 169
　　四、花叶芋 …………………………………………………………………… 170

第五节　多肉、多浆花卉 ………………………………………………………… 170
　　一、仙人掌 …………………………………………………………………… 170
　　二、令箭荷花 ………………………………………………………………… 171
　　三、蟹爪兰 …………………………………………………………………… 172
　　四、芦荟 ……………………………………………………………………… 172
　　五、金琥 ……………………………………………………………………… 173
　　六、龙舌兰 …………………………………………………………………… 173

第六节　常见木本盆栽花卉 ……………………………………………………… 174
　　一、一品红 …………………………………………………………………… 174
　　二、西洋杜鹃 ………………………………………………………………… 175
　　三、八仙花 …………………………………………………………………… 176
　　四、倒挂金钟 ………………………………………………………………… 177
　　五、五色梅 …………………………………………………………………… 177
　　六、金边瑞香 ………………………………………………………………… 178

七、叶子花 ··· 179
　　八、朱砂根 ··· 179
　　九、变叶木 ··· 180
　　十、苏铁 ··· 181
　　十一、富贵竹 ··· 182
　　十二、马拉巴栗 ··· 182
　第七节　组合盆栽花卉 ··· 183
　　一、花卉组合盆栽的意义 ··· 183
　　二、花卉组合盆栽的原则 ··· 183
　　三、组合盆栽的制作 ··· 184
　　四、组合盆栽花卉的养护管理 ··· 184
　综合实训 ··· 186
　　实训一　盆栽基质的配制及无害化处理 ··· 186
　　实训二　盆花上盆、换盆、翻盆 ··· 188
　　实训三　盆花的养护管理 ··· 189
　附　盆花产品等级标准（节选） ··· 189

第七章　水生、水培花卉生产技术 ··· 194

　第一节　水生花卉生产技术 ··· 194
　　一、水生花卉的分类 ··· 194
　　二、主要水生花卉的生产技术 ··· 195
　第二节　水培花卉生产技术 ··· 197
　　一、容器与工具 ··· 198
　　二、水培植株的选择与取材方法 ··· 199
　　三、水质要求 ··· 201
　　四、植株固定 ··· 201
　　五、养护管理 ··· 201
　综合实训 ··· 203
　　花卉水培技艺 ··· 203

第八章　生产组织与管理 ··· 205

　第一节　制订生产计划 ··· 205
　　一、市场调查 ··· 205
　　二、企业的特色定位 ··· 205
　　三、生产计划实施 ··· 206
　第二节　生产指标管理 ··· 208
　　一、生产数量指标 ··· 208
　　二、生产技术工艺指标 ··· 209
　　三、花卉质量指标 ··· 210
　　四、新品种、新技术贮备指标 ··· 210

第三节　人力资源管理 ... 210
一、人力资源的结构配置 ... 210
二、人力资源的制度建设 ... 210
三、人力资源的关系位点与有效点 ... 211

第四节　生产成本核算 ... 212
一、成本核算的作用 ... 212
二、成本项目 ... 212
三、各成本项目的核算 ... 212

综合实训 ... 214
____（花卉企业）的现状与发展 ... 214

第九章　花卉行业运作与贸易基础知识 ... 216

第一节　花卉生产经营组织形式 ... 216
一、国外花卉行业组织与功能 ... 216
二、国内花卉生产经营组织形式 ... 217

第二节　花卉销售 ... 218
一、批发 ... 218
二、零售 ... 218
三、花卉拍卖 ... 219

第三节　花卉进出口海关业务基础 ... 221
一、花卉进出口的基本业务程序 ... 221
二、进出境植物检疫 ... 223
三、花卉品种知识产权保护 ... 226
四、濒危物种进出口管理 ... 227
五、原产地保护 ... 228

主要参考文献 ... 230

绪 论

【学习目标】 本章简要介绍我国花卉栽培与应用的历史源流和文化传承。教学时可结合园林规划设计、植物造景与环境艺术、盆景艺术、插花艺术等课程的相关内容,对当地花卉应用情况进行调研,特别是传统花卉和地方乡土树种的应用。利用业余时间查阅与花卉有关的诗词或文学作品,以提高个人的人文素养。

一、花卉与文化

花卉指的是具有观赏价值的植物,"花"为植物的繁殖器官,"卉"为百草。中国是世界上最早栽培花卉的国家之一,具有悠久的历史和花文化传承,有"世界园林之母"的美称,对世界花卉和园林的发展做出了卓越的贡献。

(一)中国花卉的历史与贡献

在出土的新石器时期仰韶文化和龙山文化遗址中,陶器的装饰纹样就有植物的花叶纹饰,公元前11世纪的殷商时期甲骨文中就有"园""花""草"等字样,同时我们的祖先师法自然,大兴苑囿,将花草树木植入庭园居所,创造适宜人居和富有美感的环境,并将自然花草的美与人的品格联系在一起。《诗经·郑风》中"溱与洧,方涣涣兮。士与女,方秉蕳兮……维士与女,伊其相谑,赠之以芍药。"说明当时男女相爱,以花传情,表达爱慕之意,与今日以玫瑰表达爱意并无分别。屈原在《离骚》中有"余既滋兰之九畹,又树蕙三百亩"之记载,可见在战国时期楚国的花卉栽培规模已非常壮观。据《三辅黄图》记载:"武帝初修上林苑,群臣远方各献名果异卉三千余种",描述汉武帝在两千多年前重修秦朝上林苑,全国各地进献名果和奇花异卉的情境,不仅造园工程庞大,也是中国古代大规模植物引种驯化的范例;张骞出使西域,带去了中国的丝绸和物种,也引入了丁香、核桃、石榴、葡萄等物种,极大地丰富了我国园艺栽培植物。

西晋嵇含的《南方草木状》是我国最早的花卉专著,对茉莉、睡莲、扶桑等花卉产地、形态和物候特征进行了描述,也是最早使用经济用途对植物进行分类的典籍。北魏贾思勰的《齐民要术》介绍了当时浸种、混播、嫁接、砧木选择以及绿篱的制作方法等,直至今日仍在沿用。唐宋以后,我国对花卉栽培、引种、驯化、装饰及造园应用、鉴赏等方面,达到了非常高的水平。历代都有有关花卉方面的专著,如唐代王方庆的《园庭草木疏》、宋朝周师厚的《洛阳花木记》、陈景沂的《全芳备祖》,明代高濂的《遵生八笺》;袁宏道的《瓶史》、王象晋的《群芳谱》,清代陈淏子的《花镜》、吴其濬的《植物名实图考》等对后世产生了极大的影响。

17世纪以后,中国的杜鹃、山茶、月季、报春、百合等数千种花卉和园林植物传入世界各地,推进了世界花卉发展的进程,极大地丰富了园林植物种类,拓展了人们视野,改善了生活的空间。

(二)花卉与艺术

1. 花卉与绘画艺术 绘画艺术是人类文明的重要内容,是人类认识自然与社会,表达观念与情感的一种特殊方式。新石器时代,我们的祖先就开始在陶器上刻画各种花纹图案及动物的形象。花卉作为美的化身,幸福的象征,已成为人类的共同审美观。以花卉、瓜果、昆虫、鸟类、鱼类等为题材的花鸟画,以及牡丹、芍药、梅、兰、竹、菊、荷花等为题材的作品广为流传,成为中国画的重要组成部分。如李嵩的《花篮图》,郑板桥的兰竹石画,扬无咎的《四梅花图》,赵孟坚的水墨白描水仙、梅花、兰、竹石等。

另外,古代建筑绘画、雕刻等方面,除了传统的青龙、白虎、朱雀、玄武、人事、鸟兽图案外,大量使用了花草树木,如缠枝、莲花、莲子、栀子、牡丹、瑞草、如意花草、吉祥草、岁寒三友、四君子等图案。包括古代陶瓷绘画艺术,形成了统一的风格。它反映了中国人的自然观和审美情趣,也体现了一种民族的情节。

2. 花卉与文学 花卉恬静、自然清新、启迪智慧,作为美的化身,幸福的象征,为历代文人雅士所倾心,他们以花为对象,通过丰富的情感和想像,运用比兴、象征、联想、寓意等表现手法来渲染花卉的美,熏陶人们的情操,赋予花卉生命与情感,它为欣赏者提供了无限广阔的想像空间。中国历代与花卉有关的文学作品,数量最大、成就最高的是咏花诗词。

(1)中国十大名花及常见的花卉雅称。

中国十大名花——梅花、牡丹、菊花、兰花、月季、杜鹃、山茶、荷花、桂花、水仙。

花中之王——牡丹;

花中之相——芍药;

花中皇后——月季;

花中西施——杜鹃;

王者之香——兰花;

花中隐士——菊花;

花中君子——莲花;

花中仙子——荷花;

花中之魁——梅花;

花中仙客——桂花;

凌波仙子——水仙;

花中妃子——山茶花;

花中双绝——牡丹、芍药；
岁寒三友——松、竹、梅；
蔷薇三姊妹——蔷薇、月季、玫瑰；
园林三宝——树中银杏、花中牡丹、草中兰；
四君子——梅、兰、竹、菊；
花中四友——茶花、迎春、梅花、水仙；
花草四雅——兰、菊、水仙、菖蒲；
盆花五姊妹——山茶、杜鹃、仙客来、石蜡红、吊钟海棠；
树桩七贤——黄山松、缨络柏、枫、银杏、雀梅、冬青、榆。

(2) 中国民间十二个月的花神传说。

正月	梅花	柳梦梅	七月	凤仙花	石崇
二月	杏花	杨玉环	八月	桂花	绿珠
三月	桃花	杨延昭	九月	菊花	陶渊明
四月	蔷薇	张丽华	十月	芙蓉花	谢秋素
五月	石榴花	钟馗	十一月	山茶花	白乐天
六月	荷花	西施	十二月	蜡梅	老令婆

(3) 花卉与诗词。古人以花为题，借花传情，阐述人生哲理，表达个人意愿与情感。诗词题裁广泛，形式多样，这里选择有代表的几首，以供欣赏。

涉江采芙蓉
汉

涉江采芙蓉，兰泽多芳草。
采之欲遗谁，所思在远道。
还故望旧乡，长路漫浩浩。
同心而离居，忧伤以终老。

饮　酒
陶渊明

结庐在人境，而无车马喧。
问君何能尔，心远地自偏。
采菊东篱下，悠然见南山。
山气日夕佳，飞鸟相与还。
此中有真意，欲辨已忘言。

买　花
白居易

帝城春欲暮，喧喧车马度。
共道牡丹时，相随买花去。

贵贱无常价，酬值看花数。
灼灼百朵红，戋戋五束数。
上张幄幕庇，旁织笆篱护。
水洒复泥封，移来色如故。
家家习为俗，人人迷不悟。
有一田舍翁，偶来买花处。
低头独长叹，此叹无人谕。
一丛深色花，十户中人赋。

（4）花卉与宗教。古希腊传说中百合是在赫拉女神喂养孩子时流下的乳汁中诞生的。希腊人和罗马人在婚礼中给新娘戴上百合编织的花冠，祝福她们拥有纯洁富足的生活。在西方许多古代艺术中使用百合图案，用百合装饰教堂代表纯洁，象征着圣母玛利亚。

菩提树和莲花被视为佛教的圣树与圣花，相传佛教创始人释迦牟尼（前565—前486年）痛感人世生、老、病、死之痛和不满婆罗门教的统治"梵天创世"之说，29岁时出家修道，历经6年的磨难，在迦椰树（菩提树）下坐禅49d，悟出世间无常及缘起。古印度人崇拜莲花，相传创造世界的大梵天，是坐在莲花上出生的；释迦牟尼降生前，百鸟群集，四时花木盛开，池塘内长出奇妙的白莲花。供佛"八宝"：轮、螺、伞、盖、花、瓶、鱼、结。"花"就是指"莲花"。佛典中"一切诸佛世界，悉见如来坐莲花宝狮子之座"。莲花便成为佛教的象征——崇高、圣洁、吉祥、平安、素雅、光明、贞静等，代表佛法无边和美好理想的化身。"佛"所居之净土为"莲花藏世界"。在东南亚地区，小乘佛教寺院内种植贝叶棕，也与古代使用棕叶撰写经书（贝叶经）有关。

道教从"天人合一"的整体观念出发，强调阴阳五行相生相克，重视人与环境的关系。由道教衍生的中国古代玄学（风水学）也十分重视人居环境与植物的关系，如一些典籍中的归纳记载："欲求住宅数世安，东种桃柳西种榆，南种梅枣北植杏"；"兰草翠竹助文昌，家有读书好儿郎"；"中庭种树主分矣，门旁种枣喜加祥；庭心种木多闲困，树植庭心遭祸殃"。抛开其迷信的一面，除了继承一些民风民俗和祈求幸福平安的因素之外，也包含我们的祖先在长期与自然搏斗，抵御自然灾害的经验总结。

中国古代官宦人家和文人，常在厅堂前花坛内种植紫薇，以求昌盛，子孙出士。因唐开元年间，改中书省为紫薇省，中书令改称紫薇令，中书省署内广植紫薇。见白居易诗："丝纶阁下文章静，钟鼓楼中刻漏长。独坐黄昏谁是伴，紫薇花对紫薇郎。"古代家居四合院，堂前庭园面积一般不大，如在院内种植高大树木，造成房屋荫蔽，影响采光。生长季节常有毛虫滋生，不利于生活与健康，雷雨季节易遭雷电袭击，故院内不种植大树。此外，家居常使用铁树、橡树、万年青、榕树、虎尾兰、富贵竹等植物，除了取其谐音外，也是其环境净化功能的经验选择。

（5）花卉与饮食文化。我国的饮食文化源远流长，食材丰富多样，加工方法变化多端。2 000多年前，屈原《离骚》中"朝饮木兰之坠露兮，夕餐秋菊之落英"诗句就是关于食用菊花的最早记载，此后历代在药物典籍和文学作品里都有花卉食用的内容。宋朝以后有关养生、饮食专著中大量出现了关于花卉使用及食品制作的专论。较著名的如：宋代林洪的《山家清供》有梅花粥、菊花粥、青槐叶捣汁做面条、白梅檀香末加水和面作馄饨皮、桂花和米粉制"广寒糕"等；明代高濂的《遵生八笺》中"饮馔服食笺"，收录了3 253种饮食和药方，其所载一百多种食品中大部分为素食，包括花卉、药物、水果和豆制品等；明代戴羲《养余月令》记载了18种食用花卉；清代顾仲的《养小录》收录了牡丹、兰花、玉兰、蜡梅、迎春花、鹅脚花、金豆花、金雀花、金莲花、芙蓉花、锦带花、玉簪花、栀子花等20多种鲜花食品的制作方法。

有关资料显示，目前食用的花卉大约200多种，由于各地的地理环境、物种资源和文化风俗等差异，花卉食用种类和加工方法也不尽相同。我国食用花卉最多的是云南，各民族都有食用花卉的传统，直接作为蔬菜食用和食品加工的花卉约100多种。如杜鹃花科植物有近20种，其他还有大白花（粉花羊蹄甲）、棠梨花、芋头花、苦刺花、野牡丹（野牡丹科）、金雀花、清明菜、玫瑰茄、芭蕉花、棕榈花、核桃花、石榴花、马蹄香花、野桑花、攀枝花（木棉花）、地涌金莲等，而且加工和食用方法多样化。食用花卉富含营养物质，风味独特，具有保健和养生的功能，随着技术的进步和人们对花卉认识水平的提高，将会有更多的花卉出现在大众的饮食中。

二、花卉的应用

随着经济的发展和生活水平的提高，人们对人居环境的生态和谐与美的追求也越来越重视，花卉装饰应用和艺术水平成为城市居民关注的话题，这里就常见的花卉应用类型作简单介绍。

1. **花坛** 花坛是一种传统的花卉装饰形式，分为平面花坛、模纹式花坛和立体花坛等类型，通常应用于道路、休闲广场、园林绿地和庭院内相对开阔的地方。可根据地形地貌设计为不同形状、不同高度，或平整、或倾斜的花坛。

（1）平面花坛。使用相同或不同的花卉栽植，形成平整划一的观赏面。如使用金叶女贞、毛叶丁香、五色梅、杜鹃、茶梅、雪茄等灌木种植修剪成型，或用石蒜、沿阶草、凤仙、秋海棠、一串红、鸡冠花、千日红、报春、羽衣甘蓝、珊瑚花等草花布置。

（2）模纹式花坛。最早在欧洲园林中使用，目前广泛用于城市绿化。以单一的植物或不同植物搭配，修剪成各种几何图案。如小叶黄杨、小叶女贞、假连翘、火棘、紫叶小檗等，或用三色苋、红绿草、三色堇、松叶菊、半支莲、银边草等组成各种图案。

（3）立体花坛。采用灌木、草花等不同植物、不同高度的搭配，形成立体的观赏面。如苏铁、红花檵木、红叶石楠、刺葵、丝兰、八角金盘、龟甲冬青、清香木与各种草花配置。

2. **花境** 花境常应用于园路两侧、绿地广场、湖滨、河畔、住宅区等地方，以长轴线为中心呈带状分布，体现植物自然群落高低错落，各种花卉交映生辉的景象，有些地方配以石组，更增添自然情趣。根据各地气候情况的不同，所用植物差异较大。一般以多年生草花为主，配以一二年生草花、乔灌木等。如樱花、垂丝海棠、木本绣球、八仙花、黄蝉、棕榈科植物、南天竹、六月雪、假连翘、红千层，以及竹芋、海芋、姜科植物、天门冬、一叶兰、珊瑚花、文殊兰等。

3. **垂直绿化** 包括花廊、花架、花栏、拱门、墙壁、立柱等装饰应用，表现立体空间的美感。一般使用攀缘植物，如紫藤、凌霄花、三叶木通、鸡血藤、炮仗花、西番莲、叶子花、爬山虎、金银花、素馨花等。

4. 水景应用 包括水体和水岸的装饰应用，如自然湖泊、人工湖泊、沼泽、溪流、泉水、跌水、瀑布等。水体装饰主要使用水生植物荷花、莲花、凤眼莲、旱伞草、菖蒲、芦苇等；水岸装饰植物依地形地貌和周围环境、植被的不同，从低等植物到高等植物均可使用，如苔藓、蕨类植物、海芋、龟背竹、麒麟叶、茅草、竹类、水曲柳、棕榈类、碧桃、樱花、珙桐、水杉等。

5. 容器栽植 容器栽植包括陶瓷、木质、石质及各种人工材料制作的栽培器皿栽植，广泛应用于绿地广场、街道及建筑外环境装饰，栽培容器大小、形状依周围环境和设计要求各异。它和传统的盆花装饰不同，一般较为固定，使用的花卉和栽培植物范围非常广，从草花到乔木都可使用。

6. 艺栽 艺栽和容器栽培相似，有些人将艺栽纳入容器栽培的范畴。艺栽和容器栽培的最大区别在于艺栽有明确的主题和精巧的构思，赋予一定的文化内涵，通常与园林小品配合使用。如置于道边的花车、流泉浇灌幸福花、引人怀旧的水车等。

7. 立体造型 用植物修剪成各种立体造型或网架制作成一定造型后用袋装花卉镶嵌。如欧洲园林中用欧洲红豆杉、鹅耳枥、柏树、橡树等修剪成篱墙、柱形、球形、半球形、伞形及建筑造型；以小叶黄杨、火棘、尖叶木犀、柏树等修剪成各种动物造型、几何形状；以网架支撑用袋装花卉镶嵌成花柱、花球、花船和各种动物、几何造型。

8. 专类花园 将同种或同科属类植物栽植于同一地段，形成独特的景观。一般在休闲公园、专题公园（植物园）中应用较多，如牡丹园、杜鹃园、山茶园、玫瑰园、兰科植物、蕨类植物专类园等。较有代表性的如阿根廷首都不宜诺斯艾利斯的玫瑰公园、摩纳哥国家公园的仙人掌及多浆植物专类园、昆明金殿公园的杜鹃园、山茶园，中国科学院西双版纳植物园中的兰科植物专类园。

9. 花艺装饰应用 以鲜切花、切叶、干花制品、各种野生植物材料、非植物材料为素材，通过艺术构思制作成花卉装饰用品来点缀和装饰环境。广泛应用于商务会展、办公环境、家庭、庆典及日常生活中，如专业的插花艺术创作、干花挂画、婚礼花车、捧花、头饰花、花环、花篮、胸花、餐饮和会议的桌饰等。

三、我国花卉生产现状与产业发展中的问题

中国是花卉种植与应用最早的国家之一，历史上由于政治、经济等各方面的原因，花卉生产大起大落。20世纪80年代以后，花卉生产走上正常的轨道，90年代以后由于产业结构调整和消费需求，花卉产业迅猛发展。至2006年，我国花卉种植面积达72.21万hm^2，居世界第一位。花卉销售额为556.23亿元，出口额达6.09亿美元，从事花卉种植的农户达1 417 266户，计从业人员达3 588 447人。花卉成为一些地方的重要支柱产业，也成为农民增收致富的重要途径，花卉产业走向可持续的健康发展道路。具体经验与问题体现在以下几个方面：

（1）花卉种植技术水平和质量不断提高，对外交流与合作进一步加强。从统计数据显示，我国花卉保护地栽培面积已接近荷兰的水平，但设施设备、管理水平和从业人员素质差距较大。种植分散，规模较小，不利于新技术的推广和整体质量提高。缺乏具有核心竞

争力的花卉企业，引领行业发展。

（2）已形成明显的花卉产业布局。按照农业部产业结构调整和发展特色农业的要求，一些省、自治区、直辖市将花卉作为农业主要产业进行规划布局，并制定了相应的产业政策。目前，基本形成了以云南、上海、广东、四川、新疆等地为主的切花生产区域；以江苏、浙江、四川、广东、福建、海南为主的园林苗木和室内观叶植物生产区域；以江苏、广东、浙江、福建、四川为主的盆景生产区域；以云南、四川、甘肃等地为主的种球（种苗）生产区域。一些传统优势品种也得到了合理的开发和利用，如河南鄢陵蜡梅、福建漳州水仙、云南兰花等。但地方特色花卉品种的系统开发、野生资源有效利用与消费需求多样化还有相当的差距。

（3）市场、物流和服务体系逐渐完善。近年来我国花卉交易市场达到2 500多个，花卉采后加工保鲜包装、冷藏设施、专业的物流体系、花卉经济公司、拍卖行和金融服务体系逐步建立和规范，为花卉产业的可持续发展奠定了良好的基础。但行业组织发展滞后，其行业自律与市场推广的功能未能充分发挥，信息化程度与准确性不高，缺乏强大的经纪人队伍和技术支撑。

（4）花卉品种知识产权保护得到政府和行业的重视，种质资源的保护和合理利用逐步得到人们的关注。由于法律法规的逐步建立健全，过去大量采集和破坏自然资源的行为得到了有效的遏制；自行繁殖未经授权的注册品种种苗逐年减少。但具有自主知识产权的花卉品种较少，育种工作与花卉产业发展不同步。在乡土树种的园林应用和开发还处于起步阶段，城市园林建设和树种应用缺乏地方特色。

（5）我国"花文化"的历史源远流长，形成咏花、赏花、论花的专业理论及在长期的实践中，培育的成千上万种花卉，影响了世界花卉产业的发展和花卉审美。中国许多花卉被赋予了人文精神，如"四君子"、"岁寒三友"等，具有丰富文化内涵和历史渊源，为我国花卉业的发展积淀了深厚的文化底蕴。但花文化的传播、消费引导与经济文化发展不相协调，从业人员和消费者的人文素养亟待提高。

四、怎样学习"花卉生产技术"课程

（1）花卉生产技术是园艺、园林和种植类专业的重要主干课程，也是一门综合性很强的学科。学习本门课程时要结合植物及植物生理学、植物栽培与环境、花卉病虫害防治、园艺植物组织培养、植物造景与环境艺术、生态环境保护等课程内容，将相关的知识融会贯通。同时参照花卉园艺师职业鉴定标准，有针对性地对考证涉及的内容加强训练。

（2）按照职业学校"手脑联动、学做合一"的培养要求，教学实习、生产实习是学习本门课程的重要环节。有条件的学校，可采取"工学交替"的培养模式，将教学和实际生产有机结合起来。选择几种当地主要的鲜切花或商品性盆花，完成从育苗到采后处理的全过程，掌握花卉生产的主要技术环节，以适应岗位要求。

（3）学习本门课程要养成良好的职业素养。注意观察记录，并对出现的问题进行分析和判断，特别是在生产实习中要养成每天写工作日志的习惯。另外，花卉生产是集体作业，工作有独立性，也有交叉性，技术措施的贯彻与实施要严谨、准确。故从业者必须具有良好的职业道德和协作精神。

（4）花卉种类繁多、性状各异，为提高自己的岗位适应能力和实际应用水平，需要不断的学习和积累。在日常生活中要将学习与娱乐结合起来，在休闲娱乐中注意周边环境的植物种类和造景应用，加深对花卉种类、特性的认识了解。可以通过"兴趣小组"的形式，在生活和学习中相互帮助，共同分享劳动成果。

（5）在教学中采用"探究性"学习方法。拟订与花卉生产、销售、文化传播相关的小课题或集体作业，在教师的指导下，以小组为单位开展调查研究，完成课题报告和作业。并充分利用实物、图片和多媒体教学手段，生动直观地开展教学。

花卉有益于人们的健康。它创造了和谐优美的生态环境与人文景观，为人和动物营造了温馨、舒适的家园。同时创造了区域特色产品—市场—农业文化地域风采和传统。愿我们在学习中以花的姿、色、香、韵、格等素质来启迪灵感和智慧，用勤奋、知识和才智实现自己人生的价值。

研究性教学提示

1. 教师在教学中要注意收集有关花文化方面的知识，并在教学中拓展。
2. 教师要收集当地花卉应用的影像资料，引导学生注意观察和借鉴他人的经验。

探究性学习与问题思考

1. 了解当地有些什么传统花卉，与花卉有关的节日和应用情况。
2. 回顾过去自己学习过有关咏花、赏花、借花言志的诗词和文章，大家共同欣赏。
3. 从学习本门课程开始，注意观察校园内及周边环境绿化所使用的花卉，建立学习卡片或记录表，加深对花卉的认识。

考证要求

本部分不涉及花卉园艺师考证具体技能操作内容，与考证相关的知识点有两个方面：
1. 结合插花艺术课程内容和插花员考证要求，了解花文化的基本知识；
2. 结合园林工程施工、园林规划设计、插花艺术等课程内容，掌握花卉应用的主要方法。

第一章

花 卉 分 类

【学习目标】 通过本章学习，了解花卉分类的方法。掌握花卉实用分类的依据，能进行简单的花卉分类工作。了解各实用分类中主要花卉种类的特性和商品用途。

在花卉生产中，能否培养出生长发育良好、具有很高观赏价值的商品花卉，关键在于在生产过程中，能否给花卉植株提供适宜的生长发育环境和采取相应的栽培技术。这就要求我们必须对花卉的生态习性、生物学特性等各方面作深入的了解。但是，花卉的种类很多，形态各异，各种花卉又有着各自的特性，所需的生态条件不一，商品用途不一，要求的栽培技术也不相同。要认识并在生产中利用它们，就必须对花卉作科学的分类。掌握花卉分类知识，对于我们了解花卉，并在生产中采取相应的栽培技术可以起到事半功倍的作用。

花卉分类的依据不同，分类的方法也不同。从花卉生产实用的角度出发，介绍5种分类方法。

第一节 依据花卉的生物学特征特性分类

由于对某一特定的综合生态环境的长期适应，不同的花卉植物在生活习性、植株形状、大小、分枝等方面表现了相似的特征。依据花卉的生物学特征特性可把花卉分为草本花卉和木本花卉两大类。

（一）草本花卉

花卉植株的茎草质，或者仅是在植株茎基部半木质化。草本花卉一般植株较小，根系浅，生产中需要给予较为及时的水肥管理。草本花卉根据其形态特征和生活习性可分为：

1. 一年生草本花卉 是指在一个生长季内完成生活史的花卉。即从播种到生长、开花、结实、枯死均在一个生长季内完成。一般在春天播种、夏秋开花结实，然后枯死。所以又称为春播花卉。

一年生花卉如鸡冠花、百日草、半支莲、万寿菊、波斯菊、凤仙花等。

2. 二年生草本花卉 是指在两个生长季内完成生活史的花卉。第一年只生长营养器官，第二年开花、结实、枯死。二年生花卉一般在第一年秋天播种，第二年春季或初夏开花。所以又称为秋播花卉。

二年生花卉如金盏菊、三色堇、石竹、紫罗兰、羽衣甘蓝、瓜叶菊等。

3. 多年生草本花卉 指花卉植株的寿命超过两年的，能多次开花结实。根据地下部分形态有无变化，又可分两类：

（1）宿根花卉。地下部分形态正常，不发生变态膨大，宿存越冬。宿根花卉又分落叶和常绿两种。落叶宿根花卉地上部分表现出一年生花卉植株性状，秋天枯死，次年继续萌芽生长开花。如菊花、芍药、蜀葵、萱草、君子兰、火鹤、兰花等。

（2）球根花卉。地下部分的根或茎发生变态肥大。根据其变态形状又分为以下5类。

①球茎类。地下茎肥大变成球形、扁球形，球体上常有环状节痕，其上长有芽和侧芽，条件适宜时便能抽芽、开花或形成新球。如唐菖蒲等。

②鳞茎类。地下茎呈鱼鳞片状。外被纸质外皮的叫有皮鳞茎，如水仙、郁金香、朱顶红等。鳞片的外面没有外皮包被的叫无皮鳞茎，如百合。鳞茎球的顶芽和侧芽都能发叶、抽枝、开花。

③根茎类。外形似根的变态地下茎肥大，上面有明显的节，并有分枝，新芽着生在节和分枝的顶端。如美人蕉、荷花等。生产上可将带分枝的根茎作繁殖材料。

④块茎类。是由地下根状茎的顶端膨大形成的，呈块状或条状，新芽着生在块茎的芽眼上。如马蹄莲、大岩桐和花叶芋等。

⑤块根类。地下主根肥大呈块状或薯状，幼芽着生在根茎部位，根系从块根的末端生出。如大丽花等。

4. 水生花卉 水生花卉是指常年生活在水中，或在其生命周期中某段时间生活在水中的花卉。水生花卉的植株全部或大部分浸在水中。水生花卉一般不能脱离水的环境而生存，如荷花、睡莲等。

5. 仙人掌及多肉多浆类花卉 仙人掌类也属于多浆类花卉，但因其种类最多，所以一般把仙人掌类独立于多浆类。仙人掌类花卉的茎大多发生变态。它们的茎部多数变态为掌状、片状、球状或各种形状的柱状。多数种类的叶变态为针刺状。如仙人掌、仙人柱、仙人球、蟹爪、金琥等。除仙人掌类外，多浆类花卉还包括其他科属的多肉植物。如龙舌兰、生石花、芦荟等，它们的叶变态为肥厚多汁。

此类花卉具有的共同形态特点是：茎叶肥厚，形态奇特。共同的生理特点是：贮水组织发达，生长发育中喜基质干旱、温度较高的环境。

6. 兰科花卉 兰科花卉是多年生草本花卉。因种类多，并具有相似的形态、生态、生理特点，可采用相似但独特的栽培方法和特殊的繁殖方法，所以在分类中把兰科花卉独立成一类。根据兰科花卉的生态习性不同，又可分为3类。

（1）地生兰。也称中国兰。此类兰花多数原产于温带和亚热带。生产上常见的种类如春兰、蕙兰、建兰、寒兰、墨兰等。

（2）附生兰。也称洋兰。此类兰花多分布于热带和亚热带，生长在树干和岩石上，根系的大部分裸露在空气中（气生根）。如卡特兰、蝴蝶兰、石斛兰、虎头兰等。

(3) 腐生兰。通常生活在死亡后腐烂的植物体上。著名中药天麻就是腐生兰中的一种。

7. 蕨类植物 蕨类植物是世界上古老的植物，属多年生草本花卉。种类较多。有的地生于亚热带山林内，有的附生于热带雨林中。此类花卉叶形丰富，株形姿态优美潇洒，已成为花卉生产中室内观叶类的主要种类。常见的如鹿角蕨、鸟巢蕨、肾蕨等。

（二）木本花卉

木本花卉植株的茎木质化，多年生。又可分为乔木花卉、灌木花卉和藤本花卉3类。

1. 乔木花卉 植株高大，有明显的主干。据形态和生长习性又可分为落叶乔木和常绿乔木。

（1）落叶乔木。一般春天萌芽，枝叶生长，开花，结果。秋天随气温的降低，落叶，树体休眠越冬。如白玉兰、银杏等。

（2）常绿乔木。四季常青。常绿乔木每年都有新叶长出，在新叶长出的时候也有部分老叶的脱落。由于是陆续更新，所以全年都能保持常绿。常绿乔木中阔叶乔木如白兰花、山茶、广玉兰、桂花等。常绿乔木中针叶乔木如红松、白皮松、华山松、雪松、圆柏等。

2. 灌木花卉 植株矮小，无明显的主干和侧枝区分，多数为丛状生长。据形态和生长习性又可分为落叶灌木花卉和常绿灌木花卉。

（1）落叶灌木。如月季、牡丹、迎春花、榆叶梅、连翘、紫丁香等。

（2）常绿灌木。如杜鹃、山茶、米兰、金边瑞香、扶桑等。

3. 藤本花卉 植株地上茎木质化，但不能直立生长，茎能攀缘或缠绕在其他物体上生长。据形态和生长习性又可分为落叶藤本花卉和常绿藤本花卉。

（1）落叶藤本。如紫藤、凌霄等。

（2）常绿藤本。如常春藤等。

第二节 依据花卉的观赏部位分类

依据花卉的主要观赏器官分类，可分为5类。

1. 观花类 此类花卉以花朵为主要观赏部位，以观赏花色、花形为主。如杜鹃、月季、菊花、大丽花、牡丹、扶桑、君子兰、茶花等。

2. 观叶类 此类花卉以叶为主要观赏部位。这类花卉的叶形奇特，叶色翠绿，挺拔直立。如龙血树属、喜林芋属、龟背竹、苏铁、变叶木、五色草、彩叶草、银边翠、雁来红及蕨类植物等。

3. 观果类 此类花卉以果实为主要观赏部位。这类花卉的果实形状小巧玲珑，果色鲜艳，一般挂果期长。如观赏辣椒、冬珊瑚、火棘、佛手、金橘、乳茄等。

4. 观茎类 此类花卉以茎为主要观赏部位，以观赏茎枝的形态和色彩为主。这类花卉的茎有的变态为肥厚的掌状，有的节间极度短缩呈念珠状，有的茎色变色等。如仙人掌、佛肚竹、光棍树、红瑞木等。

5. 观根类 此类花卉以裸露的根为主要观赏部位。如榕树盆景、龟背竹、树萝卜、山龟等。

第三节 自然分类

一、自然分类法的概念

全世界植物约有 35 万多种，其中许多木本和草本植物具有观赏价值，可以作为花卉栽培。自然分类方法是以植物进化过程中亲缘关系的远近为分类依据，即主要根据植物的形态结构异同的多少分成不同等级，把亲缘关系排列起来，形成自然的分类系统，表现自然界的进化。为了便于识别和掌握，一般按界、门、纲、目、科、属、种的等级将植物进行分类，揭示植物的系统发育和个体发育的规律，理顺了植物之间相互的亲缘关系，这就是植物的自然分类法。

这样，每种植物在分类上都有它的位置，"种"为基本的分类单位。如菊花，隶属植物界、种子植物门、双子叶植物纲、菊目、菊科、菊属、菊花种。在实践中，经常接触的是科、属、种。现在种以下又增设了变种、变型、品种等分类等级。如菊花有帅旗、绿牡丹、金背大红等 3 000 多个品种，帅旗等即为品种名称。同一科中的花卉可视为同一家族，其花、枝叶等形态方面有较多的相似之处。如蔷薇科中的月季、蔷薇、木香，都是灌木，奇数羽状复叶互生；花为整齐花，雄蕊多数，雌蕊多心皮。金盏菊、非洲菊、瓜叶菊、大丽花、百日草均是头状花序，外缘舌状花，中央筒状花，因此属菊科。

也许有人发现，为什么豆科的金合欢、刺桐，在有些书籍报刊上称含羞草科的金合欢、蝶形花科的刺桐呢？这是引用了不同的分类方法所致，都是正确的。前者引用了德国人恩格勒（1844—1930）的自然分类法，后者引用了英国人哈钦松（1884—1972）的自然分类法。这两种自然分类法是当前常用的。

二、植物拉丁文学名的作用

为了方便国际交流和统一植物名称，在植物学中已有国际命名法规的制定。即对每一种植物都命名一个国际间通用的植物学名，该学名是由拉丁文组成的，故称为植物拉丁文。自 1866 年巴黎国际植物学会开始，每隔 4~5 年即进行修改与补充，已逐渐充实，为世界各国学者普遍应用，避免人们在植物的分类、引种和利用等工作中发生不便或混乱，是国际交流不可缺少的工具。

三、国际植物拉丁文命名法则概要

（1）每一植物分类单位的学名采用拉丁文拼写，或其他语言整理成拉丁文，每种植物只有一个学名。

（2）学名为双名法，由两个词组成，第一词是属名，首字母要大写，用名词；第二个词是种名，首字母小写，用形容词。最后写上作者的姓名缩写，姓名字母少的可写全文。

（3）合法的学名必须有正式发表的描述，皆须用拉丁文。

（4）两种不同的植物不能用同一学名。若一种植物有两个或更多的学名时，只有最先发表者，为其正式学名。

（5）从一种或群废弃的学名，不能用于另一种植物。

（6）分类单位的名称应以命名的模式标本为依据。

（7）根据畸形植物命名的名称必须取消。

我国花卉的中文名称与现代植物分类等级名称相比，大多相当植物的属名，而在属名之上常加一二个形容词作为种名、变种名或品种名；国际上规定，属名在前，种名在后，变种或品种名称又在更后。

四、花卉拉丁学名实例

1. 菊花

拉丁学名：*Dendranthema morifolium*
　　　　　　属名　　　　种名

2. 郁金香

拉丁学名：*Tulipa gesneriana* L.
　　　　　属名　　种名　命名人名字的缩写

3. 唐菖蒲

拉丁学名：*Gladiolus hybridus*
　　　　　　属名　　　种名

4. 月季

拉丁学名：*Rose chinensis* Jacq
　　　　　属名　　种名　命名人

第四节　其他分类

除上述分类方法外，在实用中还常常依据花卉栽培形式、花卉的商品用途等分类。

一、依据花卉生产栽培形式分类

可把花卉分为露地花卉和温室花卉两大类。

1. 露地花卉　在自然条件下，不需要保护措施就可以完成全部生长过程的花卉，称为露地花卉。北方常用露地花卉如芍药、牡丹、月季等。

2. 温室花卉　不能适应当地的冬季低温干旱，需常年或一年中有较长一段时间内在温室中栽培的花卉，称为温室花卉。温室花卉的概念因地区气候不同而不同。如在我国北方的温室花卉种类，在我国南方常常是露地栽培花卉。

依据对温室越冬温度的要求，可把温室花卉分为3类。

（1）低温温室花卉。这类花卉大部分原产温带南部，为半耐寒性花卉，要求冬季温室夜间最低温度保持在5℃以上。如报春类及紫罗兰、倒挂金钟、瓜叶菊等。

(2) 中温温室花卉。这类花卉大多原产亚热带及温度不高的热带地区,要求冬季温室夜间最低温度保持在8~15℃以上。如仙客来、扶桑、橡皮树、龟背竹、一品红等。

(3) 高温温室花卉。这类花卉原产热带地区,要求冬季温室夜间最低温度保持在15℃以上。如变叶木、龙血树、花烛等。

二、依据花卉的商品用途分类

依据花卉的商品用途可分为以下3类。

1. **鲜切花花卉**　指可切取其茎、叶、花、果等部分组织,作为插花花艺或装饰材料的花卉。4种主要的切花花卉如菊花、月季、唐菖蒲和香石竹等。切叶类如散尾葵、蕨类、剑叶等。

2. **盆栽花卉**　指株型较小、紧凑,栽植于花盆内进行栽培管理的花卉。如观赏价值较高的观花、观果、观叶类的草本和木本花卉。

3. **花坛花卉**　指适于在城镇街道和公园的花坛中栽植的花卉。如花期较长的一二年生草本花卉、多年生的宿根花卉和球根花卉、常绿小灌木及观花小灌木等。

研究性教学提示

1. 教学中,教师要调查当地花卉市场上主要花卉种类,探讨其所属分类和主要栽培特性及市场发展前景。

2. 使学生对花卉有感性认识,带他们到花市和实训基地,欣赏花卉,认识当地市场主要的花卉种类。

3. 花卉分类的讲授和学习可采用:①通过多媒体课件展示花卉图片;②到校内园艺实训基地、校外实训基地、附近的花卉生产企业及花店进行现场参观、采集标本,认识花卉并给予不同方法的分类。

探究性学习提示与问题思考

1. 如何使学生认识并理解花卉分类的不同依据?
2. 如何使学生掌握各种实用的花卉分类方法?
3. 掌握不同的花卉分类方法对生产栽培有何帮助?哪种分类方法在生产栽培中最有指导作用?

考证提示

1. 花卉分类的概念。
2. 从花卉生产实用的角度出发,有几种分类方法?
3. 露地花卉和温室花卉在栽培管理过程中有何异同?
4. 依据生物学特征特性的花卉分类,花卉可分为几类?
5. 能识别当地40种以上常见花卉。
6. 掌握依据生物学特征特性和栽培方式的分类方法。

综合实训

当地主要花卉种类的识别与分类

一、目的与要求

通过对当地主要花卉种类的观察识别、分类，使学生熟练掌握花卉的实用分类方法，熟悉主要花卉种类的主要特性。初步了解当地花卉市场的主要花卉种类和商品用途。

二、材料与用具

当地露地花圃和花卉温室。

三、方法与步骤

参观或参与当地露地花圃和花卉温室生产活动。让学生仔细观察记录。

四、效果检查与评价

每一次观察实训至少认识 20 种花卉，在老师指导下分别就当地主要露地花卉、当地主要温室花卉填写调查报告表 1-1。

表 1-1 当地主要露地（温室）花卉的识别与分类调查表

序号	品种名称	依据生物学特性		依据观赏部位	依据生产栽培方式	依据商品用途
		草本	木本			

第二章

花卉生产的环境因子

【学习目标】 通过学习掌握花卉生长发育与光照的关系；熟悉温度、水分对花卉生长的影响；了解露地花卉和盆栽花卉对土壤的要求及气体与花卉生长的关系。

花卉与其他生物一样，其生长发育除决定于自身的遗传特性外，还与外界环境条件有关。影响花卉生长的外界环境因素主要有温度、光照、水分、土壤、大气等，这些外界因子对花卉的生长发育起着极其重要的作用。花卉人工栽培成功的关键在于掌握各种花卉对各种环境因子的需要，并采用不同的措施来适应其生态要求。

第一节 花卉与温度

各种花卉都有自己的最适温度，还有它们所能忍耐的最高和最低温度，同一种花卉在不同的生长时期，对温度的要求也不一样。在冬季有一个耐寒力的问题，在夏季有一个耐热力问题，这些都是花卉栽培成败的重要因素。

一、花卉对温度的要求

（一）花卉对温度"三基点"的要求

花卉的生长发育，对温度都有一定的要求，都有温度"三基点"，即最低温度、最适温度和最高温度。由于花卉种类不同，原产地气候条件不同，因此不同花卉温度"三基点"就有很大差异。如原产热带的花卉，生长的基点温度较高，一般在18℃左右开始生长；而原产温带地区的花卉，生长的基点温度较低，一般在10℃左右开始生长；原产亚热带地区的花卉，基点温度介于二者之间，一般在15~16℃开始生长。

一般来说，花卉的最适生长温度为25℃左右，在最低温度到最适温度范围内，随着温度升高生长加快，而当超过最适温度后，随着温度升高生长速度反而下降。

（二）花卉的耐寒力

由于花卉原产地气候条件不同，不同花卉耐寒力有很大差别，通常按耐寒力的强弱，将花卉分为以下3类：

1. **耐寒性花卉** 此类花卉大多原产温带或寒带地区，主要有露地二年生花卉、部分宿根花卉、部分球根花卉等。抗寒力强，能耐-5~-10℃的低温，在我国北方大部分地区可露地生长，如二年生花卉中的三色堇、羽衣甘蓝、雏菊、金鱼草、金光菊等；宿根花卉如蜀葵、玉簪、耧斗菜、荷兰菊、菊花等；球根花卉如郁金香、风信子等；木本花卉如碧桃、蜡梅、牡丹等。

2. **半耐寒性花卉** 这类花卉大多原产温带南端和亚热带北端地区，耐寒力介于耐寒性花卉与不耐寒性花卉之间，在北方冬季需要防寒越冬，在长江流域可安全越冬。常见种类有紫罗兰、金盏菊、鸢尾、石蒜、葱兰、石竹、福禄考等。

3. **不耐寒性花卉** 此类花卉大多原产于热带、亚热带地区，主要有一年生花卉、春植球根类花卉和不耐寒的多年生花卉即温室花卉。这一类花卉在生长期间要求的温度较高，不能忍受0℃以下温度，甚至在5℃或更高温度下即停止生长或死亡。

不耐寒的多年生草本或木本花卉，在北方不能露地越冬，需在温室内养护而成为温室花卉。由于温室花卉的原产地不同，对越冬温度的要求也不相同，温室花卉又可分为低温温室花卉、中温温室花卉及高温温室花卉。

二、温度对花卉生长发育的影响

（一）不同生长发育时期对温度的要求

同一种花卉在不同的生长发育时期对温度的要求不同，如一年生花卉，种子发芽要求较高温度，而幼苗期要求温度较低，以后随着植株的生长发育，对温度的要求逐渐提高；二年生花卉，种子发芽要求温度偏低，幼苗期要求温度更低，以利于通过春化阶段，而开花结果期则要求的温度稍高。

花卉的正常生长还需要一定的昼夜温差，一般热带植物的昼夜温差为3~6℃，温带花卉为5~7℃，而仙人掌类则为10℃以上。昼夜温差也有一定范围，并非越大越好，否则不利于植物的生长。

（二）不同花卉花芽分化发育对温度的要求

花卉种类不同，花芽分化发育所要求的温度也不相同。

1. **高温下进行花芽分化** 许多在春季开花的花木如牡丹、丁香、榆叶梅、海棠、桃花、杜鹃、山茶、梅花和樱花等，是在6~8月期间气温在25℃以上时进行花芽分化，入秋后，植物体经过低温越冬后在春季开花。

许多球根花卉的花芽分化也是在夏季较高温度下进行的，在夏季生长期进行花芽分化的有唐菖蒲、美人蕉、晚香玉等春植球根类花卉；在夏季休眠期进行花芽分化的有水仙、郁金香、风信子等秋植球根类花卉。这类花卉进入夏季后，地上部分枯死，球根进入休眠状态，此时温度不宜过高，通常最适温度为17~18℃，超过20℃，花芽分化就会受到影响。

2. **低温下进行花芽分化** 原产温带和寒带地区的花卉以及高山花卉，多要求在20℃以下比较凉爽的气候条件下进行花芽分化，如八仙花、卡特兰属、石斛兰属的某些种类在13℃左右和短日照条件下促进花芽分化；许多秋播草花如金盏菊、雏菊、三色堇等，在春季花芽分化时要求温度较低。

温度对于分化后花芽的发育也有很大影响。有些花卉花芽分化需温度较高，而花芽发育则需一段低温过程，如一些春花类木本花卉在冬季低温下花芽的发育进一步完善。如郁金香的球根，20℃处理20～25d促进花芽分化，其后2～9℃处理50～60d，促进花芽发育。

(三)低温对花卉的影响

在花卉生长发育过程中，突然的高温或低温会使花卉受到损伤，严重时会导致死亡。不同花卉对低温的抵抗力不同，同一种花卉不同的生长状态对低温的忍受能力也不相同。休眠种子的抗寒力最高，休眠植株的抗寒力也较高，而生长中的植株抗寒力明显下降，但是经过秋季和初冬冷凉气候的锻炼，可以增强植株忍受低温的能力。因此，植株的耐寒力除了与本身遗传因素有关外，在一定程度上是在外界环境条件作用下获得的。在生产中增强花卉耐寒力是一项非常重要的工作。在温室中养护的花卉或在温床中培育的幼苗，在移出温室或移植露地前，必须采取措施逐渐降温，同时加强通风，以提高其对低温的抵抗能力。在花卉的养护过程中增施磷钾肥，少施氮肥，也是增强抗寒力的栽培措施之一。常用的简单防寒措施是于地面覆盖秸秆、落叶、塑料薄膜，设置风障等。

(四) 高温对花卉的影响

高温可对花卉造成伤害，当温度超过花卉生长的最适温度时，花卉生长速度反而下降，如继续升高，则会引起植物体失水使花卉死亡。不同种类的花卉耐热能力不同，一般耐寒力强的花卉其耐热力弱，而耐寒力弱的花卉其耐热力较强，但是在温度超过了该花卉的最高温度时，就会受到伤害。一般当气温达35～40℃时，很多花卉生长缓慢甚至死亡。

为防止高温对花卉造成伤害，应经常保持土壤湿润，以促进蒸腾作用的进行，降低植物体的温度。在栽培过程中常采取灌溉、松土、叶面喷水、设置荫棚等措施以降低高温对植物体造成的伤害。

第二节 花卉与光照

光是绿色植物进行光合作用不可缺少的条件，是植物制造有机物质的能量源泉，光照主要通过光照强度、光照长度和光的组成对花卉生长发育进行影响。

一、光照强度对花卉的影响

光照强度常依地理位置、地势高低、季节以及云量、雨量的不同而变化。光照会随纬度的增加而减弱，随海拔的升高而增强；在一年当中，夏季光照最强，冬季光照最弱；在一天当中，中午光照最强，早晚光照最弱。光照强度不同，不仅直接影响光合作用的强度，而且影响到植物体一系列形态和解剖上的变化，如叶片的大小和厚薄；茎的粗细、节间的长短；叶色和花色浓淡等。不同的花卉种类对光照强度的反应不同，多数露地草花，在光照充足的条件下，植株生长健壮，着花多，花色鲜艳；而有些花卉，在光照充足的条件下，反而会生长不良，需半阴条件才能健康生长。根据花卉对光照强度的要求不同，可分为以下3类：

1. 阳性花卉 这类花卉在生长发育的过程中必须有充足的阳光，不能忍受荫蔽，否则生长不良。原产热带及温带平原、高原南坡以及高山阳面的花卉，均为阳性花卉，如多数露地一二年生花卉、宿根花卉、大部分球根类花卉、大部分木本花卉及仙人掌类、景天科和番杏科等多浆植物。

2. 阴性花卉 阴性花卉要求适度蔽荫的条件才能正常生长，不能忍受强烈的直射光线，生长期间一般要求遮阳50%～80%的环境条件，此类花卉多原产于热带雨林或高山的阴面及森林的下层，也有的自然生长在阴暗的山涧中。如兰科植物、蕨类植物、鸭跖草科以及苦苣苔科、凤梨科、姜科、天南星科、秋海棠科等植物，都为阴性花卉。许多观叶植物也属此类。这类花卉可以比较长时间地在室内陈设，在花卉应用中属于室内花卉。

3. 中性花卉 对光照强度的要求介于阳性花卉与阴性花卉之间，对光照的适应范围较大，一般喜阳光充足，但也能忍受适当的荫蔽。这类花卉大多原产于热带和亚热带地区，如杜鹃、山茶、白兰、倒挂金钟、栀子、红背桂、八仙花等，它们在原产地时，由于当地空气湿度大，一部分紫外线被水雾吸收，从而减弱了光照强度。这类花卉在北方栽培时，则不能忍受盛夏强烈的阳光直射，因此应在疏荫下或在荫棚的南侧养护，立秋以后再移到阳光充足处养护。

二、光周期对花卉的影响

昼夜长短变化对植物开花结实的影响称为光周期现象。根据花卉对光周期的不同反应分为以下几类：

1. 短日照花卉 是指每日光照时数在12h或12h以下才能进行花芽分化的花卉。一些温带地区晚秋开花的花卉，如秋菊、一品红、象牙红、叶子花、蟹爪兰等属于短日照花卉。

2. 长日照花卉 是指每日光照时数在12h以上才能进行花芽分化的花卉。许多晚春与初夏开花的花卉属于长日照花卉，如唐菖蒲、紫茉莉、飞燕草、荷花、丝石竹、补血草。

3. 中日照花卉 这类花卉对光照时间的长短没有明显的反应，只要其他条件适合，在不同的日照长度下均可开花。这类花卉种类最多，如仙客来、香石竹、月季、牡丹、一串红、非洲菊等。

三、光的组成对花卉的影响

光的组成是指具有不同波长的太阳光成分，不同光谱成分对植物生长发育的作用不同。在可见光范围内，大部分光波被绿色植物吸收利用，植物同化作用吸收最多的是红光和橙光，其次是黄光，在太阳直射光中红光和黄光最多只有37%，而在散射光中却占50%～60%。因此，散射光对半阴性花卉及弱光下生长的花卉效用大于直射光，但直射光所含紫外线较多。不可见光中的紫外线能抑制茎的伸长和促进花青素的形成，可以防止徒长，使植株矮化。一般高山上紫外线较强，高山花卉一般都具有茎秆短矮、叶面缩小、茎叶富含花青素、花色鲜艳等特征。

光线的有无，对花卉种子的发芽也有不同的影响。有少数植物的种子，需在有光的条件下才能萌发良好，一般称为光性种子，如报春花、秋海棠、杜鹃等，对于这类种子，播种后不必覆土或稍覆土即可；有些花卉的种子需要在黑暗条件下才能萌发，称为嫌光性种子，如苋菜、菟丝子等，这类种子播种后必须覆土，否则不会发芽。

另外，光照强弱对花蕾开放时间也有很大影响，半支莲、酢浆草在强光下开花，日落后闭合；月见草、紫茉莉、晚香玉于傍晚盛开，第二天日出后闭合；昙花则于晚间9时以后开花，0时后逐渐败谢；牵牛花只盛开于每日的晨曦中。绝大多数花卉晨开夜闭。

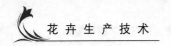

第三节 花卉与水分

水是植物体的重要组成部分,也是植物生命活动的必要条件,没有水就没有生命。如果水分供应不足,种子就不能萌发,扦插不能生根,嫁接不能愈合,光合、呼吸和蒸腾都不能正常进行,严重缺水还会造成凋萎甚至死亡。如果水分过多,又会造成植株徒长、烂根,抑制花芽分化,刺激花蕾脱落,不但降低了花卉的观赏价值,严重时还会造成死亡。

一、不同花卉对水分的要求

水是植物体的重要组成部分,植物体的生理活动也都是在水的参与下进行的,如植物的光合作用、呼吸作用、蒸腾作用、矿物质营养的吸收及运转等。由于花卉的原产地不同,生存地的土壤水分和空气湿度也不相同,造成了植物对水分的需求也不相同。依据花卉对水分的要求不同分为以下几类:

1. **旱生花卉** 此类花卉耐旱性强,长期忍受干旱也能生长发育。为了适应干旱的环境,旱生花卉在外部形态和内部构造上产生了许多变化,形成了固有的耐旱特性,如叶片变小或退化成刺状、毛状或肉质化;表皮角质层加厚,气孔下陷;叶片质地硬而且革质,有光泽或具有绒毛,这些形态特征可有效地减少水分蒸发;细胞液浓度与渗透压增大,减少了植物体内水分的蒸腾,生长速度慢,同时这类花卉地下根系发达,吸收水分能力强,也增加了其抵御干旱的能力。本类花卉多见于雨量稀少的荒漠地区和干燥的低草原上。如仙人掌科、景天科、番杏科以及大戟科等多浆植物。在栽培管理中应掌握"宁干勿湿"的浇水原则。

2. **湿生花卉** 该类花卉耐旱性弱,需要生长在潮湿环境中,在干旱或中等湿度环境下生长不良或枯死。其特点是根系不发达,须根多,水平状伸展,吸收表层水分。这类花卉在原产地多生长在湖泊、小溪边,或生长在热带雨林的气候条件下。如一些热带兰、蕨类、凤梨科、天南星科、鸭跖草科、秋海棠类、湿生鸢尾类等花卉。在花卉栽培中应掌握的浇水原则是"宁湿勿干"。

3. **中生花卉** 这类花卉适于生长在干湿适中的环境中,对水分要求介于旱生花卉与湿生花卉之间。有些种类偏向于旱生植物特征,喜中性偏干燥环境;有些种类偏向于湿生植物特征,喜中性偏湿环境。绝大部分露地花卉属于此类。在花卉栽培中,对于喜中性偏干燥环境的花卉,其浇水原则是"干透浇透";对于偏向于湿生环境的花卉,其浇水原则是"见干见湿",也就是保持60%左右的土壤含水量。

4. **水生花卉** 是指常年生活在水中或沼泽地上的花卉。水生花卉的植物体全部或大部分浸没在水中,一般不能脱离水湿环境。这类花卉体内具有发达的通气组织,通过叶柄叶片直接呼吸氧气,须根吸收水分和营养。其根系不发达,输导组织衰退,机械组织弱化。由于水中光照较弱、氧气较少,因此水生花卉的沉水叶叶片通常柔软,小而薄,有的还裂成线状,以扩大与外界的接触面。通常根据其生活方式和形态的不同而分为挺水花卉、浮叶花卉、漂浮花卉、沉水花卉四大类。

二、同一种花卉在不同生长期对水分的要求

同种花卉在不同生长期对水分的需要量不同。种子发芽时,需要较多水分,种子吸水

膨胀后，呼吸强度增加，各种酶的活性加强，有利于蛋白质和淀粉的分解、转化，从而有利于胚根抽出。幼苗期根系弱小，在土壤中分布较浅，抗旱力极弱，必须经常保持土壤湿润。从幼苗后到苗期这一阶段，有一"蹲苗"期，此时需要控制水分，以利于根系的生长，便于形成发达的根系。成长期植株抗旱能力虽有所增强，由于花卉正处于营养生长旺盛阶段，必须给予适当水分。生殖期需水较少，控制营养生长速度，使枝条及时停止生长，促进花芽分化。孕蕾期和开花期需水偏少，可以适当延长花期。坐果期和种子成熟期，需水少，可延长挂果观赏期和利于种子成熟。

三、空气湿度

花卉在生长过程中，一般要求较高的空气湿度，但湿度过大往往会导致植株徒长，并易造成落蕾、落花、落果，同时还降低了对病虫害的抵抗能力，尤其是在冬季温室养护阶段，室内的空气湿度常常显得过高，因此要通过通风来降低室内的空气湿度。开花结实时要求空气湿度相对较小，否则会影响开花和受精。种子成熟时，要求空气比较干燥。对于观叶类花卉，在养护时则需要较高的空气湿度，以增加叶片的亮度和色泽。

花卉在进行扦插、嫁接或分株繁殖时，大多需要80%以上的空气相对湿度，才能使繁殖材料长期处于鲜嫩状态，从而提高繁殖成活率。

第四节　花卉与土壤

土壤是花卉进行生命活动的场所，花卉从土壤中吸收所需的营养、水分和氧气。土壤的理化性质、肥力及酸碱度，都会对花卉的生长发育产生重大影响。

一、各类花卉对土壤的要求

花卉种类不同，生产方式和栽培目的不同，以及同一种花卉的发育时期不同，对土壤的要求是有差异的。

（一）露地花卉

露地花卉的根系在土壤中能够自由伸展，对土壤要求不太严格，一般情况下除砂土和重黏土只限于少数种类能生长外，其他土质的土壤只要土层深厚，通气和排水良好，具有一定的肥力均可适应大多数花卉生长发育的要求。

1. **一、二年生花卉**　一、二年生花卉在排水良好的砂质壤土、壤土和黏质壤土上都可以正常的生长，最适宜的土壤是表层土疏松肥沃、土壤水分适中、富含有机质的土壤。

2. **宿根花卉**　由于宿根花卉一次种植多年生长，其根系比一、二年生花卉的根系要强大得多，入土比较深，因此土层的深度应在40~50cm之间，并且栽植时要施入大量有机肥，以维持长期的良好土壤结构。

3. **球根花卉**　球根花卉对土壤要求比较严格，要求表层土深厚、富含腐殖质、排水良好的砂质壤土或壤土，以下层是排水良好的沙砾土，表层是深厚的砂质壤土为最好。

（二）温室花卉

温室盆栽花卉由于花盆的容量有限，使根系的伸展受花盆的限制，因此培养土的好坏就成了培养盆花成败的关键因素。为了满足盆花生长发育的要求，对盆土的要求较高，要求盆土营养丰富、疏松透气、排水保水性好、腐殖质丰富、肥效持久、酸碱度适宜、无病虫害和杂草种子。配制培养土常用的土料有：

1. **田园土** 为菜园中或者田园耕作地的表层熟化的壤质土。这类土料物理性状结构疏松、透气、保肥、保水、排水效果好，是配制培养土的主要土料，但不能单独使用。北方的田园土 pH 多在 7~7.5 之间，南方多在 5.5~6.5 之间。

2. **泥炭土** 为古代沼生植物埋藏地下而分解不完全的有机物腐物土。这类土风干后呈褐色或黑褐色，pH5~6 之间，质地松软，透水通气性好，持水能力强。因其呈酸性，在北方栽培酸性土花卉时，是配制重量轻、质量好、不含病虫的培养土的最佳土料之一。

3. **松针土** 在松林的下面，常有一层由松树的枯枝落叶风化而成的松针土，呈灰褐色粉面状，既有一定肥力，通气和透水性能又非常好，更重要的是松针土呈强酸性反应，加入培养土中可中和北方田园土中的碱，是北方调制酸性培养土的重要原料。

4. **腐叶土** 秋季收集落叶、杂草，与土壤分层堆积，浇水后发酵腐熟。经过一年的沤制，打开土堆后腐熟的树叶见光后自然变成粉末状，经过翻捣过筛，可直接用来栽培多种盆花。腐叶土具有丰富的腐殖质，疏松肥沃，排水性能良好，具有较好的保水和保肥能力。但因含有较多的生物碱，常呈微碱性反应，所以不适用于酸性土花卉。在沤制腐叶土时如能用锯末代替树叶、杂草则效果更好，只是腐熟的时间更长一些。

5. **河沙、面沙** 河沙是旧河床被冲刷的冲积土，颗粒较粗。面沙是河床两岸的风积土，比河沙细。这两种土料通气透水性强，不含肥力，不含杂质。土壤酸碱度呈中性。春季土温上升快，宜于发芽出苗，保肥力差，易受干旱。常作扦插苗床或栽培仙人掌和多浆植物使用。

6. **山泥** 取于阔叶树或针叶树林下相对腐熟的土壤。这种腐叶土疏松、质地轻、排水透气性好，pH6.0~6.5，呈微酸性反应。可用于栽培山茶、杜鹃、茉莉、栀子、瑞香、地生兰等喜酸性土花卉。

7. **塘泥** 池塘中的沉积土。有机质丰富，秋冬挖出晒干，打成 1~1.5cm 直径的小块，可用它直接上盆栽植花卉或配制培养土使用。

绝大部分土壤都含有病菌和虫卵，同时也含有利于有机质分解的好气性细菌。因此只对播种和扦插时使用的盆土进行消毒，一般上盆用土只用农药杀死病原孢子和虫卵即可。

二、土壤的酸碱度与花卉的关系

土壤的酸碱度是指土壤中的氢离子浓度，用 pH 表示。土壤 pH 大多在 4~9 之间。土壤的酸碱度影响土壤有机物与矿物质的分解和利用，如在碱性土壤中，铁与氢氧根离子形成沉淀，无法被植物根系吸收利用，常造成喜酸性花卉发生缺铁现象，使花卉幼叶失绿，整片叶片呈黄白色。

土壤的酸碱度要符合花卉生长的要求，各种花卉对土壤酸碱度的适应力有较大的差异，根据花卉对土壤的酸碱度反应分为 3 种类型：

1. **酸性花卉** 此类花卉在土壤 pH4~5 之间生长良好。因花卉种类不同，对酸性要求差异较大，如凤梨科植物、蕨类植物、兰科植物以及栀子、山茶、杜鹃花等对酸性要求严格，而仙客来、朱顶红、秋海棠、柑橘、棕榈等相对要求不严。

2. 中性花卉 适合于土壤pH6.5～7.5之间生长良好的花卉。绝大多数花卉均属此类。如一串红、鸡冠花、半支莲、凤仙花、月季、菊花、牡丹、芍药等。

3. 碱性花卉 能耐土壤pH7.5以上生长的花卉。如石竹、香豌豆、天竺葵、非洲菊、柽柳、蜀葵等。

第五节　花卉与空气

空气中的各种成分对花卉的生长发育有不同的影响，有的为花卉生长所需要，而有些气体则会使花卉的生长受到危害。

1. 氧气 植物随时进行着呼吸，呼吸作用是离不开氧气的。在一般的栽培条件下，不会出现氧气不足的情况，但是当土壤质地黏实、表土板结或土壤含水量过高时，会影响气体交换，使土壤中二氧化碳大量聚积，氧气不足，造成根系呼吸困难。不同花卉的种子萌发对氧气的要求也不同，如翠菊、波斯菊等种子浸种时间过长，往往因缺氧而不能发芽，但是有些花卉种子，如矮牵牛、睡莲、荷花、王莲等能在含氧量极低的水中发芽。大多数花卉种子需要土壤含氧量在10%以上时发芽情况比较好，土壤含氧量在5%以下时，许多种子不能发芽，因此，在播种时土壤的含水量要适宜。

2. 二氧化碳 空气中二氧化碳的含量虽然很少，仅有0.03%左右，但对植物生长影响却很大，是植物进行光合作用的重要物质之一。在一定范围内，增加空气中的二氧化碳含量，可增加光合作用强度，促进植物生长。但当空气中二氧化碳体积分数达到2%～5%时，就会对光合作用产生抑制效应。当二氧化碳浓度低于正常浓度80%时，就会降低植物的光合作用，因此花卉的栽植密度和盆花的摆放密度都不要过大，注意通风。

3. 氨气 在保护地栽培中，由于大量施用肥料，常会产生过多的氨气，对花卉的生长造成不良影响。当空气中氨的含量达到0.1%～0.6%时就可发生叶缘烧伤现象；含量达到4%时，经过24h，植株就会中毒死亡。施用尿素后也会产生氨气，为了避免氨害的产生，最好在施肥后盖土或浇水。

4. 其他有害气体 在工业集中的区域，空气中的有害物质较多，对花卉生长影响较大的污染物质有粉尘、二氧化硫、氟化氢、一氧化碳、硫化氢、氯、乙烯、甲醛等。不同污染物质对花卉的危害程度不同，各种花卉对有害气体的抗性差异也很大。

（1）抗二氧化硫的花卉。当空气中二氧化硫含量增至10～20μl/L时，花卉就会受到伤害，浓度越高，危害越重。二氧化硫对花卉的危害症状是在叶脉间产生许多褪色斑点，受害严重时变为黄褐色或白色，叶缘干枯，叶片脱落。不同的花卉对二氧化硫的抗性不同，抗性强的花卉有：金鱼草、美人蕉、百日草、鸡冠花、蜀葵、金盏菊、晚香玉、大丽花、唐菖蒲、玉簪、凤仙花、酢浆草、地肤、石竹、菊花、夹竹桃、山茶、月季、紫茉莉、石榴、龟背竹、鱼尾葵、野牛草等。

（2）抗氟化氢的花卉。在氟化物中毒性最强、排放量最大的是氟化氢，主要来源于炼铝厂、磷肥厂和搪瓷厂等厂矿地区。氟化氢首先危害花卉的幼芽或幼叶，使叶尖和叶缘出现淡褐色至暗褐色病斑，并向内扩散，然后出现萎蔫现象。还能导致植株矮化、早期落叶、落花和不结实。对氟化氢有抗性的花卉如天竺葵、棕榈、一品红、大丽花、倒挂金钟、万寿菊、山茶、秋海棠、紫茉莉、半支莲、菊花、美人蕉、葱兰、矮牵牛等。

（3）抗氯气和氯化氢的花卉。空气中氯气和氯化氢含量高时对花卉产生的危害症状和二氧化硫相似，但受伤组织和健康组织之间常无明显界限。毒害症状多出现在生理旺盛的叶片上，老叶和嫩叶受害较少。抗氯气和氯化氢的花卉有矮牵牛、夹竹桃、紫薇、龙柏、刺槐、丁香、广玉兰、山茶、代代、鱼尾葵、杜鹃、唐菖蒲、千日红、石竹、大丽花、鸡冠花、月季、金盏菊、朱蕉、紫茉莉、翠菊、肾蕨、扶桑等。

研究性教学提示

在学生识别花卉和了解花卉分类的基础上，充分利用校内外实习基地对学生进行现场指导，使学生熟悉各种花卉所需的环境条件。

探究性学习提示与问题思考

1. 简述温度对花芽分化和发育的影响。
2. 花卉对光周期的反应及对花期调控起到哪些作用？
3. 依花卉种类不同、生长发育时期不同，如何进行合理灌溉？
4. 依据花卉对土壤酸碱度的要求，可将花卉分为哪几类？举出其主要代表植物。
5. 依据花卉对光照长度的要求，可将花卉分为哪几类？各有什么特点？列举常见的短日照花卉。

考证提示

1. 依花卉对温度的要求如何分类？
2. 依花卉对光照强度和光照长度的要求如何分类？
3. 依不同原产地的花卉对水分的要求如何分类？
4. 各类花卉对土壤的要求有哪些？
5. 试述有害气体对花卉的危害。
6. 在所认识的花卉中准确区分耐寒性花卉、半耐寒性花卉和不耐寒性花卉；准确区分阳性花卉、阴性花卉、长日照花卉、短日照花卉、长日照花卉和中性日照花卉；准确区分旱生花卉和湿生花卉；准确区分酸性花卉和碱性花卉。
7. 依据花卉对土壤酸碱度的要求，可将花卉分为哪几类？举出其主要代表植物。
8. 腐叶土的沤制。

综合实训

实训一　花卉生长与环境的关系调查

一、目的与要求

通过本次调查，了解不同的花卉种类对温度、水分、土壤、光照等环境因子有不同的要求。

二、场地与材料

选择当地 1～2 个花圃，花卉种类较多，具有温室花卉与露地花卉，阳性花卉与阴性花卉，酸性花卉与碱性花卉，旱生花卉与湿生花卉等。

三、方法与步骤

教师讲解各类花卉的特性后认真观察其形态特征与环境的关系，并进行记录。

四、效果检查与评价

1. 了解花卉生长与环境的密切关系。
2. 将所看到的花卉对温度、水分、土壤、光照等环境因子的要求填入表 2-1。

表 2-1　几种花卉对环境因子的要求

花卉种类	温度要求	水分要求	土壤要求	光照要求

实训二　花卉栽培的土壤类型及腐叶土的沤制

一、目的与要求

了解花卉栽培的土壤类型，掌握腐叶土的沤制方法。

二、材料

1. 准备不同的土壤，如田园土、松针土、山泥、塘泥、河沙等。
2. 收集落叶、杂草等有机材料。

三、方法与步骤

1. 观察各类土壤的理化特性，特别是土壤的保肥性、保水性、疏松程度及酸碱度等。
2. 用田园土和落叶、杂草为材料沤制腐叶土。先放一层收集来的落叶、杂草，再放一层田园土，如此反复堆放数层后，再浇上足量的水，最后在顶部盖上一层约 10cm 厚的田园土。
3. 沤制时应注意：一是不要压得太紧，保持一定的空气含量，以利加速堆积物分解。二是不要使堆积物过湿。过湿会造成通气不好，在缺氧条件下厌气性细菌会大量繁殖，使养分散失，影响腐叶土质量。

四、效果检查与评价

经过一年的沤制，打开土堆后腐熟的落叶、杂草见光后自然变成粉末状，经过翻捣过筛，可直接用来栽培多种盆花或作为配制培养土的材料。腐叶土具有丰富的腐殖质，疏松肥沃，排水性能良好，具有较好的保水和保肥能力。

第三章 花卉生产设施

【学习目标】 主要介绍现代花卉生产的设施,以及如何设计和建造。学习中,应该重点掌握这些设施在花卉生产过程中如何应用等技术。

花卉生产较其他植物的生产精细,除了要求植株健壮外,还要求姿态美观、色彩鲜艳。另外,花卉常集世界名花异卉于一地,由于它们具有不同的生态型及受自然条件的限制,栽培条件差异较大。为了满足人们周年对花卉的需要,除了一般管理技术外,必须在一定的生产设施条件下进行生产,才能获得成功。

花卉生产设施是指人为建造的适宜或保护不同类型的花卉正常生长发育的各种建筑及设备,主要包括温室、塑料大棚、冷床与温床、荫棚、风障以及机械化、自动化设备、各种机具和容器等。

一、温室及其建造

温室是指用有透光能力的材料覆盖屋面而成的保护性植物栽培设施。在现代化的花卉生产中,温室可以对温度等环境因素进行有效控制,在生产中具有重要作用,特别在冬季进行花卉栽培,是必不可少的生产设施。温室用于原产热带、亚热带花木的栽培,切花生产以及促成栽培,是花卉栽培中应用最广泛的栽培设施,比其他栽培设施(如风障、冷床、温床等)对环境因子的调节和控制能力更强、更全面。

温室栽培在国内外发展很快,并且向大型化、现代化及花卉生产工厂化发展。

(一)温室的种类和结构

温室的种类繁多,通常依据温室的应用目的、温度、栽培植物、结构形式、设置位置、温度来源、建筑材料和屋面覆盖材料不同来区分。

1. 依温室温度分类

(1)高温温室。室内温度保持在15~30℃之间,其最适宜温度为25℃左右,供栽培与养护热带原产的花木和冬季生产切花、促成栽培及代替繁殖温室使用。

(2)中温温室。室内温度保持在10~18℃,其最适宜温度为16℃左右,栽培和养护亚热带原产的花卉和对温度要求不高的热带花卉。

(3) 低温温室。室温保持在 5~15℃，最适宜温度为13℃左右，供一部分亚热带和大部分暖温带原产的常绿花木越冬使用。还可保护不耐寒花卉越冬，也可作耐寒花草的生产。

(4) 冷室。室温保持在 1~10℃，最适宜温度为 6℃，供保存在当地部分冬季不能露地越冬的盆花、南方原产的花木和部分桩景植物。还可贮存其他耐寒的宿根和球根花卉。

2. 依温室屋面的形式分类

(1) 单屋面温室。一般是北、东、西 3 面是墙体，屋面向南倾斜，单面采光。东西一般跨度为 6~8m，北墙高 2.7~3.5m，墙体厚度 0.5~1.0m，顶高 3.6m，其优点是光照充足，造价低廉；缺点是通风不良，室内光照不均匀。适用于北方严寒地区。

(2) 双屋面温室。多南北延伸，东西屋面相等。屋面倾斜角 25°~35°之间，跨度为 6~10m。优点是室内受光充足均匀，温度较稳定，适于栽培盆花和进行大面积切花生产；缺点是保温性较差，昼夜温差也大，多用于长江流域。

(3) 不等屋面温室。坐北朝南，南面为倾斜的玻璃屋面，北坡约为南坡的 1/2，故又称为 3/4 屋面温室，其倾斜度应与当地冬至真正午时太阳光线相垂直。东西向延伸，南北屋面不等长，一般跨度 5~8m。光照强度提高了，通风较好，但仍有光照不均、保温性能不及单屋面温室的缺点（图 3-1）。

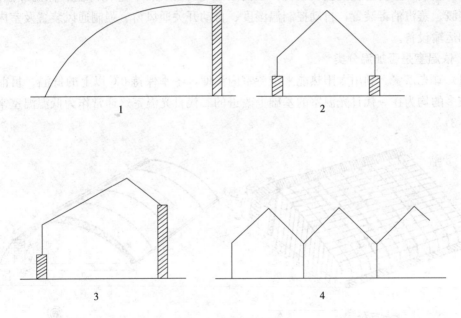

图 3-1 温室屋面形式
1. 单屋面温室 2. 双屋面温室 3. 不等屋面温室 4. 连栋温室

3. 依温室建筑形式分类

(1) 单栋温室。即单个独立的温室。

(2) 连栋温室。由同一样式或相同结构的两栋或两栋以上的温室连接而成。由东向西排列而成。其特点是占地面积少，采暖集中，光照好且分布均匀，空间大，便于机械化作业；缺点是供暖降温耗能较大（图 3-2）。

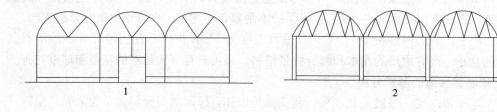
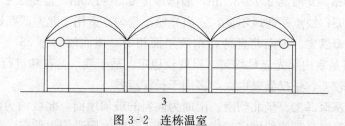

图 3-2 连栋温室
1. 拱形塑料连栋温室 2. FRP 连栋温室 3. 双层冲气塑料连栋温室

目前国际上现代化温室皆采用此种形式。温室除结构骨架外，所有屋面墙体都为透明材料，如玻璃、塑料薄膜或塑料板材。室内还配有补充光照、遮阳降温、保温加温装置，人工灌溉、蒸汽消毒装置，自动控制温湿度、自动开关通风窗、强制通风装置及室内机械操作和运输设备。

4. 依温室是否加温分类

（1）日光温室。利用太阳热能来维持室内温度，冬季保持 0℃以上的低温。目前各地应用较多的均为在一代日光温室的基础上改进的二代日光温室。通常作为低温温室来应用（图 3-3）。

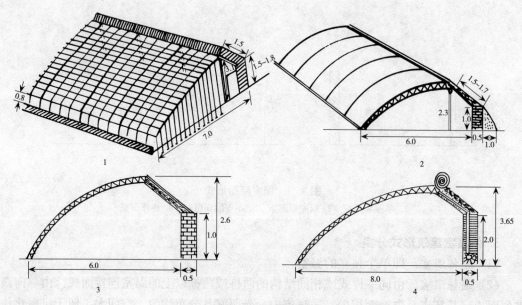

图 3-3 日光温室的主要构型（单位：m）
1. 琴弦式日光温室 2. 钢竹混合结构日光温室 3. 辽沈Ⅰ型日光温室 4. 改进冀优Ⅱ型节能日光温室

(2) 加温温室。除利用太阳能外，还采用热水、蒸汽、烟道和电热等人工的加热方法来提高室内温度。中温温室与高温温室多属加温温室。

5. 依温室覆盖材料分类

(1) 玻璃温室。多以 5mm 厚的玻璃为屋面的覆盖材料，为了防雹也有使用钢化玻璃的，玻璃透光度大，使用年限久（图 3-4）。

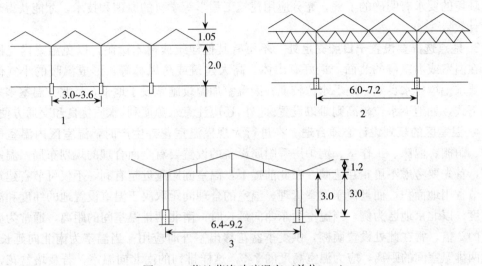

图 3-4 荷兰芬洛玻璃温室（单位：m）
1. 荷兰 A 型 2. 荷兰 B 型 3. 荷兰 C 型

(2) 塑料薄膜温室。采用 PVC、PE、EVA 膜板等软质材料覆盖的塑料温室。

(3) 硬质塑料板材温室。采用 PC 板、FRA 板、FRP 板和复合板等硬质材料覆盖的塑料温室。

6. 依温室用途分类

(1) 观赏性温室。多设在公园、植物园、科技示范园区或高校院内，外形要求美观、高大，主要目的供陈列展览观赏植物、普及科学知识或教学之用，其建筑形式也具有一定的艺术性。

(2) 生产性温室。以花卉生产栽培为主，其建筑形式以适于生产需要和经济实用为原则，不注重外形。一般建筑低矮，外形简单，室内地面利用甚为经济。

(3) 研究性温室。以科学研究为主要目的，对温室各方面的条件要求都较高。

7. 以温室建筑材料分类 温室依建筑材料可分为砖（土）木结构温室和金属结构（钢材结构、铝合金结构、钢材铝合金混合结构等）温室等。

（二）温室设计与施工中应注意的问题

1. 根据使用地区气候条件来设计温室 不同地区气候条件各异，温室性能只有符合使用地区的气候条件，才能充分发挥其作用。如在我国南方夏季高温多雨，若温室设计成无侧窗，用冷湿帘加风机降温，则白天温室温度会很高，难以保持适于温室植物生长的温度，不能进行周年生产。再如昆明地区，四季如春，只需简单的冷室设备即可进行一般的温室花卉生产，若设计成具有完善加温设备的温室，则完全不适用。因此，要根据温室使用地区的不同气候条件,设计和建造温室。

2. **满足不同花卉的生态要求** 温室设计是否科学和实用,主要是看它能否最大限度地满足花卉的生态要求。也就是说,温室内的主要环境因子,如温度、湿度、光照、水分等都要符合花卉的生态习性。不同的花卉,生态习性不同,同一花卉在不同生长发育阶段,也有不同的要求。因此,温室设计者要对各类花卉的生长发育规律和不同生长发育阶段对环境的要求有明确的了解,充分应用建筑工程学等学科的原理和技术,才能获得理想的设计效果。

3. **地点选择要设置于日照充足处** 不可有其他建筑或树木遮荫,以免温室内光照不足。在温室或温室群的北面,最好有山体、高大建筑或防风林等,形成温暖的小气候环境。要求土壤排水良好,地下水位较低,因温室加温设施常设于地下,且北方温室多采用半地下式,如地下水位较高则难以设置。此外,还应注意水源便利,水质优良和交通方便。

4. **温室区的规划设计必须合理** 在进行大规模温室花卉生产时,温室区内温室群的排列、荫棚、温床、工作室、锅炉房等附属设备的设置要有全面合理的规划布局。温室的排列,首先要考虑不可相互遮荫,在此前提下,温室间距越近越有利,不仅可节省建筑投资,节省用地面积,而且便于温室管理。温室的合理间距取决于温室设置地的纬度和温室的高度。以北京地区为例,当温室为东西向延长时,南北两排温室间的距离,通常为温室高度的2倍,常在此处设置荫棚,供夏季盆花移出室外时应用;当温室为南北向延长时,东西两排温室间的距离,应为温室高度的2/3,这样排列的南北向温室,若栽培盆花,要考虑在温室附近再留出适当面积设置荫棚。当温室高度不等时,高的温室应规划在北面,矮的放在南面。工作室和锅炉房常设在温室的北面或东西两侧。若要求温室设施比较完善,建立连栋式温室较为经济实用,温室内部可区分成独立的单元,分别栽培不同的花卉。

5. **温室屋面倾斜度的确定** 太阳辐射能是温室热量的基本来源之一。温室屋面角度的确定是能否充分利用太阳辐射能和衡量温室性能优劣的重要标志。温室利用太阳辐射能,主要是通过向南倾斜的玻璃(或塑料)屋面取得的。温室获取太阳辐射能的多少,取决于太阳的高度角和温室南向玻璃屋面的倾斜角度。太阳高度角一年中是不断变化的,而温室的利用,多以冬季为主。在北半球,冬季以冬至(12月21、22或23日)的太阳高度角最小,日照时间也最短,是一年中太阳辐射能量最小的一天。通常以冬至中午的太阳高度角作为计算向南玻璃屋面角度的依据。如果这一天温室获得的能量,能基本满足栽培植物的生态要求,则其他时间温度条件会更好,有利于栽培植物的生长发育。

6. **生产性设施的安排** 如生产鲜切花的温室应有栽培床(其中填入基质或栽培土等)、水池、加温设备,以及补光、遮光、喷雾及通风等装置。温室外应有冷藏室、组织培养室、荫棚以及工具房等。

7. **配套设施的布局** 大型温室应考虑非生产性建筑物和设备的合理布局,如加温系统、降温系统、给水系统、电力系统、物质贮运场所和办公生活设施等。

二、塑料大棚及其建造

塑料大棚,是一种简易实用的保护地栽培设施,是用塑料薄膜和其他硬质骨架材料制成的建筑物。在我国北方地区，主要是起到春提前、秋延后的保温栽培作用，一般春季可提前30～35d，秋季能延后20～25d，但不能进行越冬栽培；在我国南方地区，主要用于花卉的保温和越冬栽培，还可更换遮阳网用于夏秋季节的遮荫降温和防雨、防风、防雹等的设施栽培。是现代化温室常用的配套设施。

塑料大棚与温室相比光照较好，可全天采光，且棚内光照均匀，增温较快，但保温性较差，夜晚散热快。

塑料大棚与现代化的塑料薄膜覆盖的温室（简称塑料温室）似乎很难区分，但一般认为塑料温室应是永久性的建筑，有基础工程（如后墙），室内有永久性的设施，如保温、加温、降温、遮阳、补光、灌溉和补充CO_2等设施。

（一）塑料大棚类型与结构

1. 塑料大棚的类型　目前生产中应用的大棚，按棚顶形状可分为拱圆形和屋脊形，我国绝大多数为拱圆形。按骨架材料可分为竹木结构、钢架混凝土柱结构、钢架结构、钢竹混合结构等。按连接方式又可分为单栋大棚、双连栋大棚及多连栋大棚。我国连栋大棚棚顶多为半拱圆形，少量为屋脊形（图3-5）。

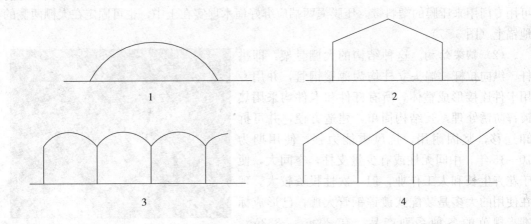

图3-5　塑料大棚的类型
1. 拱圆形大棚　2. 屋脊形大棚　3. 拱圆连栋大棚　4. 等屋面连栋大棚

2. 塑料大棚的结构

（1）竹木结构。投资较少，可因地制宜地确定大棚大小和形状。可就地取材，自行搭建。但其结构牢固不如钢架结构，且因大棚内高温高湿，竹木结构构件容易腐烂变质，使用寿命较短，一般为3～5年（图3-6）。

这种大棚的跨度为4～12m，长30～60m，肩高1～1.5m，脊高1.8～2.5m，每栋生产面积150～667m²。由立柱（竹、木）、拱杆、拉杆、棚膜、压杆（或压膜绳）和地锚等构成。搭建时按棚宽（跨度）方向每2～3m设一排立柱，纵向立柱间距为3～5m，立柱粗6～8cm，立柱长2.5～3.0m，地下埋深50cm，垫砖、碎石夯实，将竹片（竿）固定在立柱顶端成拱形，拱架间距1m，纵向用拉杆连接，形成整体。拱架上覆盖薄膜，把薄膜两边埋在棚两边的沟中，沟深20cm，宽20cm。扣上塑料薄膜后，拱架间用压膜绳或竹竿等压紧薄膜，不能松动。位置应稍低于拱杆，使棚面成瓦垄状，以利排水和抗风，压膜绳

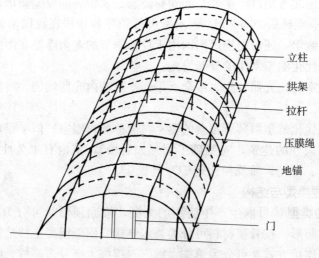

图 3-6 竹木型拱架大棚

可用专门用来压膜的塑料带。压膜绳两端应绑好横木埋实在土中，也可固定在大棚两侧的地锚上（图 3-7）。

（2）钢架结构。这种结构的大棚骨架，即拱杆、纵向拉杆、端头立柱均为薄壁钢管，并用专用卡件连接形成整体，所有杆件和卡件均采用热镀锌防锈处理，其结构简单，建造方便，并可拆卸迁移，坚固耐用，抗风雪能力强，使用期为 10~15 年，中间无柱或有少量支柱，空间大，便于花卉生长和人工作业，但一次性投资较大。现在使用的大多是装配式镀锌钢管大棚，已形成标准、规范的各种系列产品，有 200m^2、333m^2、667m^2 或更大的规格（图 3-8）。

图 3-7 地 锚

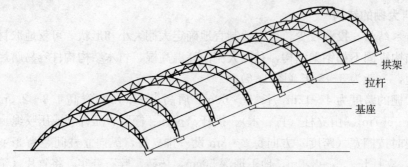

图 3-8 钢架无柱大棚结构

（3）避雨棚的结构。有不少花卉在生长过程中，最忌暴雨直接冲刷花卉，引起病害发生和枝叶伤害；雨季雨水过多会使花盆积水，造成根系腐烂。因此，应搭建大棚进行避雨栽培，这种大棚其作用只为了避雨，并不起保温作用，所以称其为避雨棚。其结构与塑料大棚相似，但其覆盖的薄膜不要全封闭，而应在棚两侧不盖裙膜。也可把拱架搭到边柱进行固定，不要落到地下，成半拱形或屋脊形。

（二）大棚覆盖薄膜的性能和选择

大棚薄膜应选择透光率高、保温性强、抗张力、抗农药、抗化肥力强的无滴、无毒、重量轻的透明薄膜。对于进行周年栽培的大型大棚，要求使用较厚的薄膜，可连续使用2～3年后更换。作简易栽培的大棚，在短期内即可采收完毕，不必使用厚薄膜，可每年更换一次较薄的薄膜。

棚膜品种规格多，性能各异，按树脂原料分，有聚乙烯膜、聚氯乙烯膜和乙烯—醋酸乙烯膜。按结构性能特点分，有普通膜、长寿膜、长寿无滴膜、漫反射膜、转光膜、复合多功能膜等多种。目前，生产上应用较多的是聚乙烯膜，聚氯乙烯膜应用较少，乙烯—醋酸乙烯膜正在示范推广中。

1. 聚乙烯普通棚膜 新膜透光率80%左右，吸尘性弱，耐低温性强，透湿性差，雾滴性重，不耐晒，延伸率大，不耐老化，连续使用时间4～5个月。膜厚0.06～0.12mm，幅宽折径2～4m。不适用于高温季节的覆盖栽培，可作早春提前和晚秋延后覆盖栽培，多用于大棚内的二层幕、裙膜或大棚内套小棚覆盖。

2. 聚乙烯长寿膜 克服了聚乙烯普通棚膜不耐高温日晒、不耐老化的缺点，可连续使用2年以上，成本低。厚度0.1～0.12mm，幅宽折径1～4m，每$667m^2$用膜100～120kg。此膜应用面积大，适合周年覆盖栽培，但要注意减少膜面积尘，维持膜面清洁。

3. 聚乙烯长寿无滴棚膜 在聚乙烯膜中加入防老化剂和无滴性表面活性剂，可使用两年以上，成本低。无滴期为3～4个月，厚度0.1～0.12mm，每$667m^2$用膜100～130kg，无滴期内能降低棚内空气湿度，减轻早春病虫的发生，增强透光，适于各种棚型使用，可用于大棚内的二层幕、棚室冬春连续覆盖栽培。

4. 聚乙烯复合多功能棚膜 在聚乙烯原料中加入多种添加剂，使棚膜具有多种功能。如薄型耐老化多功能膜，就是把长寿、保温、防滴等多功能融为一体。耐高温、日晒，夜间保温性好，耐老化，雾滴较轻，撕裂后易粘合，厚度0.06～0.08mm，折幅宽1～4m，能连续使用一年以上，每$667m^2$用膜60～100kg。透光性强，保温性好，晴天升温快，夜间有保温作用，适于塑料大棚冬季栽培和特早熟栽培及作二层幕使用，已大面积推广。

（三）大棚设计要求

1. 地址选择 大棚应建在避风向阳、地势平坦、地下水位低、排灌方便、交通便利的地方。同时应避免在其附近有高大的建筑物或有烟尘等污染源，以免影响大棚的通风和光照。

2. 地面处理 大棚在搭建前应对地面进行清理、平整，地面铺垫一层5～10cm厚的粗沙或碎石，减少地面积水和烂泥现象。大棚四周应开排水沟，使大棚雨水及时排出，保持大棚干燥。

3. 棚的大小确定 大棚的长度以30～50m为宜，太长不便管理；宽度的规格有4m、5m、6m、8m、10m、12m。通常大棚的宽度越小，拱杆越密，抗雪能力越强。大棚的高度在不影响花卉生长和便于管理的前提下，低些为好，一般为2.0～2.5m。

4. **大棚设置** 当大棚数量较多时，应以对称排列集中管理，两棚相距1～2m，棚头与棚头间宜留3～4m，作操作道。棚群外围应设置风障，对多风和有大风的地方，大棚的架立应交错排列，以免造成风的通道，加大风的流速。

三、荫棚及其建造

荫棚是夏季露地设置的具有遮荫作用的棚架，是花卉生产必不可少的设备，因为在荫棚下具有可避免日光直射、降低温度、增加湿度、减少蒸发等特点，为夏季的花卉栽培管理创造适宜的环境。荫棚主要用于对光照要求不强的观叶植物、兰科植物，以及某些不耐高温或强光的盆栽花卉、扦插育苗以及刚上盆的花卉使用。

（一）荫棚的种类与结构

荫棚的形式多样，结构差异很大，生产中用得较多的主要有以下两种：

1. **专用荫棚** 专用荫棚是专门起遮阳作用而搭建的。主要有4种类型：

（1）直接覆盖栽培。把遮阳网直接覆盖在苗床的畦面上，间隔一定距离压网，以防被风吹掉。主要用于育苗时的苗期覆盖。

（2）小拱架覆盖栽培。把遮阳网覆盖在小拱棚上，使其一边用土压实固定，一边活动，便于揭盖网。一般拱架高40～60cm，有利于通风透气。

（3）大拱架覆盖栽培。其拱架结构与塑料大棚相同，在其上覆盖遮阳网并进行固定。拱架两侧离地面1.5m左右的遮阳网不要完全固定，可在早晚弱光时段掀起遮阳网使光照进入棚内。

（4）平顶荫棚覆盖栽培。其结构由立柱、拉杆（或拉线）组成平顶网格，在其上覆盖遮阳网，遮阳网的固定可设置成完全固定，也可设置成拉幕式，即一侧固定，另一侧可移动，开启方便。

2. **复合式荫棚** 复合式荫棚就是与温室、塑料大棚结合，在温室内部或外面搭建荫棚。

（1）内置式荫棚。在温室、塑料大棚内肩高处，设置遮阳网拉幕系统，可以用手动或电动遮荫系统。可随时遮盖或开启遮阳网，使用方便，是较理想的遮荫栽培专用设施。

（2）外置式荫棚。在温室、塑料大棚外设置荫棚。荫棚应高出温室或大棚50cm。

（二）荫棚设置与建造

专用荫棚大多为东西向延长，设于温室近旁，通风良好又不积水处。一般高2.5～3.0m。用铁管或水泥柱构成主架，棚架覆盖遮阳网，遮光率视栽培花卉的种类而定，有的地方用葡萄、凌霄、蔷薇、蛇葡萄等攀缘植物为遮荫材料，既实用又颇具自然情趣，但需经常管理和修剪，以调整遮光率。为避免上午和下午的阳光从东面和西面照射到荫棚内，在荫棚的东西两端常设倾斜的荫帘，荫帘下缘距地面50cm以上，以利通风。荫棚宽度一般为6～7m，不宜过窄，以免影响遮荫效果。荫棚下宜设置花架，供摆放盆花用。如盆花摆放在地面时，地面宜铺以陶砾、炉渣或粗沙，以利排水，下雨时也可避免污水污染枝叶和花盆。

（三）荫棚覆盖材料

目前市场上出售的遮阳网一般长度为50m，幅宽有2m、4m、6m等不同规格。遮阳率为30%～80%，由于制造材料的不同，价格相差较大，购买时要特别注意是否是用再生材料制成的，因其使用寿命只有1～2年。当遮阳网的遮阳率偏低时，可根据需要覆盖2～3层。

四、冷藏及运输设备

鲜切花采后冷藏保鲜、运输在我国是一个非常薄弱的环节。以前，鲜花和盆花运输有两种途径：一是空运，二是冷藏车长途运输。要么成本高，要么耗时长，而且途中易受病菌侵害，损耗可高达30%～50%。近年来，花卉的冷藏和运输技术发展很快。

（一）冷藏

1. **冷藏原理** 花卉的冷藏保鲜，是根据低温可使花卉生命活动减弱、呼吸减缓、能量消耗少的原理，采用冷藏方式延缓其衰老过程，同时避免花卉变色、变形及病菌的滋生。如菊花切花在湿度85%～90%、温度20～25℃条件下仅能保鲜7d，2℃条件下可保鲜14d，0℃条件则可保鲜30d。

各类花卉冷藏保鲜要求温度不同。一般起源于温带的花卉适宜的贮藏温度为0～1℃，而起源于热带和亚热带的花卉分别为7～15℃和4～7℃，适宜的湿度为90%～95%。

2. **冷藏方法** 花卉可分湿藏和干藏两种方式。湿藏是将切花放在有水的容器中贮藏，通常适于短期、少量保存，如香石竹、百合、非洲菊等。干藏的方法适用于切花的长期贮藏，用薄膜包装，可减少水分蒸发，降低呼吸作用，有利于延长花卉寿命。

（二）运输

为了畅通花卉流通渠道，保证产品能保鲜、不损、及时运出，运输是花卉流通的重要一环，在花卉产业发展中占有十分重要的地位。

1. **空运** 空运最快捷，是花卉运输的首选。采取花卉装箱封口前在冷库里先强制预冷，然后再运输，在一定程度上缓解了花卉在空运过程中的脱水问题。

2. **铁路运输** 铁路运输一直是花卉运输的主要渠道，占花卉运输市场50%以上的份额，它具有方便、运费低等优点，但如果运输时间长，冷藏设施跟不上，花卉品质就会大打折扣。因此增设火车冷藏设施，解决了我国花卉类产品冷藏运输问题，实现了花卉产品远距离、大批量、低运价的运输。

3. **公路运输** 在相同运输条件下，盆花比切花的花期要长，因此公路运输是我国盆栽类植物和苗木运输的主要方式。但盆花由于其自身体积大、带有花盆等特点，不宜简单堆积，否则在运输过程中会出现碰撞、损伤花枝等现象，造成大量损耗。因此在盆花装运过程中，要采用专业的花卉运输车，专业的装车技术，才能保证质量。

五、栽培容器

（一）花盆

花盆是栽种花卉的重要容器，也是连同花卉供人们观赏的重要装饰品，所以园艺工作者对容器和材料的选择、应用都十分重视。

1. **瓦盆** 又称素烧盆。由黏土烧制而成，有红色和灰色两种，质地较粗糙，但排水透气性好，价格低廉，是生产上使用最广泛的栽培容器。其规格大小不一，一般口径与高度相等。盆的口径在6～50cm之间。

使用新瓦盆应注意以下两点：

第一，冬季，瓦盆不宜露天贮藏，因为它们具有多孔性而易吸收外界水分，致使在低温下结冰、融化交替进行，造成瓦盆破碎。

第二，新的瓦盆在使用前，必须先经水浸泡，否则，每一个新的栽植盆，都可能从栽培基质中吸收很多的水分，而导致植物缺水。

2. **釉盆**　又称陶瓷盆。其形状有圆形、方形、菱形等。外形美观，常刻有彩色图案，适于室内装饰。这种盆水分、空气流通不畅，对植物栽培不太适宜，完全以美观为目的。作为一种室内装饰，适宜于配合花卉作套盆用。

3. **木盆或木桶**　素烧盆过大时易破碎，当需要50cm以上口径的盆时，就采用木盆。木盆一般选用材质坚硬、不易腐烂、厚度为0.5～1.5cm的木板制作而成，其形状有圆形、方形。为了便于换盆时倒出盆内土团，应将木盆或木桶做成上大下小的形状。木盆外部可刷上有色油漆，既防腐又美观。盆底需设排水孔，以便排水。这类木盆或木桶，宜栽植大型的观叶植物如橡皮树、棕榈，放置于会场、厅堂，极为醒目。

4. **紫砂盆**　形式多样，造型美观，透气性稍差，多用来养护室内名贵盆花及栽植树桩盆景。

5. **塑料盆**　质轻而坚固耐用，可制成各种形状、多种色彩，现在很流行。但通气、排水性能差，要注意调节培养基质的物理性状。目前，生产上应用较为普遍。选用时要注意花盆的色调、样式和所栽培的花卉要相协调。

6. **吊盆**　利用麻绳、尼龙绳、金属链等将花盆或容器悬挂起来，作为室内装饰，具有空中花园的特殊美感，可清楚地观察植物的生长，相当有趣。适合于作吊盆的容器如质地轻、不易破碎的彩色塑料花盆；颇有风情的竹筒；古色古香的器皿或藤制的吊篮，既美观，又安全，可以悬挂于室内任何角落。常春藤、鸭跖草、吊兰、天门冬、蕨类等蔓性植物适宜栽种于吊盆中供布置、观赏。

7. **水养盆**　专用于水生花卉盆栽，盆底无排水孔，盆面阔而浅，如北京的"莲花盆"，其形状多为圆形。此外，室内装饰的沉水植物，则采用较大的玻璃槽以便观赏。球根水养盆多为陶制或瓷制的浅盆，如我国常用的水仙盆。

8. **兰盆**　兰盆专用于气生兰及附生蕨类植物的栽培，盆壁有各种形状的孔洞，以便空气流通。

9. **纸盆**　供培养幼苗专用，特别用于不耐移植的种类，如香豌豆、矢车菊等先在温室内用纸盆育苗，然后露地栽植。

10. **其他材料容器**　即用玻璃、木条、藤条、塑料绳等制（编）成的各式花盆。

（二）其他栽培容器

1. **盆套**　是指容器外附加的器具，用以遮蔽花卉栽培容器的不雅部分，达到最佳的观赏效果，使花卉与容器相得益彰，情趣盎然。盆套的形状、色彩、大小和种类繁多，风格各异，如根据自己的兴趣爱好，自己动手、就地取材制作，则更能表现各自的独特风格。制作盆套的材料很多，有金属、竹木、藤条、塑料、陶瓷或大理石等。形状可为圆形、方形、半边花篮形、玉兰花形、奇异的罐形等。

2. 玻璃器皿 利用玻璃制作的器皿，可以栽植小型花卉。器皿的形状、大小多种多样，常用的有玻璃鱼缸、大型的玻璃瓶、碗形的玻璃皿。栽植时，在这些容器底部先放入栽培材料，然后将耐阴花卉，如花叶竹芋、鸭跖草、各种蕨类的小苗，疏密有致地布置于容器中，放置于窗台或几架上，别具一格。

3. 壁挂容器 是指把容器设置于墙壁上，常见形式有：①将壁挂容器设计成各种艺术图形，将经过精细加工涂饰的木板装上简单竖格，或做成简单的博古架，安装于墙壁上，格间装饰各种观赏植物，如绿萝、鸭跖草、吊兰、常春藤、蕨类等；②事先在墙壁上设计某种形状的洞穴，墙壁装修时留出位置，然后把适当的容器嵌入其中，再以观叶植物或其他花卉点缀于容器之中，别有一番情趣。

4. 花架 用以摆放或悬挂花卉的支架，称为花架。它可以任意变换位置，使室内更富新奇感，其式样和制作材料多种多样。

除上述器具外，还有栽植箱和栽植槽，可摆放于地面，也可设置于窗台边缘等处。用各种各样的儿童玩具、贝壳或椰子壳等栽植花卉，更富情趣，并可启迪儿童心智。

随着现代科学技术的广泛应用，花卉栽培设施、装饰形式和方法有了很大变化，出现了形形色色的花卉栽培容器，容器的种类、制作材料、制作式样更加丰富多彩，拓展了花卉的装饰功能。

（三）育苗容器

传统育苗多在苗床内扦插或播种，成苗后再定植，起苗时往往会伤害根系，缓苗期长，有的苗木成活率很低。近年来出现的容器育苗占地面积小，便于创造最佳环境条件，采用科学化、标准化的技术措施，应用机械化、自动化的设备等，幼苗生长速度快，一致性好，可提早开花，并提高花朵质量。

容器育苗有许多专用育苗容器，如育苗盘、穴盘、育苗筒、育苗钵等。育苗盘多由塑料注塑而成，长约60cm，宽45cm，厚10cm（图3-9）。育苗钵是指培育幼苗用的钵状容器，目前有塑料育苗钵和有机质育苗钵两类，有机质育苗钵是由牛粪、锯末、泥土、草浆混合搅拌或由泥炭压制而成，疏松透气，装满水后在盆底无孔的情况下，40～60min可全部渗出，与苗同时栽入土中不伤根，没有缓苗期。育苗筒是圆形无底的容器，规格多样，有塑料质和纸质两种，与塑料育苗钵相比，育苗筒底部与床土相连，通气透水性好，但根容易扎入土壤中，大龄苗定植前起苗时伤根较多。穴盘育苗多采用机械化播种，便于运输和管理，缺点是培育大龄苗时营养面积偏小。

图3-9 育苗盘

六、其他器具

国外大型现代化花卉生产常用的农机具主要有播种机、球根种植机、上盆机、加宽株行距装置、收球机、球根清洗机、球根分检称重装置、传送装置、切花去叶去茎机、切花分级机、切花包装机、盆花包装机、温室计算机控制系统、花卉冷藏运输车及花卉专用运输机等。另外还有小花铲、小花锄等园林小工具（图3-10）。

图3-10 园林小工具

研究性教学提示

1. 在教学时，教师应带领学生到花圃及花卉生产基地参观认识各种设施，使学生了解它们的特性，以及如何设计和建造。掌握这些设施在花卉生产过程中如何应用等技术。

2. 各种设施的讲授和学习可采用：①到学校附近的花圃、蔬菜种植地进行现场参观学习、生产实习等；②通过多媒体课件展示各种设施；③上网查找资料图片等多种形式了解最新的技术和方法。

3. 根据各校实际情况，由学校提供架材，组织学生搭建简易的塑料大棚及荫棚。教师对学生搭建设施过程及搭建质量给予评定成绩。

探究性学习提示与问题思考

在教学时，教师应带领学生先参观认识各种设施，使学生了解它们的特性，以及如何设计和建造。掌握这些设施在花卉生产过程中如何应用等技术。

1. 如何使学生认识各种设施，了解它们的特性。这些设施对花卉生长各有何影响？
2. 如何使学生掌握各种设施在花卉生产过程中的应用等技术。
3. 各种设施是如何设计和建造的？

考证提示

1. 熟悉花卉生产所需要的设备。
2. 明确温室有哪些类型及其特性，了解其结构。
3. 明确塑料大棚有哪些类型及其特性，明确其结构。
4. 明确栽培容器的特性及在生产中的应用。
5. 掌握塑料大棚的安置与养护。

6. 掌握荫棚的搭建方法。

综合实训

实训一　参观花卉的栽培设施

一、目的与要求

通过本项实训使学生了解花卉的栽培设施、塑料大棚及温室的构造、类型等。

二、内容

组织学生到学校或附近花圃、菜园参观大棚与温室。参观过程中要认真仔细地了解花卉的栽培设施、塑料大棚及温室的构造、类型等。

三、效果检查与评价

1. 是否认识常见的花卉栽培设施，明确其构造、类型等。
2. 是否清楚在建造这些设施时应注意的事项。
3. 在花卉生产过程中是否会使用这些设施。

实训二　温室及塑料大棚环境的调控

一、目的与要求

通过本项实训使学生了解温室及塑料大棚的环境因地区、温室类型、生产规模、品种而有很大差别。通过了解这些具体情况和具体要求，学习和掌握花卉生产技术。

二、内容

参观访问花卉生产或蔬菜生产企业，并请有实践经验的技术人员现场指导。学生要对各种设施进行调查统计。

三、效果检查与评价

1. 是否认识常用的设施，明确其特性、管理方法。
2. 是否清楚设施配置方面存在哪些优点和不足之处，并提出改进建议。
3. 是否掌握操作方法，并在此方面有何好的建议。

第四章 花卉繁殖与育苗技术

【学习目标】 本章主要讲授花卉有性繁殖和无性繁殖特点及其技术方法。通过本章的学习，重点掌握有性繁殖过程中的关键环节，无性繁殖中的扦插繁殖、嫁接繁殖、分生繁殖、压条繁殖的类型、特点及影响成活的因素；同时了解花卉的组织培养繁殖、孢子繁殖的理论依据。最终达到能根据具体花卉种类、具体条件和生产要求选择不同的繁殖方法，并能综合运用的目的。

花卉繁殖是繁衍花卉后代、保存种质资源的手段，不同种或品种的花卉，各有其不同的繁殖方法和时期。运用得当不仅可以提高繁殖系数，而且可使幼苗生长健壮。花卉繁殖的方法可区分为如下几类：有性繁殖即种子繁殖，分生繁殖、扦插繁殖、嫁接繁殖、压条繁殖、组织培养及孢子繁殖等营养繁殖。

第一节 种子繁殖

种子繁殖也称播种繁殖，是指用种子进行繁殖花卉的方法。种子是由胚珠发育而成的器官，一般由种皮、胚和胚乳三部分组成。有的植物成熟的种子只有种皮和胚两部分。在农业生产及生活习惯上，常把具有单粒种子而又与果皮分不开的干果（如瘦果、颖果、小坚果、坚果等）称为种子。种子萌发后形成幼苗。用种子繁殖的花卉苗称为实生苗或播种苗。虽然播种苗具有变异性大、不易保持优良性状和开花较迟的不足，但仍因种子繁殖具有简便、快速、数量大、苗株健壮等优点，又是新品种培育的常规手段，所以应用范围最广，几乎绝大多数花卉均能采用。只是有些不能结实，或不能正常产生种子的花卉品种，如芍药、菊花、香石竹、紫罗兰等重瓣品种，只能进行无性繁殖。

一、优良种子的条件

优良种子是保证产品质量的先决条件。花卉的种类和品种繁多，又各具特点，所以现代花卉生产十分重视种子品质，一般都要求由专业机构或专门的种子公司生产。优良种子可从以下几个方面判定：

1. **品种纯正** 主要看是否符合该类种子的特有形状，看种子去杂纯化的程度及种子的清洁度等。

2. **种子大小及饱满度** 采收的种子要成熟，外形粒大而饱满，有光泽，重量足，种胚发育健全。

3. **富有生活力** 判断生活力强弱的依据较多，如新采收的饱满种子比贮藏陈旧的干瘪的种子生活力强，发芽率和发芽势高。贮藏期的条件适宜则种子寿命长，生活力强。

4. **无病虫害** 主要是看种子上是否带有传播病虫害的各种病虫孢子和虫卵，可在贮藏前对种子杀菌消毒、检验、检疫。

二、花卉种子的成熟与采收

（一）种子的成熟

种子的成熟包括两个过程。

1. **生理成熟** 生理成熟的种子指已具有良好发芽能力的种子，仅以生理特点为指标。这时的种子，其内部营养物质仍处于溶胶状态；干物质积累不充分、含水量高；种皮较软，保护种胚性差，干燥后往往皱缩，这样的种子不利于储藏。

2. **形态成熟** 指在外部形态（形状、颜色、大小及光泽等）上呈现了成熟时的固有特征。这样的种子质量好，易于储藏。

大多数植物种子的生理成熟与形态成熟是同步的，形态成熟的种子已具备了良好的发芽力，如菊花、许多十字花科植物、报春花属花卉的形态成熟种子在适宜环境下可以立即发芽。但有些植物种子的生理成熟和形态成熟不一定同步，不少禾本科植物如玉米，当种子的形态发育尚未完全时，生理上已完全成熟。蔷薇属、苹果属、李属等许多木本花卉的种子，当外部形态及内部结构均已充分发育，达到形态成熟时，在适宜条件下并不能发芽，因为生理上尚未成熟。需要经过一定时间的储藏和后熟，使种胚继续生长，如秋水仙、人参、西洋参的种子。种子生理未成熟是种子休眠的主要原因。

（二）种子的采收与处理

1. **采种时间** 种子达到形态成熟时必须及时采收并及时处理，以防散落、霉烂或丧失发芽力。具体什么时候采种，除了决定于植物的遗传特性以外，还受到其生长环境的影响。每年的气候都有变化，使成熟期提早或推迟。

我们可以通过成熟种子的变化来决定采收的时机。色泽：种子由浅渐深，由绿色、白色转变成褐色、黑褐色或各色斑纹，一些浆果则由绿变为鲜艳的红、蓝、紫或黑色；味道：一般成熟的果实，酸涩味减少，香、甜味增加；硬度：浆果质地变软成多汁，蒴果、荚果和角果等干果类果实开裂。

具有无限花序的（种子）花卉，上部在开花、下部种子已成熟，要分期采收，重复采收，如金鱼草、鸡冠花、醉蝶花等。对成熟快果实又易开裂将种子弹散的种类，应在果实失去绿色而变为浅黄色，但种子还不够干时采种，如凤仙花、三色堇、酢浆草等。确定采收时，要选在晴天的早晨进行为最好。

2. **采种方法** 可采用摘采、敲击或震落从地面拾取、剪切花序和植株等方法采种。注意采后记载：编号、名称（中文名、拉丁文名）、采集日期、产地、环境条件、采集人等信息。摊晒种子时，不要铺在金属板上或水泥地上，否则在强烈的阳光下极易烫伤种胚。

干果类种子采收后，宜置于浅盘中或薄层敞放于通风处1～3周，使其尽快风干，装于薄纸袋内或成束悬挂于室内通风处干燥。肉质果采收后，先在室内放置几天使种子充分成熟。腐烂前用清水将果肉洗净，不使残留在种子表面，并去掉浮于水面的不饱满种子。然后将洗净后的种子干燥、贮藏。

三、花卉种子的寿命与贮藏

（一）种子寿命

各种花卉种子都有一个有限的生活期即寿命，亦即其具有生命力的年限，即保存年限，超出此年限，种子降低或失去生命力。

1. 短命种子 寿命在3年以内的种子，如飞燕草、福禄考、非洲菊、五色梅、香豌豆、虞美人、矢车菊、千日红、百日草、麦秆菊、矮牵牛、金鱼草、牵牛、石竹等。

2. 中寿种子 寿命在3～15年间，大多数花卉属于这一类。

3. 长寿种子 寿命在15年以上，这类种子以豆科植物最多，莲、美人蕉属及锦葵科某些种子寿命最长。莲子寿命约1 000年。

（二）影响种子寿命的因素

1. 影响种子寿命的内在因素 花卉的种类不同，其种皮构造、种子的化学成分不一样，寿命长短差别比较大。

2. 影响种子寿命的环境条件

（1）湿度。对于多数草花来说，种子经过充分干燥，贮藏在低温条件下，可以延长寿命；相反，多数树木类种子，在比较干燥的条件下，容易丧失发芽力。

（2）温度。低温可以抑制种子的呼吸作用，延长其寿命。

（3）氧气。可促进种子的呼吸作用，降低氧气含量能延长种子的寿命。

（三）种子贮藏方法

贮藏时需抑制呼吸作用，减少养分消耗，保持活力，延长寿命。常见的有以下几种方法。

1. 干燥贮藏法 耐干燥的一二年生草花种子，在充分干燥后，放进纸袋或纸箱中保存。大多数种子在相对湿度为20%～25%时贮藏寿命最长。

2. 干燥密闭法 把充分干燥的种子，装入罐或瓶一类容器中，密封起来放在冷凉处保存。密闭时大多遮光，但也有一些好光性种子，如球花报春、四季报春等。

3. 低温贮藏法 把充分干燥的种子，置于1～5℃的低温条件下贮藏。

4. 沙藏法 某些花卉的种子，较长期地置于干燥条件下容易丧失发芽力，可采用沙藏。温度2～7℃或0～5℃，沙∶种子＝3∶1，湿度适中。如牡丹、芍药、苹果、龙胆、白蜡、铃兰、白兰花、鸢尾、报春等。

5. 水藏法 某些水生花卉的种子，如睡莲、王莲等必须贮藏于水中才能保持其发芽力。

四、种子的休眠与层积处理

1. **休眠** 具有生活力的种子处于适宜的发芽条件下仍不正常发芽称为种子的休眠。休眠是植物在长期演化过程中形成的一种对季节和环境变化的适应,以利于个体的生存、种族的繁衍与延续。

2. **后熟** 当种子成熟后其内部存在妨碍发芽的因素时,种子即处于自然休眠,在种子内部发生一系列生理变化而使种子能够发芽的过程,园艺上称后熟。层积处理就是创造良好的温度、湿度、通气等条件,人为地促进后熟作用的完成,从而解除种子休眠。

层积处理的适温一般为1～10℃,多数植物以3～5℃最好。不得低于0℃。冷冻时间的长短也因植物而异,差别很大,大多数植物需1～2个月时间。如湖北海棠30～35d,西府海棠40～60d,棠梨150d,毛桃70～90d,君迁子80～90d,银杏150d,山楂200～300d,鸢尾、龙胆、报春等都需层积处理。

层积必须在湿润条件下进行,此时种皮发软,凝胶物质变成溶胶物质,脂肪变成脂肪酸,蛋白质变成氨基酸及其他可溶性蛋白质,种胚后熟。

五、种子繁殖的方法与技术

(一)播种前的准备工作

1. **选择优良种子** 品种纯正、外形粒大而饱满、富有生活力、无病虫害的种子应是我们的首选。

2. **种子处理**

(1) 浸种催芽。一般容易发芽的种子,将种子浸入冷水或40℃温水中,待种皮变软后,即取出播种。如一串红、翠菊、半支莲、紫荆、珍珠梅等。有些还需继续放在25℃条件下催芽,待种子露白后可播种,如文竹、仙客来、天门冬等。

(2) 其他处理方法。一些种皮坚硬、不透气、不透水而休眠的种子可采用种皮破伤,药剂处理,或超声波处理办法。

①挫伤种皮。美人蕉、荷花等大粒种子,可用小刀刻伤或磨去种皮一部分。

②药剂处理。用硫酸等药物处理种子,可改善种皮透性,显著提高发芽率(处理后要用清水洗净)。赤霉素有代替低温的作用,可以打破休眠,如对牵牛花进行10～250ml/L处理可促进其发芽。

③超声波处理。不仅能提高发芽率,而且能加速幼苗生长。1958年北京植物园处理西伯利亚鸢尾,种子提前发芽,并提高发芽率20%～30%;处理夜落金钱,发芽率比对照高38%～83%。

④有些种子要采用冰冻或低温层积处理,第二年早春播种,发芽整齐迅速,如鸢尾、龙胆、飞燕草、报春花、牡丹、芍药等。

⑤拌种包衣,以起到保持种子的水分和防治病虫害的作用。

⑥上述方法的综合运用,如五针松可用3%双氧水浸20～30min,或层积1～2个月。铅笔柏可用1%的柠檬酸浸4d,然后层积90d,发芽率从22%提高到92%。

(二)播种时期

播种期的确定主要根据品种本身的耐寒性、该地区冬天的寒冷性及所需的开花期等因素。一般一年生花卉原产在热带及亚热带、不耐寒，应在断霜以后播。二年生花卉耐寒力强，幼苗可以越冬，播种可以从8月下旬至10月。多年生的草本、木本花卉一般春秋播。温室花卉的播种期常随所需的花期而定，没有严格的季节性。瓜叶菊、报春类、蒲包花一般秋播，其他的可春播。原产热带和亚热带的许多花卉，种子含水分多，生命力短，经干燥或贮藏会使发芽力丧失，这类种子宜随采随播。如朱顶红、马蹄莲、君子兰、四季海棠等。

(三)播种方法

花卉的播种方法分为露地播和盆播，露地播又分为直播和苗床播。

1. 露地苗床播种

(1) 苗床的选择和整理。苗床宜选阳光充足、土质疏松肥沃、排水良好的环境，耕翻整平后，再作畦准备播种。

(2) 选择播种方式。根据种子的大小可选用3种方式：①撒播，种子多、种子细小可撒播；②条播，品种较多而种子数量较少适于条播；③点播（穴播），适用于大粒种子，每穴2~4粒种子。

(3) 确定播种深度。依种子大小、土壤状况、气候条件以及播后管理情况而定，一般覆土厚度为种子直径的2~3倍。大粒种子可播深一些，细小种子可播浅一些；砂质土保水性弱，宜播深一些，黏质土反之；干旱的季节应深一些。

(4) 播后管理。播种后需注意的几个问题。

①要保持苗床的湿润。为满足种子吸水膨胀，故初期需水较多。同时为避免温度过高或光照过强而影响种子出土，故需适当遮阳。

②萌芽后要使小苗逐步见阳光。

③如基质肥力低，可每周施一次总浓度不超过0.25%的极低浓度的完全肥料。

④注意及时间苗移栽，然后立即浇透水，以免根部松动而死亡。

2. 直播 某些花卉可以将种子直接播种于容器内或露地永久生长的地方，不经移栽直至开花。容器内直播常用于植株较小或生长期短的草本花卉，如矮牵牛、孔雀草、花菱草等。

露地直播则适用于大面积粗放栽培或南方种植花卉，具有生长较易、生长快、不用移栽的优点。如虞美人、花菱草、香豌豆、紫茉莉等花卉。一般用穴播利于管理。生长期中注意除草、间苗、浇水、施肥、防病虫等工作。

3. 容器育苗 由于机械化生产的增加，盆播成为近代普遍采用的方法，也可选用盆以外的各类容器，如穴盘。尤其在播种材料多、播种的量小及进行育种材料的培育时，容器育苗不易发生混乱。有利于早出优质产品。穴盘育苗技术是采用草炭、蛭石等轻基质无土材料作育苗基质，机械化精量播种，一穴一粒，一次性成苗的现代化育苗技术。穴盘育苗节能，省工省力，效率高，适合远距离运输和机械化移栽，有利于推广优良品种，减少假冒伪劣种子的泛滥危害，有利于规范化科学管理，提高商品苗质量。

盆播时对新盆要退火，在水中浸盆24h；是旧盆则要消毒，土壤也要消毒、蒸、炒或使用药剂（如甲醛）消毒。盆播的种子都是极细小或细小的种子，覆土以不见种子为度或不覆土（蕨类孢子播种为防止土表开裂可以覆极细的砖屑），根据种子的不同，覆土成分比例见表4-1。然后用玻璃或报纸覆盖盆口，防止阳光照射和水分蒸发。等种子出苗后，立即掀去覆盖物，逐步通风、见阳光。需要分盆时可于小苗长出3～4片叶时进行，以后步入正常化管理。

表4-1 不同种子的覆土成分比例

种子大小	盆土比例		
	腐叶土	砂土	园土
细小种子	5	3	2
中等种子	4	2	4
大粒种子	5	1	4

第二节 分生繁殖

分生繁殖是植物营养繁殖的方式之一，是利用植株基部或根上产生萌枝的特性，人为地将植株营养器官的一部分与母株分离或切割，另行栽植和培养而形成独立生活的新植株的繁殖方法。新植株能保持母本的遗传性状，方法简便，易于成活，成苗较快。常应用于多年生草本花卉及某些木本花卉。依植株营养体的变异类型和来源不同分为分株繁殖和分球繁殖两种。

一、分株法

分株繁殖法是将植物带根的株丛分割成多株的繁殖方法。操作方法简便可靠，新个体成活率高，适于易从基部产生丛生枝的花卉植物。常见的多年生宿根花卉如兰花、芍药、菊花、萱草属、玉簪属、蜘蛛抱蛋属等及木本花卉如牡丹、木瓜、蜡梅、紫荆和棕竹等均可用此法繁殖。

分株的具体方式有分萌蘖，如菊花、春兰、萱草、一叶兰（图4-1）、一枝黄花；分匍匐茎，如狗牙根、草莓（图4-2）、野牛草等；分根茎，如鸢尾、泽兰、紫菀、铃兰、美人蕉；分珠芽，如卷丹百合；分吸芽，即肉质或半肉质的叶，丛生于极短的小枝上，其下部接近于土面处抽出新根，如玉树、芦荟、蝎子草、香蕉、凤梨等。

春季开花者，在秋季地上部进入休眠而根系未停止活动时分株。所以有"春分分牡丹、到老不开花"的说法。秋季开花者，在春季发芽前进行分株。伤口用硫黄粉消毒。在冬季严寒地区露地宿根花卉耐寒力较弱的种类不宜在秋季分株，否则将遭冻害。

图4-1 一叶兰的丛生叶

灌木可以分株的有：南天竹、接骨木、蜡梅、珍珠梅、枣、十大功劳、迎春、竹、牡丹、八仙花、月季、棣棠、无花果、金丝桃等。

花卉分株时需注意：①中国兰分株时，切勿伤及假鳞茎，否则影响成活率；②君子兰出现吸芽后，需等其有根系生出才能分株；③在春季分株，为避免植后苗木风干，要注意保墒；④分株时如发现病虫害，要立即销毁或彻底消毒后栽植；⑤栽前对根部的切伤口要用草木灰消毒，以防腐烂。

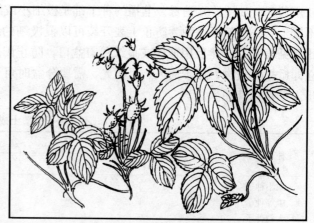

图4-2 草莓分走茎繁殖

二、分球法

分球繁殖法是利用具有贮藏作用的地下变态器官（或特化器官）进行繁殖的一种方法。地下变态器官种类很多，依变异来源和形状不同，分为鳞茎、球茎、块茎、块根和根茎等。

1. 自然分离法 郁金香、风信子、水仙（图4-3、图4-4）、文殊兰、百合、唐菖蒲、球根鸢尾等常用长大的小鳞茎繁殖，适用自然分离法。以郁金香为例，其成熟的鳞茎全部是一个大芽，它的一面有一条沟，这是上一季花梗的残迹，在鳞片底部（即茎部）可见一个完全的新花梗和将来长成新球的芽。唐菖蒲球茎是在母球周围长出很多小子球，然后可分离出子球使其繁育成新个体。

图4-3 水仙分鳞茎繁殖　　　　　　图4-4 水仙分球根繁殖

2. 珠芽分生法 卷丹（图4-5）、岩百合、沙紫百合等鳞茎类花卉叶腋间产生珠芽，这种珠芽取下以后种植2～3年可形成商品球。山药的珠芽叫零余子（小块茎），海棠叶腋间发生多数棕褐色的小块茎称"肉芽"，成熟时自行落于土中，第二年长成新的植株。玉树也为分珠芽繁殖，见图4-6。

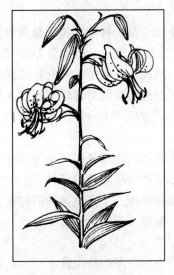
图4-5 卷丹的分珠芽繁殖

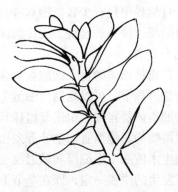
图4-6 玉树的分珠芽繁殖

3. 创伤分生法

（1）球茎类花卉。母球直接产生大量小球，或采用切割母球法。如唐菖蒲、香雪兰、番红花、风信子等。如风信子的伤痕法：球成熟后先将球底削平，再在球底交叉切入2～3刀，小球即在伤口处发生。此法所得球较少，约30个，但小球大，3～4年成大球。

（2）块茎、根茎类花卉。可以带芽切开，和种马铃薯一样繁殖。块茎如马蹄莲、球根秋海棠、花叶芋（图4-7）等。根茎如美人蕉、鸢尾（图4-8）等。以上两类在切割时要注意保护芽体，伤口要用草木灰消毒防止腐烂。

图4-7 花叶芋分块茎繁殖　　　　图4-8 鸢尾分根茎繁殖

其他还有块根繁殖，如大丽花，其地下变粗的组织是真正的根，没有节与节间，芽仅存在于根颈或茎端。繁殖时要带根颈部分繁殖。所以大丽花、小丽花、花毛茛等以分块根繁殖的植物，要注意保护颈部的芽眼，否则不能发芽。

第三节 扦插繁殖

植物的营养器官脱离母体后，再生出根和芽发育成新个体，称为扦插繁殖，是营养繁殖的一种。扦插所用的一段营养体称为插条（穗）。扦插繁殖的原理是：植物营养器官具有再生能力，即具有细胞全能性，可发生不定芽和不定根，从而形成新植株，并且可保持亲本的全部特性。自然界中只有少数植物具有自行扦插繁殖的能力，栽培植物多是在人为控制下进行，具有简便、快速、经济、大量的优点，花卉生产中应用十分广泛。在营养繁殖中常见到以下几个概念：

细胞的全能性：指植物体的每个细胞都包含生长发育所必需的全部基因，在生长和再生时的细胞有丝分裂过程中，可以复制出细胞中的基因，形成新的植物体的特性。

再生：指植物的离体器官或组织恢复植株其余部分而重新形成一个完整植株的过程。

不定根：是由植物的其他器官如茎叶等发出，由于着生位置不定，所以称不定根。不定根多在枝条的次生木质部、形成层和髓射线交界处产生。

不定芽：定芽发生的位置一定，即在茎节上的叶腋间。不定芽发生的位置不一定，在根、茎、叶上都可以分化，但大多数是发生在根上。

一、扦插繁殖的类型和方法

依插穗的器官来源不同，扦插繁殖可分为以下几种。

（一）枝插

以带芽的茎作插条的繁殖方法称为茎插，是应用最为普遍的一种扦插方法。依枝条的木质化程度和生长状况又分为：

1. 硬枝扦插 以生长成熟的休眠枝作插条的繁殖方法，常用落叶木本花卉，如芙蓉、紫薇、木槿、石榴、紫藤、银芽柳等均常用。插条一般在秋冬休眠期获取，选用一二年生完全木质化的枝条下端作插穗，以长势中偏上、节间短而粗壮、无病虫害的枝条为最好。剪成6~8cm，最少含两个节长的枝段，上剪口平剪，离芽0.8~1.5cm，下剪口斜剪，离芽0.5~1cm，定量捆扎成束待用。

然后根据植物种类和气候情况的不同对插穗选择处理方法：

（1）冬季冷贮法。长期使用的有效而简便的方法。对上述捆扎成束的插穗基部用生根剂处理，将基部朝上，顶端朝下埋入湿润的锯木屑或湿沙中，在冬季土壤不结冰地区可在室外进行。最低温度不低于3℃，最适宜为5℃左右。贮藏期间插条基部能很好地形成愈伤组织。春暖后取出扦插。

（2）秋季高温促进法。对上述捆扎成束的插穗生根剂处理后立即贮于18~21℃的湿润条件下3~5周，促进根原基和愈伤组织形成。在南方冬季温暖地区，这时便可取出扦插。在较冷地区应贮于2~5℃下，越冬后再扦插。

（3）春季随采随插法。春季萌芽前期的插条，经生长素处理后立即插入苗床中。方法简单，但效果常不理想。因为未经预处理措施的插条先出芽后出根，易于枯死。

（4）秋季采穗立插法。可在冬季温暖地区使用，秋季刚休眠时立即采插条并插入苗床中，利用冬季到来前的温暖季节形成愈伤组织，有时还会生根发芽。采用这种方法，插条在苗圃中存留时间长，费用高，风险大，一般少用。

2. 半硬枝扦插 以生长季发育充实的带叶枝梢作为插条的扦插方法，常用于常绿或半常绿木本花卉，如米兰、栀子、杜鹃、月季、海桐、黄杨、茉莉、女贞、山茶和桂花等的繁殖。采取插条的具体时间应在母株两次旺盛生长期之间的间歇生长期，即最好在春梢完全停止生长而夏梢尚未萌动期间进行。半硬枝扦插的插条必须带有足够的叶，一般带有2~4枚叶片，以便在光合作用中制造营养促进生根。

根据扦插成活的难易可采取杆插（如葡萄、白杨、石榴），割裂插（如杜鹃、月桂、梅花、山茶），踵状插（如山茱萸、无花果、梧桐、柏树、牡丹、木瓜、桂花、南天竹），槌形插，泥球插（紫荆、海棠）来提高成活率。

3. 软枝扦插 在生长期用幼嫩的枝梢作为插穗的扦插方法（又称为嫩枝插），适用于某些常绿及落叶木本花卉和部分草本花卉。木本花卉如木兰属、蔷薇属、绣线菊属、火棘属、连翘属和夹竹桃等，草本花卉如菊花、天竺葵属、大丽菊、丝石竹、矮牵牛、香石竹和秋海棠等。与半硬枝插相类似，只是所采用的枝梢较为幼嫩，即采用枝条顶端嫩枝作插穗，此时内部尚未完全成熟，要注意插条不能有片刻干燥，最好随采随插。生产上常在母

图4-9 香石竹软枝扦插

株抽梢前将生长壮旺枝条的顶端短截，促使抽出多数侧枝作为插条（图4-9）。

多浆植物及仙人掌类的插条含水分多，伤口遇水污染后最易腐烂，插条应先放于通风处干燥几天，待切口稍有愈合状再插入基质中。

由于各种原因，对于已采下而不能及时扦插的插条、已掘起又不能立即栽植的扦插苗，某些种类应当冷藏一段时间。如菊花的插条用聚乙烯膜封好，在3~9℃下贮藏4周再扦插，不影响成活。菊花已生根的扦插苗在0℃下贮存1~2周，香石竹苗在-0.5℃下贮藏几周，均不受影响。

（二）叶插

叶插均采用生长成熟的叶。凡能叶插的花卉，大都具有粗壮叶柄、叶脉或肥厚的叶片，并且能自叶上发生不定芽及不定根。

1. 全叶插

(1) 平置法。多用于一些叶片肉质的花卉。先将叶柄切去，适当剪修叶缘，然后将叶片平铺沙面上，以铁针或竹针固定，使叶下面与沙面紧密接触。则能在主脉、侧脉切伤处生根。如秋海棠自叶片基部或叶脉切断处发生不定根（图 4-10）。落地生根则自叶缘发生幼小植株。

(2) 叶柄插法。将带叶叶柄插入沙中，则于叶柄基部发生不定芽，如大岩桐、非洲紫罗兰、菊花、豆瓣绿（图 4-11）、橡皮树等。

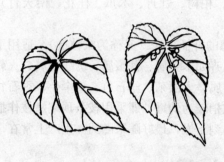

图 4-10 秋海棠的全叶插　　　　图 4-11 豆瓣绿的叶柄插

(3) 鳞片插。如百合等。

2. 片叶插　将一个叶片切成数片，分别进行扦插，确保每片叶上应具有一段主脉和侧脉，则每块叶片基部均会形成愈伤组织，从而长成新的植株，如蟆叶秋海棠。虎尾兰的切段叶插适于叶窄而长的种类，可将叶剪切成 7～10cm 的几段，然后扦插（图 4-12）。

某些花卉，如菊花、天竺葵、玉树、印度榕等，叶插虽易生根，但不能分化出芽。有时生根的叶存活一年仍不出芽成苗，所以生产上一般不采用此法繁殖。

（三）芽叶插

在生长季节选叶片已成熟、腋芽发育良好的枝条，削成带一芽一叶作插条，以带有少量木质部最好。插入沙中，其深度仅露芽尖即可。如橡皮树、山茶、桂花、天竺葵、八仙花、宿根福禄考、菊花（图 4-13）等。

图 4-12 虎尾兰的片叶插

（四）根插

用根段扦插的方法，适用于侧根上能发出不定根的种类。如丁香、美国凌霄、芍药及福禄考属等。插条在春季活动生长前挖取，一般剪截成 10cm 左右的小段，粗根宜长，细根宜较短，可剪成3~5cm撒播。粗根扦插时可横埋土中或近轴端向上直埋。如牡丹、芍药（图4-14）、补血草、宿根福禄考等。

图4-13 菊花的芽叶插

图4-14 芍药的根插
1. 横插　2. 直插

二、影响扦插成活的因素

（一）内在因素

1. 植物种类　不同植物间遗传性也反映在插条生根的难易上，不同科、属、种，甚至品种间都会存在差别。如落地生根、菊花、常春藤、大叶黄杨、六月雪、野蔷薇、仙人掌、景天科、杨柳科的植物容易生根。棣棠、月季、十大功劳、女贞、迎春等较易生根。生根较难的有柏松、月桂、杜鹃、山茶、广玉兰等。

2. 母体状况与采条部位　有试验表明，幼年树比成年树再生能力强，侧枝比主枝易生根，同一株树一般向阳面，树冠的中上部再生能力强。如雪松以10年以下实生苗，中上部一二年生枝条为好。硬枝扦插时取自枝梢基部的插条生根较好，软枝扦插以顶梢作插条好，营养枝比结果枝更易生根，去掉花蕾比带花蕾者生根好。

3. 枝条内储藏的养分　以发育充实的枝条为好，储藏养分多扦插易成活。

4. 枝条上的叶片与叶芽　绿枝扦插保留叶片，可以提高成活率。同时，叶芽对生根影响极大，一般根多发生于叶芽的相反方向，如果把叶芽除去，则发根显著减少（因叶芽也能合成生长素）。

（二）扦插的环境条件

1. 基质　理想的扦插基质是排水、通气良好、保温、保湿，不带病虫、杂草及任何有害物质，酸碱度适宜，成本低，便于运输。花卉扦插时基质常选河沙、石英砂、珍珠岩、蛭石、砻糠灰、腐殖质、泥炭土、红色黏土等。不同种类的花卉所需基质的成分不同。

2. 温度　大多数花卉插条生根的最适宜气温为15~20℃，嫩枝扦插最适气温为20~25℃。种类不同也有所不同。一般土温高于气温3~5℃成活率较高。

3. 水分和湿度　发根前，插床上基质的含水量最好控制在田间最大持水量的50%~60%。空气相对湿度越大越好。

4. 光照　发根初期，强光照射会加剧土壤及插条的水分消耗。对于带叶的嫩枝插，适当的光照有利于嫩枝继续进行光合作用，但以散射光为好。因此刚开始时要遮阳。

三、促进生根的方法

1. **机械处理** 可采用纵刻伤、环剥等机械处理，形成伤口，从而在伤口上方积累养分，促进细胞分裂和根原体的形成。

2. **黄化处理** 用黑布或纸条包裹枝条基部，使叶绿素消失，组织黄化、皮层增厚、薄壁细胞增多，生长素有所积聚，有利于根原体的分化。处理需在扦插前3周进行。

3. **加温处理** 用温床、电热线等加温设施进行加温处理。

4. **生根激素处理** 用吲哚乙酸（IAA）、吲哚丁酸（IBA）、萘乙酸（NAA）、2,4-D等激素处理效果较好。萘乙酸不溶于冷水，用NaOH溶解时要注意加盐酸将pH调至中性。其他生长素不能遇酸或遇碱。具体浸蘸浓度和时间依植物种类、施用方法而异。一般而言，草本、幼茎和生根容易的种类使用较低浓度，相反则用高浓度。硬枝插时浓度可高、时间可长些；嫩枝插时浓度可低、时间可短些。如NAA在$5\sim100\mu l/L$时浸$12\sim24h$，在$500\mu l/L$浓度时速蘸$3\sim5s$，浓度过高或过低均不利于生根。

四、扦插设备

可采用花盆木箱和露地插床进行扦插，也可采用育苗条件较好的荫棚、温室插床、雾室进行扦插。

1. **温床** 温床的加热除用暖气管道外，还可采用电加温线，功率有400W、600W、800W、1 000W等。为满足常年扦插育苗的需求，可采用温室地面插床或台面插床。一般依温室情况作床面，宽度为$1.2\sim1.5m$，地面插床下挖$0.5m$作通风道，台面插床的培养槽离开地面$0.5m$，并留有排水孔，这样保温保湿效果均很好，生根快而多。

2. **雾室** 雾室是利用温室或塑料薄膜大棚，在其中创造一个高温、高湿的环境，可人工控制也可设置自动控制仪。是全光照喷雾扦插和间歇喷雾扦插的重要设施。一般雾室温度$25\sim30℃$、相对湿度90%以上。这样使得雾室内温度高、湿度大、生根快，可四季扦插。据沈阳园林科学研究所报道，月季、玫瑰、红瑞木、锦带花在雾室$15\sim29d$即可生根。

3. **荫棚** 荫棚大致可分永久性荫棚和临时性荫棚两类。永久性荫棚一般与温室结合，用于温室花卉的夏季养护；临时性荫棚多用于露地繁殖床和切花栽培时使用。夏季的软材扦插和播种育苗常使用临时性荫棚。此类荫棚一般较低矮，高度为$50\sim100cm$，上覆遮阳网，在插穗未生根前，可覆盖$2\sim3$层，当开始生根时，可逐渐减至一层，最后全部除去，以增加光照，有利于植物生长。

五、扦插苗的管理

插后管理是影响扦插成活的重要一环。硬枝扦插的插条多粗大坚实，一般在露地畦面按一定距离开沟扦插。带叶的各种扦插苗插条较细软，多在苗床上按等距离作孔扦插。插后注意管理，插条生根前要调节好温、热、光、水等条件，促使其尽快生根，其中以保持较高的空气相对湿度不使萎蔫最重要。落叶树的硬枝扦插不带叶片，茎已具有次生保护组织，故不易失水干枯，一般不需特殊管理。

根插的插条全部或几乎全部埋入土中，这样不易失水干燥，管理也较容易。多浆植物和仙人掌类的插条内含水分高，蒸腾少，本身是旱生类型，保温比保湿更重要。带有叶的各类扦插，扦插初期需保持90%的空气相对湿度。可采用遮阳措施防止插穗蒸发失水，或采用间歇喷雾法保持周围空气的高湿度，同时降低了温度，抑制了呼吸作用，使营养物质积累增加，有利于生根。除此之外，还需注意插床的土温要高于气温3~5℃；光照也要渐次增加，由弱变强；注意及时通风透气，以增加根部氧气的供应，促进生根成活。

扦插苗生根后，常较柔嫩，移栽于较干燥或较少保护的环境前，应逐渐减少喷雾至停喷，或逐渐去掉覆膜，并减少供水，加强通风与光照，使幼苗得到锻炼后再移栽。移栽最好能带土，防止伤根。不带土的苗，需放于阴凉处多喷水保湿，以防萎蔫。

对不同的扦插苗移栽时要分别对待。草本扦插苗生根后生长迅速，可供当年出产品，故生根后要及时移栽。叶插苗初期生长缓慢，待苗长到一定大小时才适于移栽。软枝扦插和半硬枝扦插苗应根据扦插的迟早、生根的快慢及生长情况来确定移栽时间，一般在扦插苗不定根已长出足够的侧根、根群密集而又不太长时最好，也不应在新梢旺长时移栽。生根及生长快的种类可在当年休眠期前进行；扦插迟、生根晚及不耐寒的种类，如山茶、米兰、茉莉、扶桑等最好在苗床上越冬，次年再移栽。硬枝扦插的落叶树种生长快，一年即可成商品苗，在入冬落叶后的休眠期移栽。常绿针叶树生长慢，需在苗圃中培育2~3年，待有较发达的根系后于晚秋或早春带土移栽。

第四节　嫁接繁殖

嫁接就是把某一植物的一个部分接到另一植物上，使二者结合成为一个新的植株的繁殖方法。嫁接的过程实际上是砧木与接穗切口相互愈合的过程。嫁接植株的下部即承受接穗的部分称为砧木，上部即接出的部分称为接穗。嫁接繁殖常用于其他无性繁殖方法难以成功的植物。在一些木本花卉和果树生产中使用较为广泛，木本花卉如山茶花、桂花、月季花、杜鹃花、白兰、樱花、梅花、桃花等常用此法繁殖，嫁接也常用于菊花、仙人掌等草本花卉造型上。因砧木和接穗的取材不同，嫁接方式可分为根接、枝接、芽接以及根颈接、高接、靠接等。

嫁接苗的愈合发生在新的分生组织或恢复分生的薄壁组织的细胞间，通过彼此间联合完成。因此，形成层区及其相邻的木质部、韧皮部、射线薄壁细胞是新细胞的来源，嫁接时必须尽可能使砧木与接穗的形成层有较大的接触面并且紧密贴合。嫁接口的愈合通常分为愈伤组织的产生、形成层的产生和新维管束组织产生3个阶段。

首先在砧木和接穗伤口表面的形成层和髓射线的薄壁细胞分裂产生愈伤组织，愈伤组织发生2~3d后便向外突破坏死层，很快便填满砧木与接穗间的微小空隙，即薄壁组织互相混合与连接，使砧穗彼此连接愈合。然后愈伤组织再进一步分化出输导组织，使砧木和接穗原有的形成层连接起来。新形成层产生新的维管束组织，完成砧穗间水分和养分的相互交流，从而形成一个统一的新个体。

嫁接繁殖在花卉上有特殊意义与应用价值。第一，可用于大量生产某些不易用其他无性方法繁殖的花卉，并且能保持优良的母本性状。如云南山茶、白兰、梅花、桃花、樱花等。第二，可提高特殊品种的成活率，如仙人掌类不含叶绿素的黄、红、粉色品种只有嫁接在绿色砧木上才能生存。第三，提高观赏性，满足人们审美需要。如垂枝桃、垂枝槐等嫁接在直立生长的砧木上更能体现出下垂枝的优美体态，菊花利用黄蒿作砧木可培育出高达5m的塔菊，用矮化砧微缩苹果、梨等做成观赏果树盆景。另外，嫁接是提高观赏植物抗性的一条有效途径，如切花月季常用强壮品种作砧木，五针松用黑松以增加抗性，促使其生长旺盛。

一、影响嫁接成活的因素

1. **砧木和接穗的亲和力** 嫁接亲和力是指接穗和砧木经过嫁接后，内部组织结构、生理、遗传特性方面差异程度的大小，差异越大，亲和力越弱。主要决定于砧穗间的亲缘关系，同科植物嫁接愈合快，成活率高。不同科的植物亲和力弱，嫁接不能成活。所以选择接穗和砧木多数在同属内、同种内或同品种的不同植株间进行。

2. **嫁接时间** 选择合适的嫁接物候期。一般接穗在休眠期采集，在低温下储藏，翌春砧木树液流动后进行嫁接成活率高。

3. **砧木、接穗的质量** 接穗应从优良品种、特性强的植株上采集，枝条生长充实、色泽鲜亮光泽、芽体饱满，取枝条的中间部分，过嫩不成熟，过老基部芽体不饱满。砧木应选生长健壮、根系发达的一二年生实生苗。

4. **嫁接技术** 技术要准确、娴熟，嫁接时坚持四字方针，即"平、快、齐、紧"，并注意嫁接极性。

5. **嫁接温湿度** 包括嫁接时的气候条件和接口的湿度等。

二、嫁接方法

（一）芽接

芽接的时期是在形成层细胞分裂最盛时进行，所以芽接是夏秋季皮层易剥离时应用较多的嫁接方法。长江流域落叶树种在7～9月，柑橘等常绿树种在6～10月进行嫁接。

1. **T形芽接**（盾状芽接） 是将接穗削成带有少量木质部的盾状芽片，再接于砧木的各式切口上的方法，适用于树皮较薄和砧木较细的情况。选枝条中部饱满的侧芽作接芽，剪去叶片，保留叶柄，在接芽上方5～7mm处横切一刀深达木质部，然后在接芽下方1cm处向芽的位置削去芽片，芽片呈盾形，连同叶柄一起取下。在砧木的一侧横切一刀，深达木质部，再从切口中间向下纵切一刀长3cm，使其成T字形，用芽接刀轻轻把皮剥开，将盾形芽片插入T字口内，紧贴形成层，用剥开的皮层合拢包住芽片，用塑料膜带扎紧，露出芽及叶柄。

2. **嵌芽接** 将砧木从上向下削开长约3cm的切口，然后将削成盾形或方块形的接穗芽嵌入，称为嵌芽接。用于枝条具有棱角、沟纹的树种，如栗、枣等；或皮层不易分离的树种（图4-15）。

3. **套芽接**（环状芽接） 也叫贴皮芽接。适于接穗砧木的粗度基本相等或砧木稍粗一点的情况。接穗为不带木质部的小片树皮，将其贴嵌在砧木去皮部位的方法。在剥取接

图 4-15 嵌芽接

穗芽片时，要注意将内方与芽相连处的很少一点维管组织保留在芽片上，使芽片与砧木贴合。

（二）枝接

枝接是以枝条作接穗的嫁接方法。大多枝接常在"惊蛰"到"谷雨"前后，树木开始萌动尚未发芽前（即树液开始流动，而芽未萌动前）进行。常用的方法有：

1. **切接** 操作简易，普遍用于各种花卉，如碧桃、红叶桃等。适于砧木较接穗粗的情况。一般在春季3～4月进行。先将砧木去顶并削平，自横切面一侧的1/3处，由上向下切一个长3cm左右的切口，使木质部、形成层及韧皮部均露出。接穗的一侧也削成同样等长的平面，另一侧基部削成短斜面。长1～1.5cm将接穗长面一侧的形成层对准砧木厚一侧的形成层，再扎紧密封（图4-16）。

2. **劈接** 也是常用的方法，适于较高或较粗的砧木。一般在春季砧木发芽前进行。砧木去顶，过中心或偏一侧劈开一个长3～5cm的切口。接穗长8～10cm，将基部两侧略带木质部削成长3～6cm的楔形斜面。将接穗外侧的形成层与砧木一侧的形成层相对插入砧木中。高接的粗大砧木在劈口的两侧均宜插上接穗。劈接也有伤口大、愈合慢的缺点，切面难以完全吻合。大立菊栽培，杜鹃花、榕树、金橘的高接换头都采用此嫁接方法（图4-17）。

3. **舌接** 也叫对接，适用于砧穗都较细且等粗的情况，根接时也常用。可将砧穗二者均削成相同斜面，吻合后再封扎，或再将切面纵切为两半，砧穗互相嵌合后再封扎。

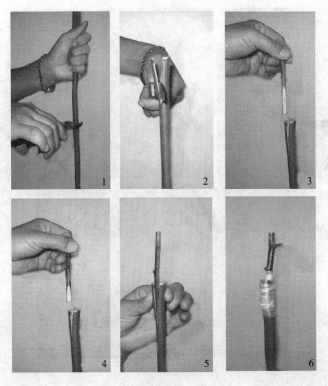

图 4-16 切 接

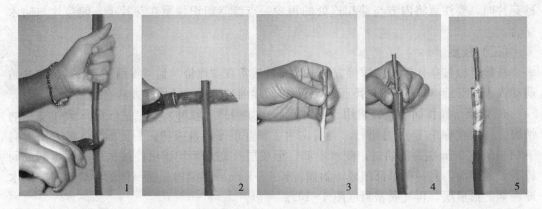

图 4-17 劈 接

4. 皮下接 也叫插皮接，适用于粗大的砧木。小砧木离地面 5cm 处剪断，大砧木进行多头高接，接口直径为 2~4cm，从木质部切开。接穗的削法与切接一样，长削面向内插入，包扎紧。皮下接操作简便、伤口易成活。必须在砧木已活动生长时进行，树皮才易剥离，但接穗需先采下冷藏，不使其发芽。

5. 腹接 特点是砧木不去顶，接穗插入砧木的侧面，成活后再剪砧去顶。腹接的最大优点是一次失败后还可及时再补接。常用于较细的砧木上，如柑橘属、金柑属、李属、松属均常用。腹接的切口与切接相似，但接穗常为单芽。

6. 髓心接 仙人掌类和多浆类花卉的嫁接方法是把接穗和砧木的髓心愈合而成。温室中一年四季都能嫁接。如蟹爪兰的嫁接：采集生长成熟、色泽鲜绿肥厚的2~3节蟹爪兰分枝作接穗，将培养好的仙人掌上部平削去1cm，露出髓心部分。然后把接穗基部1cm处两侧都削去外皮，露出髓心。在肥厚的仙人掌切面的髓心左右切一刀，再将接穗插入砧木髓心挤紧，用仙人掌针刺或牙签将髓心穿透固定。髓心切口处用溶解蜡汁封平，避免水分进入。一周内不用浇水，待成活后移到阳光下正常管理即可。

（三）根接

肉质根花卉多以根为砧木嫁接繁殖。根接法包括劈法和倒腹接。如牡丹根接，秋天在温室内进行。以牡丹枝为接穗，芍药根为砧木，按劈接的方法将两者嫁接在一起，并扎紧结合处，放入湿沙堆埋住，露出接穗接受光照，保持空气湿度，30d后即可成活、移栽。

三、嫁接苗的管理及注意事项

（1）检查是否成活，及时解除绑缚物。

（2）及时剪砧及补接。

（3）及时除萌，剪除根蘖。

（4）注意苗木的圃内整形。

（5）培土防寒，注意嫁接苗生长期的温度、空气湿度、光照、水分等的综合管理，保证嫁接苗的健壮生长。

第五节 压条繁殖

压条繁殖是在枝条不与母体分离的状态下压入土中（较高的枝则采用高压法），枝条在母体上生根，然后再剪离母体成独立新植株的繁殖方法。特点是操作繁琐，繁殖率低，但成活率高，开花结果早，能保存母株的优良性状。

一、压条时期

落叶植物多在冬季休眠期，或早春2~4月刚开始生长时压条为宜，秋季8月以后也可以压条，因为此时枝条已发育成熟，养分积存在枝内，碳、氮比率较大，最易发根。常绿植物以梅雨季节为宜。压条繁殖应选用发育成熟、健壮无病虫害的枝条。

二、压条的种类和方法

1. 偃枝法

（1）单干压条。是将一根枝条弯下，使中部埋在土中生根。适用于芍药、无花果、连翘、桂花、蜡梅、玉兰等。

（2）枝顶压条。又称拱枝压条、枝尖压条。适用于连翘、悬钩子、柳、四照花。

（3）波状压条。又称多段压条，适用于枝梢细长柔软的灌木或藤本蔓性植物。将藤蔓做蛇曲状，一段埋入土中，另一段露出土面，如此反复多次，一根枝梢一次可取得几株压条苗，如葡萄、地锦、南蛇藤、紫藤及铁线莲属可用。

（4）连续压条。又名长枝压条、水平覆土压条。

2. 埋土压条法（堆土法）　是将较幼龄母株在春季发芽前于近地表处截头，促生多数萌枝。当萌枝高10cm左右时将基部刻伤，并培土将基部1/2埋入土中，生长期中可再培土1～2次，培土共深15～20cm，以免基部露出。至休眠后分割出来后，母株在次年春季又可再生多数萌枝供继续压条繁殖，如贴梗海棠、日本木瓜等常用此法繁殖。

3. 高空压条法　又名中国压条，此法为中国繁殖花木和果树最古老的方法，约有3 000年以上的历史。不易弯曲或树冠高大、枝条无法压到地面者，均可以采用（图4-18）。多在早春萌芽前进行，也可在夏季生长季进行。可先在母株上选好枝条，一二年生枝为好，环剥，涂生长素，用塑料薄膜包苔藓或蛭石，一般2～3个月后生根，最好在休眠后剪下。叶子花、扶桑、榕树、龙血树、朱蕉、印度橡皮树、变叶木、白兰花、山茶、木兰、桂花均可以高压繁殖。

图4-18　高空压条

第六节　组织培养

近代的组织培养技术在花卉生产上应用最广泛，已成为许多花卉商品生产的主要育苗方法。是根据植物细胞具有全能性的理论基础将花卉的根、茎、叶、花、种子等培育成具有完整形态和结构功能的植株。是20世纪50年代初期美国植物生理学家斯蒂伍德利用组织培养技术从胡萝卜的单细胞培育出了一个完整的植株发现的。这种繁殖方法除具有快速、大量的优点外，还可以获得无病毒苗。许多花卉，如波斯顿蕨、多种兰花、彩叶芋、花烛、非洲紫罗兰、草莓、香石竹、唐菖蒲、非洲菊、芍药、秋海棠属、杜鹃、月季与喜林芋属、百合属、萱草属及许多观叶植物用组织培养繁殖都很成功。

一、营养器官的组培繁殖

在花卉生产中应用最广的是用一小块营养器官作为外植体进行组织培养，最后生产出大量幼苗的方法，故又有微体繁殖之称。微体繁殖的成败及是否有经济价值，主要受下列因素影响。

1. **植物种类** 虽然植物细胞全能性的理论已被许多实验所证明并得到普遍承认,但组培成苗的难易在不同植物间存在着极大的差异。某些植物易于组培成苗且增殖很快,但有些植物,尤其是许多木本植物,迄今为止组织培养尚未成熟。

2. **外植体的来源** 外植体是组培时最初取自植物体、用作起始培养的器官或组织。一般而言,凡处于旺盛分裂的幼嫩组织均可作外植体。常用的外植体多取自茎端、根尖、幼茎、幼叶、幼花茎、幼花等,但不同的植物各有最适的外植体。

3. **无菌环境** 组培都在植物生长的最适温度及高湿度下进行,培养基含糖及丰富的营养物质,这些条件也适于各种微生物的快速繁衍。因此,组培过程自始至终均应在绝对清洁无菌的条件下进行。因外植体消毒不彻底,用具杀菌不完全,操作时易污染等原因,都会导致失败。故组织培养要在一定的设施、设备条件下严格按操作规程进行。

4. **培养条件** 除水、温、光条件外,培养基的成分特别重要。组培成苗是分批段进行。第一阶段使外植体分生并产生大量丛生枝,第二阶段使丛生枝生根,第三阶段将生根苗移入土中。每一阶段需要不同培养条件,因此第一与第二阶段的培养基配方是不同的,不同植物的配方也有差异。

5. **移栽环境调控** 已生根的组培苗要及时从试管中取出移栽于土壤或人工基质中,再培养一段时间成为商品苗。组培苗从封闭玻璃容器内的无菌、保温保湿及以糖为主的丰富营养综合条件下转移到开放的土壤基质中,环境发生巨大的变化,柔嫩的幼苗常不适应而死亡。因此,从试管内移入土中是组培成败的关键之一,应使其在试管内先炼苗,逐步适应环境。

二、种子的组培繁殖

兰科植物的种子非常小,在自然条件中,只有在一定的真菌参与下,极少数的种子才能发芽。自 1992 年 Kundson 首次报道,用无机盐与蔗糖培养基在试管内将兰花种子培育成苗成功以来,经过多次研究,现已用于工厂化生产中。

有关组培繁殖的具体步骤及技术在其他组织培养教材或专著中讲述更详尽,本书不再展开。

在花卉繁育方面,除以上繁殖方法外,还有仅适于蕨类植物的孢子繁殖。蕨类植物的孢子作为单细胞,在适宜的温度、湿度及酸碱度条件下,会萌发成平卧地面的原叶体(配子体),在原叶体上不久又生出颈卵器与精子器。颈卵器中的卵细胞受精后发育成胚。胚逐渐生长出根、茎、叶而发育成新植物体(孢子体)。成熟的孢子体上又产生大量的孢子。如此反复。

孢子人工繁殖虽能取得大量幼苗,但孢子细微,培养期抗逆力弱,需认真收集孢子、科学配制基质、精细播种和管理,并且在空气湿度高及不受病害感染环境条件下才易成功,所以孢子繁殖在生产中应用较少。

研究性教学提示

1. 教学中,教师应首先带领学生参观苗圃、育苗中心、组培中心等,让学生认识到繁育是花卉生产中的重要一环,树立"我要学"、"要学好"的意识。

2. 在前期花卉识别的基础上,教师应根据季节的不同,针对不同种类的花卉,演示其主要的繁育方法,然后让学生实际操作、练习。

3. 采用的讲授和学习方式可以根据当地条件选择以下几种:①到校内或学校附近的花圃、种苗基地进行现场参观学习、生产实习。②通过多媒体课件或视频演示几种不同类别花卉的繁育方法和步骤。让学生对本章知识点印象更深刻。③鼓励学生上网查找资料与图片,了解与本章有关的最新的发展成果和方法,为学生就业后参加生产拓展思路。

4. 根据各校实际情况,由学校提供场地和材料,以生产实习或兴趣小组的形式,组织学生按组分别进行一定种类、一定数量的种苗繁育,要求学生全程跟踪管理。学期末,以成活率或苗木长势进行评价、评定成绩。培养学生的团队精神,做事脚踏实地、善始善终、认真负责的态度。

探究性学习提示与问题思考

本章学习过程中重点掌握有性繁殖和无性繁殖的特点及利用;有性繁殖的具体操作和繁殖时的注意问题;无性繁殖的操作和注意事项,包括分株、分球、扦插、压条、嫁接和组织培养。结合各种繁殖方法的理论学习进行具体的操作练习应引起大家的高度重视,是本章的重点也是难点,也是花卉工、绿化工等技能考试的重点。

1. 花卉繁殖的方法有哪几类?有什么优缺点?
2. 简述各类花卉的播种时期和方式。不同种类的花卉种子,播种前需经过哪些处理?
3. 如何采收种子?
4. 影响种子寿命的因素有哪些?
5. 温室花卉播种后应如何管理?
6. 影响扦插生根的因素是什么?如何促进生根?
7. 嫁接的要求是什么?总结不同嫁接方法的操作要点。
8. 叙述分生繁殖和压条繁殖的方法。

考证提示

1. 草本花卉、木本花卉种子的采收及贮藏方法。
2. 种子发芽率的测定方法。
3. 种子的层积处理。
4. 硬枝扦插、嫩枝扦插的时间及注意事项。
5. 提高嫁接繁殖成活率的方法。
6. 一串红、羽衣甘蓝等花卉的播种繁殖方法及步骤。
7. 香石竹的扦插繁殖。
8. 唐菖蒲的分球繁殖要点。

实训一 常见花卉植物种子的采收与识别

一、目的与要求

掌握花卉种子的外部形态特征和采收方法，防止不同种类（或不同品种）种子混杂，以保证品种种性和栽培计划的顺利实施。

二、材料与用具

1. 材料　部分常见花卉，如凤仙、三色堇、半支莲、千日红、君子兰、瓜叶菊等。
2. 用具　枝剪、采集箱、布袋、纸袋、天平、卡尺、直尺、镊子。

三、方法与步骤

1. 种子采收　在花圃或校园内选取优良采种母株，适时采收，采收时根据不同种类的种子特点分别进行。

（1）干果类种子。干果类如蒴果、蓇葖果、荚果、角果、坚果等，果实成熟时自然干燥，易于裂散出；应在充分成熟前，行将开裂或脱落前采收。某些花卉如凤仙、半支莲、三色堇等果实陆续成熟散落，须从尚在开花植株上陆续采收种子。

（2）肉质果种子。肉质果成熟时果皮含水多，一般不开裂，成熟后自母体脱落或逐渐腐烂，如浆果、核果、梨果等。待果实变色、变软时及时采收，过熟会自落或遭鸟虫啄食。若俟果皮干后才采收，会加深种子的休眠或受霉菌感染，如君子兰、石榴等。

2. 种子的识别

（1）辨别种子大小。一般种子的大小不同，种子的质量也不同。

①按粒径大小分。大粒（粒径≥5.0mm）、中粒（2.0～5.0mm）、小粒（1.0～2.0mm）、极小粒（<0.9mm）。

②用千粒重表示可任选几种数量较多的花卉种子进行千粒重称量，以此确定种子大小。同类种子，千粒重越重，种粒越大，质量越好。

（2）观察种子的色泽及种子表面不同附属物，如绒毛、翅、钩、突起、沟、槽等，可对照实物描述，从而认识种子。

四、效果检查与评价

1. 自制表格填写5～10种花卉种子或果实的采收方法和外部形态特征。
2. 种子采收的依据是什么？如何确定不同类型花卉的种子采收期？
3. 采收成熟度与种子生活力关系如何？
4. 种子识别的意义如何？

实训二　种子繁殖

一、目的与要求

通过几种花卉的播种实验，掌握花卉有性繁殖的基本环境条件、播种技术和播种苗管理等环节。

二、材料与用具

1. 植物材料 三色堇、雏菊、矮雪轮、羽衣甘蓝（秋播）、一串红、凤仙花等（直播）。
2. 用具 播种盆、沙、土、锄头、耙子、网眼筛、铁锹、洒水壶等。

三、方法与步骤

播种方法分为地播和盆播，以盆播为例：

1. 播种用土准备。采用混合土，配合比例如下：细小种子腐叶土 5、河沙 3、园土 2；中粒种子腐叶土 4、河沙 2、园土 4；大粒种子腐叶土 4、河沙 1、园土 5，在使用前消毒（蒸汽或药剂）并筛过，细粒种子用网眼 2～3mm 细筛筛土，中、大粒种子用 4～5mm 网眼筛子筛土。土壤含水量适当。

2. 用碎盆片把盆底排水孔盖上，填入 1/3 碎盆或粗沙砾，其上填入筛出的粗粒混合土厚约 1/3，最上层为播种用土厚约 1/3。

3. 盆土填入后，用木条将土面压实刮平，使土面距盆沿 2～3cm。

4. 用"浸盆法"将浅盆下部浸入较大的水盆或水池中，使上面位于盆外水面以上，待土壤浸湿后，将盆提出，过多的水分渗出后，即可播种。

5. 细小种子宜采用撒播法。为防止播种太密，可掺入细沙等指示剂与种子一起播入，用细筛筛过的土覆盖，以不见种子为度。中、大粒种子用点播或条播法，播后覆土，覆土厚度是种子直径的 3～5 倍。

6. 覆土后在盆面上盖玻璃或报纸等，以减少水分蒸发，并置于室内阴处。

7. 播后管理。应注意维持盆土湿润，干燥时仍然用浸盆法给水，幼苗出土后逐渐移于光照充足处。

8. 地播技术相对简单，但要注意播种床床面平整，表土的粗细，以利于排水为好。播种前土壤湿度适中，注意播后覆盖，防冻（秋播）、防雨（南方）、防旱（北方）等。

四、注意事项

1. 混合土主要是保证良好的土壤性能。所用的壤土应为中性，沙则为不含淤泥、贝壳等夹杂物的清洁河沙。

2. 播种时期依不同种类和市场需要而定，但必须保证良好的萌发条件。如温度 20～30℃，水分 70％ 左右，喜光种子最好用玻璃覆盖。

3. 种子播种应精选。若用 15％ 甲醛消毒，应用清水冲洗干净。有些种子需要浸种催芽。

五、效果检查与评价

1. 比较地播与盆播花卉技术要领及适用对象。
2. 种子繁殖适用于哪些花卉？有何优缺点？
3. 观察种子出苗情况。按播种期、出苗期、第一片真叶出现期、分苗期等时期记载。

实训三 扦插繁殖

一、目的与要求

通过实习，掌握花卉扦插繁殖的原理和主要技术要点。利用植物营养器官具有再生能力，能发生不定芽或不定根的习性，切取其茎、叶、根的一部分，插入沙或其他基质中，使其生根或发芽成为新植株。

二、材料与用具

1. 材料　菊花、虎尾兰、豆瓣绿。
2. 用具　全光喷雾设施、繁殖床、沙、剪刀或小刀等。

三、方法与步骤

依选材不同，扦插的种类及方法不同。

1. 茎插（以菊花为例）

（1）选合适的菊花母株，用小刀或剪刀截取 5～10cm 的枝梢部分为插穗；切口平剪且光滑，位置靠近节下方。

（2）去掉插穗部分叶片，保留枝顶 2～4 片叶子。

（3）整理繁殖床，要求平整、无杂质，土壤含水量 50%～60%。

（4）将插穗插入沙床中 2～3cm。

（5）打开喷雾龙头，以保证其空气及土壤湿度。

（6）给予合适的生根环境。

2. 叶插

（1）全叶插。以豆瓣绿为材料。以完整叶片为插穗。将叶柄插入沙中，叶片立于沙面上，叶柄基部就发生不定芽（直插法）。

以秋海棠为材料。切去叶柄，按主脉分布，分切为数块，将叶片平铺沙面上，以铁针或竹针固定于沙面上，下面与沙面紧接。而自叶片基部或叶脉处产生植株（平置法）。

（2）片叶插。以虎尾兰为材料。将一个叶片分切为数块，分别扦插，使每块叶片上形成不定芽。将叶片横切成 5cm 左右小段，将下端插入沙中。注意上下不可颠倒。

四、注意事项

1. 选取的插穗以老嫩适中为宜，过于柔嫩易腐烂，过老则生根缓慢。
2. 母株应生长强健，苗龄较小，生根率较高。
3. 扦插最适时期在春、夏之交。
4. 适宜的生根环境为：温度 20～25℃，基质温度稍高于气温 3～6℃，土壤含水量 50%～60%，空气相对湿度 80%～90%；扦插初期，忌光照太强，适当遮荫。

五、效果检查与评价

1. 软材扦插如何保留叶片？为什么？
2. 其他扦插方法还有哪些？举例说明。
3. 用表 4-2 记录试验结果。

表 4-2　扦插记录表

种类名称	扦插日期	扦插株数	应用激素浓度及处理时间	插条生根情况			生长株数	成活率（%）	未成活原因
				生根部位	生根数	平均根长			

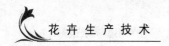

实训四　分生繁殖

一、目的与要求

分生繁殖是多年生草花主要的繁殖方式之一。通过实验实习,掌握分生繁殖的类型、原理及基本方法。

二、材料与用具

1. 材料　萱草、一叶兰、大丽花、唐菖蒲、美人蕉或晚香玉。
2. 用具　枝剪、培养土、浇水壶等。

三、内容与步骤

1. 分株(以萱草或一叶兰为例)

(1) 将待分株的植物从盆中取出,用枝剪剪去枯、残、病、老根,并抖落部分附土。

(2) 将根际发生的萌蘖与母株分开,并作适当修剪。

(3) 按新植株的大小选用相应规格的花盆,用碎盆片盖于盆底的排水孔上,将凹面向下,盆底用粗粒或碎砖块等形成一层排水物,上面再填入一层培养土,以待植苗。

(4) 用左手拿苗放于盆口中央深浅适当位置,填培养土于苗根的四周,用手指压紧,土面与盆口应留适当距离,土面中间高,靠盆沿处低。

(5) 栽植完毕后,用喷壶充分喷水,置阴处数日缓苗,待苗恢复生长后,逐渐放于光照充足处。

2. 分球(以大丽花为例)　取出贮藏的块根,将每一块根及附着生于根颈上的芽一起切割下来另行栽植(可在切口处涂草木灰防腐)。若根颈部发芽少的品种,可每2～3条块根带一个芽切割。栽完后浇水,进行常规管理。

四、注意事项

1. 分生繁殖一般于休眠期进行。
2. 新植株不宜过小,以免影响开花。
3. 分离植株时要小心操作,以免弄伤植株茎、叶;分株时注意保留块根上的发芽点,若发芽点不明显,可先于温室催芽。
4. 新栽植时尽量避免窝根。

五、效果检查与评价

1. 如何确定分生繁殖时间?
2. 分生繁殖还有哪几种形式?举例说明。
3. 分述球根花卉、宿根花卉繁殖形式与代表种。举例说明。

实训五　嫁接与压条

一、目的与要求

通过实习掌握嫁接及压条繁殖的原理和基本操作技术。

二、材料与用具

1. 材料　菊花（接穗）、青蒿（砧木）、常春藤类。
2. 用具　嫁接刀，柳枝茎皮套或塑料条。

三、方法与步骤

1. 嫁接

（1）选砧木。于秋冬或初春到野外找青蒿苗，挖回栽于苗床培养。

（2）砧木整枝。除去部分枝叶，保留嫁接用枝。

（3）用劈接法嫁接。在距主茎 12～15cm 处切断青蒿，用嫁接刀，从切断面由上而下纵切一刀；将菊花接穗修成楔形，插入青蒿枝纵切口，使其形成层吻合，用柳皮套或苦荬菜草茎套好或用塑料条绑扎。

①青蒿枝保留 2～3 片叶子，待愈合后再摘去。

②嫁接完毕套袋，保温、保湿。

2. 压条　选择适合压条的花卉 1～2 种，进行普通压条和高压。分别进行刻伤、环剥、固定、包扎或壅土，以后经常保持湿润。

（1）在早春发芽期进行，也可以在生长期进行。

（2）常见方法有埋土压条，即被枝条埋入土中部分的树皮环割 1～3cm 宽，在伤口涂上生根粉后再埋入基质中使其生根。

（3）空中压条法适于大树及不易弯曲埋土的情况。先在母株上选好枝梢，将基部环割并用生根粉处理，用水苔等保湿，外用聚乙烯膜包扎，两端扎紧即可。2～3 个月生根，在休眠后剪下（杜鹃、山茶、桂花、米兰等常用）。其他方法还有单干压条、多段压条。

四、注意事项

1. 嫁接

①青蒿砧木与接穗茎应粗细相近。

②接触面应尽可能宽，切口应光滑平整。

③伤口要密封，防雨水，防蒸腾。

2. 压条　空中压条注意环割宽度与保湿。

五、效果检查与评价

1. 简述嫁接繁殖优缺点及适用对象。
2. 如何提高嫁接成活率？
3. 选其他材料如仙人掌、蟹爪兰、梅花等，据具体情况、时间分数次进行，做好实习记录并分析影响成活的原因。

第五章

鲜切花生产技术

【学习目标】 通过学习重点掌握六大切花的生产技术，并根据当地的生产实际，选择部分小切花和切叶类。学习中注意几个方面：①熟悉主要切花的种类及生态习性；②掌握鲜切花的采后处理方法；③掌握鲜切花的栽培技术和管理方法；④鲜切花常见种类、品种的形态观察和识别；⑤认识当地主要栽培的鲜切花并能掌握其繁殖方法、栽培要点和应用管理技术。在学习中要理论联系实际，通过参观学习、教学实习、生产实习，提高适应花卉生产企业的岗位要求。

第一节 鲜切花生产概述

一、鲜切花的概念及特点

（一）鲜切花的定义

鲜切花又称切花，从字面上理解，切是剪取，花是植物的繁殖器官，是植物最具有观赏价值的部位。狭义的切花概念是指从植物体上剪取的具有观赏价值并带有一定长度茎枝的花朵，如非洲菊、月季、百合、香石竹等。广义的鲜切花是指从活体的植株上切取的，具有观赏价值的，用于花卉装饰的茎、叶、花、果等各种植物材料，如天门冬、银芽柳、散尾葵、春羽等，它们中既有观花、观叶、观茎、观果的，也有观赏其姿态和闻香的，范围较广，内容较丰富，并不断涌现出一些切花新秀来增添它的活力和影响力。

（二）切花的作用

1. **装饰美化** 鲜切花以其独特的魅力既能体现大自然的美，使人们亲近自然，享受自然，又能点缀空间，美化环境，因此人们越来越喜欢它。

2. **丰富精神文化生活** 一束鲜艳的切花能给人以好的心情，一个好的插花作品能给人以精神的享受、艺术的熏陶，从而丰富了花文化内容，也丰富了现代人的精神文化生活。

3. **礼仪往来，传递情感** 在现代生活中，探亲访友，商务往来，表彰成绩，悼念和缅怀的时候，人们都喜欢用鲜切花来表达。鲜切花时时刻刻都在用无声的语言起着感情桥梁的作用，象征着亲情和友谊。

4. 促进经济发展　近几年，鲜切花的需要越来越多，从而带动了花卉产业的发展，涌现了许多新的行业，不仅促进了鲜切花的栽培、保鲜、运输等产业的发展，也带来了可观的经济收入。

（三）切花的分类

为了更好地认识、栽培养护和应用鲜切花，我们要对鲜切花进行分类，常用的依据有两类。

1. 根据切取的植物材料器官的特征分类

（1）切花类。以花作为离体植物材料的主体，其色彩鲜艳，花姿优美。如菊花、月季、金鱼草、洋桔梗、小苍兰等。

（2）切叶类。以叶作为离体的植物材料的主体，叶形美丽、奇特、色彩丰富，如龟背竹、高山羊齿、天门冬、散尾葵等。

（3）切枝类。以枝作为离体的植物材料的主体，多数切枝带有花、果、叶，如蜡梅、南天竹、银芽柳、碧桃等。

（4）切果类。以果作为离体的植物材料的主体，果形美丽、奇特、色彩丰富，如火棘、乳茄、金银木、石榴等。

2. 根据切花的外部形态特征分类

（1）团块状花材。指主要观赏部位的外形呈团状或块状的花材。如月季、香石竹、菊花、郁金香等。

（2）线状花材。指主要观赏部位的外形呈长方形或线性的花材。如蛇鞭菊、银芽柳、唐菖蒲、金鱼草等。

（3）散状花材。这类花材茎多而纤细，花叶细小而繁茂，整体形状呈轻盈蓬松的大花序状的花序。如满天星、情人草、武竹、高山羊齿等。

（4）异型花材。这类花材的花形奇特，体形较大，能吸引人的注意力。如红掌、鹤望兰、文心兰等。

二、切花生产的特点

切花生产包括了切花的品种繁育、栽培管理方法、花期控制以及切花采收、包装、保鲜、贮藏和运输等一系列环节，每个环节的把握直接影响到切花产品的产量、质量和价值。切花生产与盆花和露地花卉的生产不同，其栽培养护要求介于二者之间，具有标准化、产业化、规模化的特点，具体表现为：

1. 品种结构趋于多样化　现代切花的生产由单一切取花枝的生产发展到大量的切叶、切果、切枝等的生产。

2. 生产周期快，易于周年生产　现代切花生产，大多数都采用集约化栽培，单位面积产量高，经济效益显著。特别是采用设施进行的反季节栽培，周年供应了市场，满足了人们对切花的需要。

3. 切花生产受自然条件约束大，对栽培设施的依赖性强　切花的需要是周年性的，生产也是周年性的。但大多数的切花品种并不能完全在自然条件下正常生长，因此为了节约成本，常以露地栽培和设施栽培相结合进行周年生产。切花生产在长江流域以南以露地栽培为主,在长江流域以北以温室等设施栽培为主,这样才能生产出高质量的切花。

4. 包装、贮藏、运输简便,方便异地贸易 在信息化程度日益提高的今天,切花异地生产、消费已经成为切花消费的一大特点。因此,切花的包装、贮藏、运输等都需要有一整套的配套设备来完成,再加上一定的保鲜技术,更能够减少损耗,降低成本,迅速补充市场需要,缓解供求矛盾。

5. 常采用大规模生产、工厂化生产,提高质量和产量 无土栽培、组织培养技术的应用与推广,使切花大规模生产、工厂化生产成为现实,从而为切花产量和质量的提高提供了保证。

6. 切花生产的技术要求高,栽培管理精细 切花产品要求符合质量检测标准,质量等级越高,观赏价值越好,经济效益越好。因此,在切花生产过程中,要求栽培管理者必须了解栽培切花的生态习性及生长规律,懂得设施管理,熟悉花卉栽培管理技术,并根据切花不同生长阶段的需要,调节环境条件,补充养分,获得高质量的切花产品。

三、切花生产现状及发展趋势

(一) 国外切花发展概况

近年来,切花产品已成为国际上的大宗商品,消费量迅速增加,形成三大花卉消费市场,即以美国为主的北美市场,以荷兰、德国为主的欧洲市场,以日本、韩国为主的亚洲市场。

据花卉贸易市场资料分析,从花卉商品生产与消费的关系来看,大致可分为3种类型的国家和地区:一是生产、消费基本平衡的花卉自给国,如西班牙、葡萄牙、希腊等。二是生产大于消费的花卉出口国,如荷兰、意大利、比利时、丹麦、泰国、新加坡、哥伦比亚、以色列等。三是消费大于生产的花卉进口国,如德国、日本、美国、法国、瑞士、瑞典、挪威、英国。

(二) 世界一些国家的切花生产与消费概况

世界各国花卉商品生产的历史都不很长,比较早的有荷兰、比利时,大约有二三百年的历史,但大多数国家的花卉业仅有五六十年的生产历史。从个别产品来看,由于切花生产发展较迅速,形成了几个在切花生产方面较有特色的国家。

1. **美国** 是目前最大的花卉消费国,切花的需要大于生产,是最大的切叶出口国。

2. **荷兰** 是著名的花卉生产王国,也是最大的切花出口国。从荷兰拍卖市场出口的切花,占世界出口量的70%,其世界市场占有率为63%,生产以郁金香和百合种球及切花为主,是世界花卉贸易的中心。另外,荷兰还是世界上最大的盆花与盆景出口国。

3. **日本** 由于传统插花和各种活动用花,使花卉消费量不断增加,尤其在切花消费方面,日本跻身于世界最大的花卉消费和进口国之一,每年切花进口价值在5亿美元以上,日本既是花卉进口国,也是花卉生产大国。

4. **韩国** 近年来花卉生产发展尤为迅速,已成为东亚地区花卉生产、出口及消费的主要国家之一。据统计,1989—1993年期间,花卉从业人数达1.2万人,生产面积5 000 km^2,产值达5亿美元。

5. **肯尼亚** 非洲主要花卉生产国,也是非洲花卉打入欧洲市场的最大鲜花出口国。

从业人员200多万，生产面积900km²，主要种植香石竹（317km²）、百合（112km²）、六出花（86km²）、月季（80km²），每年出口到欧洲的花卉总额达6 500万美元，其出口量最大的是香石竹。

6. 瑞士　成为全球鲜切花消费最多的国家之一。

（三）我国切花发展概况

目前，我国已成为世界最大的花卉生产基地之一，种植面积和产量均居世界前列，其中花卉种植面积已占世界花卉种植总面积的1/3。我国花卉生产发展迅速，品牌优势逐步显现，花卉的服务能力增强，产业链不断延伸，为地方带来了可观的经济效益。切花生产主要集中在北京、上海、广东、云南等地。近两年，随着我国的花卉产业迅猛发展，种植鲜切花基地400hm²，上市鲜切花50多个种类，200多个品种。国内买花、养花的家庭越来越多，鲜切花缺口极大，远未满足市场需求。

现在，国内引进并生产的鲜切花新品种，如非洲菊、红掌、鹤望兰、百合、郁金香、鸢尾、热带兰、高档切叶等，花色丰富多样，品种逐渐高档化，市场份额逐步扩大，新品种价格不断攀升，一般的品种价格稳中有降，尤以香石竹、月季等大宗产品的降幅较大，价格趋于合理。从国内鲜切花的生产格局和中远期发展趋势来看，切花生产将以云南、广东、上海、北京、四川、河北为主。目前，云南与上海是香石竹、月季和满天星等的生产地；福建、广东、江苏、浙江、安徽等地，利用其气候优势大量生产冬季的月季、菊花、唐菖蒲及高档的红掌、百合等，成为国内最大的冬、春切花集散地。国内的鲜切花流通网络已初步形成，建立了大型的花卉批发市场，有的地区已建立全天候的花卉交易大厅。

第二节　主要切花生产技术

一、月季

学名：*Rosa* cvs.

别名：长春花、玫瑰、月月红、四季花、现代月季、月季红、四季蔷薇。

科属：蔷薇科，蔷薇属。

原产地：中国是月季的原产地，本种为园艺品种。统称为"现代月季"，它的栽培几乎已遍及除热带和寒带外的世界各地。

（一）栽培概述

月季主要分布在北半球的温带和亚热带，有150多种，据粗略统计，全世界切花产量达40亿～50亿支。主要生产国为荷兰、美国、哥伦比亚和以色列。荷兰为最大的出口国，其次为哥伦比亚和以色列。美国和日本既是主要的切花月季生产国，也是主要的进口国。德国是最大的切花月季进口国。目前，月季已成为世界五大切花之一。栽培面积仅次于香石竹和菊花。

我国早在西汉时就已有了种植月季的记载，晋代以后栽培更为普遍，明代王象晋《群芳谱》（约1620年）较为详细地叙述了月季的概况，清代许光照于《月季花谱》中谈到扬州种植月季颇盛，当时已有64个品种。现代月季是欧洲人从中国引进原种月季，与当地种反复杂交培育而成的。主要是用1789年引入法国的中国月月红与当地蔷薇杂交育成。

我国切花月季生产始于上海，20世纪50年代曾有小规模生产。北京是全国鲜花消费最集中的地区之一，80年代后，温室、露地切花月季得到了迅速的发展，90年代后日光温室种植切花月季获得成功，年产切花1 000万～1 500万支。

1995年我国切花产量5亿支，其中1/3为月季，但我国切花生产起步晚、规模小而分散，切花质量差，出口能力较低。

昆明四季如春，有得天独厚的气候条件，20世纪90年代花卉业迅猛发展，切花月季是其支柱产品之一，是我国冬季和夏季生产切花月季的理想地区，也是目前我国切花月季的主要产区之一。

（二）形态特征

月季是常绿或有刺半常绿灌木，株高1～2m。枝条直立，叶互生，奇数羽状复叶，小叶多数，托叶大部分附生于叶柄，花单生或簇生于枝顶，重瓣型，微香或无香，花色、花型多姿多彩。一年四季都可开花。在日常生活中人们常将蔷薇、月季、玫瑰混淆，可从以下几方面区分：

蔷薇：落叶灌木，枝常平卧蔓生，奇数羽状复叶，叶下面被柔毛，花多数，呈圆锥花序，花柱大多伸现萼筒外，花期5～6月。

月季：叶下面无毛，有倒钩皮刺，叶柄及叶轴上也常散生皮刺，小叶片光滑，花单生或簇生，可四季有花。

玫瑰：直立灌木，复叶5～11枚，小枝被绒毛，皮刺，长刚毛，小叶片上有皱褶，背面有刺毛，花单生或2～4朵呈伞房花序，花柱不伸出萼筒或伸出很少，花期5～7月，具香味。

（三）生态习性

月季喜阳光充足，相对湿度70%～75%，空气流通，具排水良好、肥沃、湿润的疏松土壤，最适生育温度白天20～27℃，夜间15～22℃，过于干燥或低温即进入休眠或半休眠状态（阴湿地方易徒长，且易患白粉病和受红蜘蛛为害，夏季高于30℃生长缓慢）。

（四）品种类型

1. 藤蔓系列品种 有多特蒙德、光谱、华夏、卧龙、御用马车、嫦娥奔月、橘红火焰等，它以蔷薇为砧木，以优良月季为接穗，采用高科技手段嫁接而成。既继承了蔷薇的抗病害、生长性能好的特点，又吸收了高品质月季的绿化美化的优点，是城市立体绿化的首选。其攀缘生长，长势强壮，年最高长势可达4m左右，抗病性好，几乎没有病虫害，开花集中，色彩鲜艳，花期长达8个月。可制作花篱、花墙、棚架、拱门花柱以及道路隔离带绿化等，立体效果是任何藤蔓花卉所达不到的。

2. 大花系列品种 有红双喜、绿云、金奖章、现代艺术等，其叶片光泽多为革质，花朵丰硕，开花勤，花色鲜艳，花香芬芳馥郁，株型丰满，姿态优美，可盆栽于阳台、屋顶花园、房前屋后或用于城市绿化，是月季中最具观赏价值的品种。

3. 丰花系列品种 有莫海姆、金玛莉、橘红潮、冰山、仙境、欢笑等。丛生扩张型，株型匀称、茂密，长势健壮，根系发达，多花，花期长，色彩艳丽，抗寒、耐旱，抗病、抗涝，对环境适应性强，用于街道绿化、干切花、展览、组建花坛、花境、篱栽、容器栽培等，在工程绿化中是不可缺少的一员。

4. 地被系列品种 有巴西诺、梅朗珍珠、哈德夫俊、皇家巴西诺等。植株矮壮，呈扩张匍匐型生长状态，分蘖极强。枝条触地生根，呈放射状伸展，根系发达，可深达2m。单株年可萌生50个分枝，每枝可开花50朵，下叶上花，绿化效果极佳。耐寒，抗热，抗病能力强。0℃以上能正常开花，冬季能耐−30℃。夏季可抗40℃高温，一般情况下不用施药。

5. 微型系列品种 有太阳姑娘、金太阳、合唱、矮仙女、帕柯斯特等。株高不超过30cm，花朵娇小可爱，成簇状，须根发达，是良好的盆栽及地被植物，配合草本花卉布置花坛、广场，可营造不同色块的优美空间。

切花常用品种：

1. 粉钻 该品种植株窄灌型，枝条直立，表皮绿色，切枝长50～70cm，皮刺少、黄色，复叶深绿色、革质、中等大小、有锯齿、叶脉清晰。花高蕊多角形，大型花，花径9～11cm，花色正面粉色、背面泛白，花瓣数35～45片，无香味。商品切花每年每株产18～20支；切花瓶插期9～12d，多季开花。抗白粉病和霜霉病。

2. 动的情感HT系 散发着玫瑰香味的桃红色大花，约30瓣，高蕊卷边，花形整齐美观，人见人爱。切花观赏种植效果较佳。

3. 金色奥林匹亚FL系 黄色多花月季新品种，株直立，枝叶茂盛，株高60cm，花朵直径8cm，持久耐开，有香味，叶革质有光泽。是城市美化环境首选品种。

4. 威堡尔FL系 艳丽的红色花朵直径约7cm，花瓣25枚，花量大且开花勤，叶深绿、具光泽，植株健壮丰满、生长整齐，抗病。株高60cm。适于城市美化，园林造景大量种植，效果甚佳。

5. 火环FL系 花黄色有红晕、不易褪色，朵径8cm，约45瓣，清香，叶深绿，有光泽，株直立，抗病中等，高度略矮。盆栽效果较佳。

6. 清泉HT系 纯白色，高蕊，大花，朵径14cm，约30瓣，叶革质，稍有光泽，植株健壮，直生，生长速度快。是白色月季切花新品种。

7. 达拉斯 英文名：Dallas，杂交茶香月季。花径13～15cm，切枝长度70～90cm，花深红色，花苞较大，瓣质硬，叶片墨绿，枝硬挺直，有细刺。

（五）种苗繁殖

1. 品种选择 切花月季种苗的选择除应考虑市场对品种的要求外，还应考虑品种的生产性能。一般要求品种具有旺盛的生长能力，耐修剪，萌芽力强，出花率高，每平方米的年产量在100支以上。对品种的选择应重视以下问题：

（1）株型直立。这样有利于密植和栽培管理。

（2）单朵着花。大花系要求除顶花芽外，侧芽很少形成花蕾，以减少摘蕾工作量。

（3）枝干少刺或无刺，叶面有光泽。便于采切后对花枝加工整理。花枝硬挺，花枝长，切花等级高，质量好。

（4）花形优美，特别在初开时，含而不露，优雅大方。开花速度缓慢，花朵适中，花蕾长尖形，花瓣瓣质硬厚，有质感，耐水插。

（5）选择健康、强壮和抗性强的品种。选一年生的嫁接苗或二年生的扦插苗，根系发达，无病虫害，对环境的抵抗能力较强。

2. 切花苗繁殖 切花月季的繁殖主要采用嫁接繁殖和扦插繁殖。

(1) 扦插繁殖。对保持品种特性较为有利，但不同品种扦插成活率不一致，自生根系好的可扦插，自生根系差的用嫁接繁殖。

①硬枝扦插。在冬季结合修剪时采插穗，插穗要求完全木质化，组织充实，芽眼饱满，每穗剪成2～3节，每枝8～10cm长，上端平口，离芽0.5～0.8cm，下端斜口，离芽0.8～1.0cm。冬季需插于温床，早春插于大棚中，基质用河沙，株行距为3cm×3cm，深度为1/2～2/3插穗长为宜。

②嫩枝扦插。春夏秋三季，结合实际切花采穗，插穗宜用半木质化的新梢。插前可用100mg/L生根粉液浸基部2cm12～18h，以促进生根。基质宜用蛭石，株行距3cm×7cm，插后土温25～28℃，相对湿度80%～90%，20～30d生根。

(2) 嫁接繁殖。月季以芽接为主，此繁殖方法具有植株生长高大、健壮，花枝挺拔，抗病力强，根系发育好，对土壤、环境的适应性能好等特点。

①砧木的选择与培育。云南常用粉团蔷薇、野蔷薇及十姊妹。它们具有易扦插成活、生根快、亲和力好等优点。可用扦插和播种繁殖砧木。

一般在6～8月或11月进行扦插，6～8月雨量多，湿度大，温度适宜，发根快，成活率高。

选择砧木插条的原则：选当年生半木质化的粗壮枝条，腋芽饱满而未萌发，无病虫害，节间短，叶色深绿，茎直径0.7～1.2cm，插条长度8～12cm。

②接芽的选择。选用开花后的枝条，从顶部往下数取第一或第二权具有5片小叶的腋芽作接芽。这个部位腋芽所形成的芽接苗植株生长发育情况是最好的。而用近顶端的枝条发枝太短，易形成花蕾，致使叶子不能很好生长，影响第二次开花和新树冠的形成；用过于接近枝条基部的腋芽，则又会使植株的枝叶旺盛，长枝不易长花蕾。另外，所选用的接芽，必须是饱满的休眠芽，因为已经萌发的腋芽，内部营养消耗大，愈伤组织难以形成。

③嫁接的方法。T字形芽接：在砧木离根颈6～10cm处选择光滑、无刺的地方，用芽接刀横切0.6～1cm长的切口，再在中间向下纵切约2cm长，即呈丁字形状。接穗采用当年生健壮枝条，选饱满的芽眼，去掉叶片，留下叶柄取下。嫁接时，插入接芽后，轻轻将接芽向上提一下（目的：使接芽顶上的切口与砧木切口紧密接触），然后再将两边茎皮合拢包住接芽，用塑料条缠好即可。接后伤口处不可淋雨，约15d后，留在接口处的叶柄一触即掉，证明已成活。

(3) 组培繁殖。成本价高，主要繁殖采穗母株用。

(六) 栽培管理

春季：3～6月定植，翌年3月采花。

秋季：9～11月定植，翌年10月采花。

1. 整地作畦，改良土壤 宜用高畦以减少病害，畦高20～30cm，双行栽植床宽80～100cm，栽前要施足底肥，这样栽植，质量好的月季可保持3年。每平方米基肥用量为：腐熟有机肥30～50kg，普钙0.24kg，草木灰0.3kg。

2. 栽植 株行距20cm×25cm，如60cm宽植床栽两行，株间交替。栽时要求接口高出床面2cm，覆土至接口下（不能埋住接口）。

3. 栽培技术

（1）温度管理。温度是影响月季生长发育的主要因素之一。月季生长最适的昼温为20～27℃，夜温14～16℃，夜温低于昼温，昼、夜温变化交替，有利于碳水化合物的积累和花色素合成，产量提高。

（2）水分管理。月季耐旱，忌积水，适宜于地势干燥、排水良好的砂质壤土中生长，水分控制要根据月季生长发育不同时期进行，苗期、营养生长期不能脱水，过干则枯，过湿则伤根落叶，所以要干湿交替，不干不浇，浇则浇透。

（3）养分管理。月季在生长周期内能多次开花，花量多、花期长，因此除施足基肥外，生长期内要及时追肥，特别在每次开花后必须追肥，才能满足反复开花的需要。施肥时不仅要提供足够的氮、磷、钾三要素，还要满足月季生长发育对硫、钙、镁等大量元素和氯、硼、铁、锌、铜、钼等微量元素的需要。只有适时、适量、合理供给各种营养物质，才能使月季多开花、开好花。

（4）光照管理。月季是喜光植物，光照充足，月季生长强健、枝叶繁茂、叶色光亮，但忌烈日暴晒。因此，切花月季栽培时要注意补光和遮光，以满足生长发育对光照的要求，一般夏季光照过强时需遮光，在日照短、光线弱、光能明显不足时需补光。

（5）修剪。修剪是一项重要作业，除休眠期修剪外，生长期还应注意摘芽、剪除残花枝和砧木萌蘖。夏季新枝生长过密时，要进行疏剪，每批花谢后，及时将与残花连接的枝条上部剪去，不使其结种子消耗养料，保留中下部充实的枝条，促进早发新枝再度开花。冬季要剪除弱枝、病虫枝，用回缩的方法留主要骨干枝3～4枝，剪枝高度一般为30～40cm，保证下季切花的质量。

（七）田间管理

1. **肥水管理**　定植后浇透定根水，以后浇水原则是"见干见湿"，需水量最大的时期是萌芽及抽梢期，营养生长阶段要求肥水供应充足，而气温过高或过低时浇水宜少。施氮肥时先看树相，避免徒长（表现：节长叶大，花蕾畸形，变大为"牛头蕾"，"牛头蕾"花瓣畸形变短，瓣数增多，品质极差）。一般追肥可进行灌溉追肥，浓度2%左右。新梢基本停长时要扣水控氮，多施磷、钾肥，而新梢生长期要多施氮肥、钾肥以促新梢生长与充实。

2. **调温**　夏季注意通风及遮荫降温，而冬季要加温保温，保持昼温至少15～16℃，在低温下有些品种易形成"大头花"，花瓣过多，花形花色过劣，若夜温低于0℃，则花量明显下降，但温度过高，花头变软，花朵变小，品质低。

3. **通风**　通风可降温降湿，减少病虫危害，在封闭不通风的环境中，月季易生红蜘蛛和白粉病。

4. **支架**　在植床边上立1m高的桩，再围2～3层铁丝，可将花枝围在床内使枝条挺直。

5. **修剪**

（1）幼苗整枝。苗高20cm时轻短剪以促发分枝，从中选3枝培养开花母枝，其余抹除或留作第一茬切花枝。开花母枝上不留花，若有花蕾要及时摘除，当开花母枝茎粗达

0.6～0.8cm时短剪，每母枝留3～4个饱满圆形芽以抽开花枝。

（2）日常修剪与切花。新梢上的腋芽质量不一，基部为瘪芽和尖形芽，花朵下面的带形叶，三小叶及第一片五小叶的腋间为尖形芽，第二片五小叶以下全为圆形芽，尖形芽抽出的花枝短、花朵小、圆形芽发出的花枝长、花朵大。

日常修剪操作要注意以下要点：

①要控制切花产量，一般品种每茬每平方米留花枝70～80枝，多余的分枝要及时抹除或扭梢作辅养枝。

②要及时抹除砧木上发出的芽。

③要及时抹除开花枝上的侧芽与侧蕾，以使开花枝生长健壮，挺直，花枝长，花朵大。

④要及时摘除细弱枝上的花蕾，只留叶片作辅养枝。

⑤栽培二年内的植株，每次切花时不能将花枝整枝剪下，要兼顾下茬开花枝的生长。故每次剪花时留2～4片叶下剪，保留至少一个圆形芽作为下茬花的开花母枝。

⑥对二至多年生植株，要逐渐回缩重剪以降低抽枝部位，每次切花时剪一段母枝使抽生开花枝部位逐渐回到原有一二年植株的高度，注意重剪的适期为冬季，温度高的季节要适当轻剪。

（八）病虫害防治

1. **病害**

（1）白粉病。月季白粉病是普遍发生的病害。白粉病菌可侵染叶片、叶柄、花蕾及嫩梢部位。病菌在月季生长期可不断进行再浸染。气温高、湿度大、闷热、通风差时发病严重。月季品种间抗病性有明显差异，通常情况下，光叶的、蔓生的、多花的品种抗性强些，但大多数月季品种是感病的。

防治措施：在温室栽植月季时应注意通风，控制湿度，从而控制发病条件。加强肥水管理，提高抗病能力。发芽前喷波尔多液（1∶2∶100～200）、3～4波美度石硫合剂。生长期喷布50%代森铵水剂1 000倍液、70%甲基硫菌灵可湿性粉剂800倍液、50%多菌灵可湿性粉剂800倍液、50%苯菌灵可湿性粉剂1 000倍液。喷无毒高脂膜200倍液对于预防白粉病发生和治疗初期白粉病斑都具有良好效果。

（2）霜霉病。霜霉病是每一个热带月季生产者都头疼的病害，在低温潮湿的天气以及在植株周围缺少空气流通的时候多发。叶片出现黑斑后会变黄，过一段时间叶片脱落。霜霉病可以在短时间内对月季造成很大损害并导致严重减产。

防治措施：除选择抗病品种，加强栽培管理外，可选用25%甲霜灵可湿性粉剂500～800倍液、80%三乙磷酸铝可湿性粉剂400～800倍液、75%百菌清可湿性粉剂600～1 000倍液、6%氯苯嘧啶醇可湿性粉剂1 000～1 500倍液等药剂喷洒。在植株感病的情况下应喷3次药，每次间隔4～7d。在夜晚相对湿度非常高（>90%）的时期，建议每周使用一次硫黄来预防霜霉病。最可能感病的时期是在雨季以及在夜间需要降温的季节。每周使用一次硫黄熏蒸，每1 000m² 用300～500g硫黄。

（3）灰霉病。病原为灰葡萄孢菌。灰霉病侵染芽后，芽变为褐色腐烂状。当花开放时被侵害，个别花瓣变为褐色和皱缩状。病害易发生在没有被采摘的老花上，尤其是在潮湿条件下和雨季。病害严重时，花器开放受阻碍，冬季在月季的枯茎上有灰霉病存在。

防治措施：及时摘除病花，去除凋萎的老花，并集中烧毁。在植株生长初期喷化学药物，如50%苯菌灵可湿性粉剂1 000倍液即可有效防治。

（4）锈病。病原为多胞锈菌。锈菌可危害叶片、叶柄、茎、花柄和芽。叶片和茎上可产生橘红色的夏孢子堆，以后产生黑褐色冬孢子堆。严重发生时，叶背布满一层黄粉，叶片焦枯，提早脱落。病菌以冬孢子堆和菌丝形式在寄主组织上越冬。每年8~9月发病。栽种过密，地势低洼，土壤黏重、板结、瘠薄等条件，有利于锈病的发生。

防治措施：发现病叶、病株及时摘除并销毁。加强栽培管理，栽植或置放不宜过密，勤除杂草，开沟排水等。早春发芽前喷施3~4波美度石硫合剂，生长季节可喷施敌锈钠300倍液、50%代森铵水剂800倍液。

（5）花叶病。病原为蔷薇花叶病毒。病毒粒体球状，直径约25nm。病毒致死温度为54℃。体外存活期（室温条件下）6h。月季感染病毒后，叶片上发生不规则的淡黄色或橘黄斑块，有时呈系统环斑、栎叶斑纹。有些品种会出现不同程度的黄脉带、矮化。

防治措施：仔细检查病株，春季感病植株的症状明显，因此应加强春季调查。病株不能用于繁殖，要标记下来，最好淘汰或销毁。可用热处理的方法来消除感病植株上的病毒，因为在38℃恒温热空气条件下维持4周，植株体内病毒可以完全消除。

2. **虫害** 有红蜘蛛，主要是朱砂叶螨与二斑叶螨，用克螨特、虫螨立克、尼索朗等防治；其次是蚜虫，主要是长管蚜。

（九）采收与包装

1. **适时采收** 大多数品种在萼片向外反折到水平位置下，第一片花瓣开始松展时采切。切花时有"5留2"的方法，即剪切部位是保留有5片小叶的两个节位。

2. **分级包装** 切花时若花枝细短则将花蕾摘除而不剪取，花枝长度至少要60cm。采花后按品种、花色、花型、花径、花枝、长度与花梗坚挺度来分级。分级后用泡沫网包住花蕾（要连萼片一起），可保护花蕾，减少瓣缘焦枯。20支为一束包装。一般处于同一平面，基部剪齐绑好，每束可再裹一层硫酸纸。

（十）切花月季分级标准

一级，花枝长度60cm以上，花枝粗壮，花苞饱满，鲜艳，叶片浓绿，无病虫。

二级，花枝长45~60cm，花枝较粗，叶片浓绿，花苞饱满，无病虫害。

三级，花枝长度45cm以下，花枝较细，叶片绿黄，花苞稍小，无病虫害。

二、香石竹

学名：*Dianthus caryophyllus* L.

别名：康乃馨、麝香石竹、大花香石竹、丁香石竹。

科属：石竹科，石竹属。

原产地：南欧，地中海北岸，法国到希腊一带。

（一）栽培概述

香石竹栽培起源于西班牙，世界上已有2000年的栽培历史，是世界著名五大切花之一，全世界生产总面积已超过8 700hm²。20世纪初传入我国上海，但作为大规模切花生产是在80年代中期，经过十多年的发展，我国已成为世界第二大香石竹切花生产国，栽培面积近1 300hm²，年产切花8亿支。上海、云南则成为我国香石竹种苗的繁育中心，主要从荷兰、以色列、德国和法国引进香石竹品种母本苗，经筛选，培育壮苗。这种状况下我国虽能跟上世界香石竹品种的流行趋势，但生产成本高，常受制于人。

香石竹是世界上仅次于菊花的最大众化的切花，占整个切花生产量的17%左右。在所有室内切花生产中，香石竹的单位面积产量最高，能够采用机械化、自动化进行规模生产。因而相对来说，香石竹的价格较为低廉。香石竹的应用十分广泛，其品质好，绮丽馨香，保存时间长，是花卉装饰中最基础的花材。

（二）形态特征

香石竹为宿根草本花卉，切花中常作一年或二年生种植，株高70～100cm，多分枝，茎硬而脆，节膨大，灰绿色，叶对生，线状披针形，全缘，花单生或2～5朵簇生，花萼长筒状，花色多，有香味。

（三）生态习性

香石竹适于比较干燥和阳光充足的环境。生长适温白天20℃左右，夜间10～15℃。不同品种对温度的要求有一些差异，如黄色系品种，生长适温是20～25℃，开花适温是10～20℃；而红色系品种，要求较高的温度，低于25℃则生长缓慢，甚至不能开花。理想的栽培环境是夏季凉爽、湿度低，冬季温暖。香石竹的自然花期是5～10月。冬季供花，主要是利用温室和塑料大棚来调节温度，保证白天20℃左右、夜间不低于10℃，就可以供花不断。

（四）品种类型

现在生产栽培中应用的品种按花色可分为：

1. 黄色系 株高70～80cm。如金黄伦达：黄色，杂有深红色的斑点，花萼易破裂；地平线：黄底大红斑点，丰产实用；北极星：淡黄色，抗病性强，丰产；米勒兹尔罗：黄色，丰产。

2. 红色系 植株高50cm左右，节间短，茎较硬，喜较高温度。如彼得菲夏：桃红色，丰产，早花；威廉西姆：鲜红色，花大，抗病，早花，更新快，花萼易破裂；巨型深红：深红色，抗病，易折断。

3. 白色系 如北国：白色，芳香，抗病，丰产；白色彼得：白色，栽培应用广。

4. 其他 如农神：红色或橙黄色，夹有大的红色斑点，抗病，丰产，破萼多。

按花头大小，可分为：

1. 大花香石竹 又叫大康，即现代香石竹的栽培品种，花朵大，每茎上一朵花，在昆明栽培品种较多，可分成近10个系列。有红花系列的马斯特、多明哥、海伦、佛朗克等品种，花苞大，色彩艳，长势强健，在市场上很受欢迎；桃红色系列的达拉斯、多娜、成功等品种占有优势。特别是达拉斯有生长快、产量高、花苞大、抗性强等优点，已成为生产中的主栽品种；粉红色系列的有卡曼、佳勒、鲁色娜、粉多娜、奥粉等，其花大色美，抗性强，是国内目前的流行品种；黄色系列的有日出、莱贝特、黄梅等。花苞中性，以抗性强、花色纯正、鲜艳的品种受欢迎；其他还有紫色系的紫瑞德、紫帝、韦那热；橙黄色系的玛里亚、佛卡那；绿色系的普瑞杜；白色系的白达飞、妮娃；复色系的俏新娘、内地罗、莫瑞塔斯等。

2. 多头香石竹 或称散枝品种，又叫小康。花朵小，主茎多分枝，花枝花朵散生。此种类有数百个切花品种。还有一些盆栽类型，色彩具有大花品种的各种颜色。多头香石竹以其品种、产量高、栽培管理容易等特点，在欧洲、日本等市场受欢迎。

(五) 种苗繁殖

1. 扦插繁殖 在香石竹切花繁殖中，主要以扦插为主。为了获得无病毒苗，也常用组培法。

(1) 扦插时间。除炎夏外均可，生产中多以1~3月为宜，成活率高，生长健壮。

(2) 插穗采取。要严格挑选无病害的植株作母株。可设立母本栽培室，采用绝对无病害的插穗。以植株中部生长健壮的侧芽为好（即第三至四个侧芽），在顶蕾直径1cm时采取。采芽时要用掰芽法，即手拿插芽顺枝向下拉掉，使插芽基部带有节痕，这样更易成活。

(3) 扦插方法。扦插前要准备适量生根粉。将扦插芽的基部放在生根粉中蘸约6mm长，然后分株插入基质，每洞插入一个芽节，一般深2~3cm，间距为1.5~2cm。

(4) 插后管理。插后立即喷水，覆盖庇荫，温度宜控制在21~24℃，在适温适湿的条件下，约20d便可生根。育苗期间，还应用70%代森锰锌可湿性粉剂500倍液和50%二嗪磷乳油800倍液喷雾，防病虫害。

(5) 移栽。移栽前的一天，要将苗连同扦插基质一并铲起，装入与苗高相等的大口塑料袋中，用带孔的纸箱单层放好，每塑料袋装50苗，每箱装10袋。箱外贴上品种及扦插日期标签，放入栽插大房温室炼苗一夜，移进栽插大棚时要喷足量水，防止干枯。铲苗时如发现病株应带出温室深埋或烧掉。

2. 组培繁殖 香石竹是较早组织培养成功的花卉之一，现在生产上已广泛应用。包括：①取外植体：以茎尖为外植体；②脱毒处理：清洗、消毒、冲洗；③组织培养：接种、继代培养、生根、移植。

(六) 栽培管理

大棚和温室内栽培均可。栽培技术要注意以下几方面：

1. 温度 香石竹对温度十分敏感，温度直接影响叶的光合作用及酶的活动。最适生长温度为19~21℃；高于33℃或低于9℃，则生长缓慢；0℃以下，花蕾、花瓣易受冻害。昼夜变温对生长有利，而昼温21℃，夜温12℃最适宜。

2. 水分 水在香石竹生命活动中起着重要作用。香石竹喜干燥、通风良好的环境，忌高温、多湿的环境。湿度过高或叶表面长期高湿，均不利于香石竹的生长发育并易诱发真菌、细菌性病害。切花生产香石竹以滴灌最好，干湿交替有利于根系发育。通常缓苗期要保持土壤湿润；摘心后需浇一次透水，有利于萌发侧芽；生长旺盛期和孕蕾至开花期水分要求充足，但要见干后浇，浇要浇透。

3. 养分 香石竹喜肥，施肥要根据品种习性、不同生长发育期、土壤现状和气候等因素确定。除施足基肥外，还要不断补充追肥，追肥一般每月 1~2 次，前期以氮肥为主，后期以复合肥为好。

4. **光照** 香石竹对光照要求较高，强光适合香石竹健壮生长，过度遮荫则引起生长缓慢、茎干软弱等现象。

5. **摘心** 香石竹的摘心是决定收花量和开花期的重要措施。第一次摘心，时间一般在幼苗长到 6~7 节高时进行，留 5~6 节摘心，促发侧枝 3~4 个，形成开花枝；第二次摘心，当侧枝长至 5 节时，对全部侧枝再留 3~4 节摘心，使每株能有 6~8 个侧枝，让其开花。有时为了解决既要提早采花，又要均衡供花的矛盾，采用二次半摘心的方法，即第二次摘心时，留一半侧枝不摘，促其早开花。

6. **剥芽和去蕾** 定植后植株长到 20cm 左右是要及时剥出过多侧芽，以确保花枝的长度和切花质量。大花单头品种，需留顶花芽，侧花芽要及时去除；小花多头品种及微型香石竹，要去除顶花芽，保留侧花芽。

7. **张网** 摘心后为避免侧枝弯曲，确保花枝挺直，须在定植后及时张网。一般为 3~5 层。先在畦边打桩，再拉尼龙绳编制而成。第一层离地面 15cm，以后每长 20cm 拉一层。

（七）病虫害防治

香石竹的病虫害较多，尤以病害为甚。从幼苗开始到成株期，先后易遭受立枯病、病毒病、叶斑病及锈病等危害。轻者植株生长不良，重者全株死亡。因此，需做好防治工作。首先要注意选用无病插条和进行土壤消毒，其次是发病后要及时摘除病叶或拔除病株，并用药剂防治。发病前和发病初期，喷施 1％波尔多液 3~4 次，发病后喷 50％代森铵水剂 1 000 倍液对防治立枯病、叶斑病均有明显效果；如发生锈病，可喷洒敌锈钠 300 倍液。遇有红蜘蛛、蚜虫等害虫为害时，可用 40％乐果乳油 1 000 倍液杀灭。

（八）采收、包装、保鲜与贮藏

1. **切花** 香石竹采切后容易开花，一般在蕾期或半开放时切取。通常切花适宜时期为：低温期花开五六成，高温期花开四成。即大花石竹从花萼长出 3cm 时采切，夏季略提前；小花石竹的主花序绽开，两个侧花序上的花蕾有鲜艳色泽的花瓣显露时采切。第一次采切时，为确保以后陆续开花，要在稍高的位置下剪，以促发侧枝。

2. **包装** 切花后把花扎成 20 支一束，包装上市。各层切花反向叠放箱中，花朵朝外，离箱边 5cm；小箱为 10 扎或 20 扎，大箱为 40 扎；装箱时，中间需以绳索捆绑固定；封箱需用胶带或绳索捆绑；纸箱两侧需打孔，孔口距离箱口 8cm；纸箱宽度为 30cm 或 40cm。

3. **贮藏** 香石竹最适宜的贮藏温度为 0℃，在此低温下贮存，切花的瓶插寿命最长。但在低温下贮存时间每延长一周，花的瓶插寿命则降低 1d。因此，即使在标准的冷藏室内贮存，也不得超过 4 周。

为了确保切花质量，最好是在蕾期采切，在 0℃ 低温下贮藏，通过催花处理，使花蕾快速绽开，以便能适时出售。香石竹切花对乙烯敏感度较高，通常都是用含有抑制乙烯产生的保鲜剂处理，它对延长香石竹的瓶插寿命，效果明显。通常用硫代硫酸银或硝酸银溶液处理，如在此基础上再加入赤霉素（10~20mg/L）、氨基嘌呤（5~10mg/L）会加速花的开放；使用每升水含 200mg 硝酸银、100g 糖、20mg 苯甲基腺嘌呤处理，可使直径 5cm 的香石竹花蕾开放，并能保证切花质量及瓶插寿命。

长期贮藏，最好采用干藏方式。温度保持在 -0.5~0℃，相对湿度要求 90%~95%。宜选用 0.04~0.06mm 的聚乙烯薄膜作保湿包装。贮藏结束后，要求采用催花处理。

4. 运输 温度宜在 2~4℃，不得高于 8℃；空气相对湿度保持在 85%~95%。一般采用干运（切花的茎基不给予任何补水措施）。

（九）切花分级标准

以大花香石竹为例，根据花形、整体感、花色、茎秆、叶病虫等可分为 4 级，见表 5-1。

表 5-1 大花香石竹切花产品质量等级标准

	评价项目	等级			
		一级	二级	三级	四级
1	整体感	整体感、新鲜程度极好	整体感、新鲜程度好	整体感、新鲜程度好	整体感一般
2	花形	①花形完整优美，外层花瓣整齐；②最小花直径：紧实 5.0cm，较紧实 6.2cm，开放 7.5cm	①花形完整，外层花瓣整齐；②最小花直径：紧实 4.4cm，较紧实 5.6cm，开放 6.9cm	①花形完整；②最小花直径：紧实 4.4cm，较紧实 5.6cm，开放 6.9cm	花形完整
3	花色	花色纯正带有光泽	花色纯正带有光泽	花色纯正	花色稍差
4	茎秆	①坚硬、圆满通直，手持茎基平置，花朵下垂角度小于 20°；②粗细均匀、平整；③花茎长度 65cm 以上；④重量 20g 以上	①坚硬、挺直，手持茎基平置，花朵下垂角度小于 20°；②粗细均匀；③花茎长度 55cm 以上；④重量 20g 以上	①较挺直，手持茎基平置，花朵下垂角度小于 20°；②粗细欠均匀；③花茎长度 50cm 以上；④重量 15g 以上	①茎秆较挺直，手持茎基平置，花朵下垂角度小于 20°；②节肥大；③花茎长度 40cm 以上；④重量 12g 以上
5	叶	①排列整齐，分布均匀；②叶色纯正；③叶面清洁，无干尖	①排列整齐，分布均匀；②叶色纯正；③叶面清洁，无干尖	①排列较整齐；②叶色纯正；③叶面清洁，稍有干尖	①排列稍差；②稍有干尖
6	病虫害	无购入国家或地区检疫的病虫害	无购入国家或地区检疫的病虫害，无明显病虫害症状	无购入国家或地区检疫的病虫害，有轻微病虫害症状	无购入国家或地区检疫病虫害，有轻微病虫害症状
7	损伤等	无药害、冷害及机械损伤	几乎无药害、冷害及机械损伤	轻微药害、冷害及机械损伤	轻微药害、冷害及机械损伤
8	采切标准	适用开花指数为 1~3	适用开花指数为 1~3	适用开花指数为 2~4	适用开花指数为 3~4
9	采后处理	①立即入水并用保鲜剂处理；②依品种每 10 支捆为一扎，每扎中花茎长度最长与最短的差别不可超过 3cm；③切口以上 10cm 去叶；④每扎需套袋或用纸张包扎保护	①保鲜剂处理；②依品种每 10 支或 20 支捆为一扎，每扎中花茎长度最长与最短的差别不可超过 5cm；③切口以上 10cm 去叶；④每扎需套袋或纸张包扎保护	①依品种每 30 支捆为一扎，每扎中花茎长度最长与最短的差别不可超过 10cm；②切口以上 10cm 去叶	①依品种每 30 支捆为一扎，每扎中花茎长度最长与最短的差别不可超过 10cm；②切口以上 10cm 去叶

三、菊花

学名：*Dendranthema morifolium*。

别名：菊、秋菊、九华、黄花、帝女花等。

科属：菊科，菊属。

原产地：中国。

（一）栽培概述

原产我国，栽培始于周、秦，已有3 000多年历史，是我国栽培历史上最悠久的传统名花之一。

现在的秋菊是由我国的原始种——东北、华北地区的小红菊与华南、华北地区的野黄菊，通过长期的天然及人工杂交，选育演变而成的。

切花菊作为当今国际花卉市场上的五大切花之一，其色彩清丽、姿态高雅、香气宜人等特点，深受广大群众喜爱，应用相当广泛，销售量在切花生产中居首位，年产量约占切花总量的1/3左右。

（二）形态特征

多年生草本花卉，茎直立、粗壮，多分枝，上被灰色柔毛，呈棱状，半木质化；叶形大，互生，呈绿色至浓绿色，表面较粗糙，叶背有绒毛，叶表有腺毛，能分泌一种特殊的菊叶香气；头状花序，单生或数朵聚生，花序形状、颜色及大小变化很大；种子为极细小的瘦果，黄褐色，中间膨大，两端略突出，外表有纵行棱纹，种子寿命3～5年。

（三）生态习性

适应性强，喜凉，较耐寒，生长适温18～21℃，喜充足阳光，稍耐阴，忌积涝，喜地势高燥、土层深厚、富含腐殖质、疏松肥沃、排水良好的砂壤土。

（四）品种类型

按自然花期分：

（1）秋菊。花期8～11月，典型短日照植物。

（2）寒菊。花期12月至翌年2月，花芽分化9～10月，要求冬季温暖无严寒，日均温15℃以上。

（3）夏菊。花期4～11月，中日性植物，花芽分化主要受温度控制，花芽分化适温为10～13℃。

按花型分类：

（1）独头大花型品种。

（2）多头小花型品种。

（五）种苗繁殖

生产上多用扦插繁殖，采穗母株最好采用组培苗或第一代扦插苗。

1. 秋菊 入冬后对母株留茬15～20cm，早春追肥灌水以促进萌芽抽梢，脚芽长到10cm时即掰下扦插，一般在5月进行。基质宜用河沙或掺沙田园土，最适生根温度15～20℃，高温易腐烂。

2. 夏菊 花后平茬，约在11月初取脚芽扦插，生根后入低温温室越冬，翌春4～5

月开花。

3. **寒菊** 花后平茬，春季取脚芽扦插。

（六）栽培管理

1. **栽植** 寒菊定植适期为 7～8 月，秋菊为 4～6 月，夏菊为冬春季。植床宽 80cm，宜平畦，步道 30cm 宽，定植株行距 5cm×10cm（独本菊）或 10cm×10cm（多头菊），每畦 4 行，畦两侧留出 15cm，每平方米栽独本 60 株，多头 20～30 株。

2. **栽培技术**

（1）温度。温度是影响菊花生长发育的重要条件之一，生长适温白天为 18～25℃，夜间为 16～21℃，在 16～20℃最适宜花芽的分化与形成，高于 32℃或低于 10℃时，花芽分化和花蕾发育受阻。一般稍低的温度和充足的光照能使菊花色彩鲜艳、花期长久。

（2）水分。菊花喜湿润且排水良好的土壤，不耐积水。一般采用高畦，沟深 30～40cm。过分干旱会导致生长迟缓，下部叶片因早衰而枯黄脱落，土壤过湿会引起生长不良，积水容易引起植株死亡。

（3）养分。切花菊一般定植密度高、耗肥多，定植时应施足基肥，营养生长初期需肥量不大，植株生长期逐步增加施肥次数，转入生殖生长后适当提高肥液浓度，但原则上以薄肥勤施较好。

（4）光照。菊花性喜阳光充足，忌烈日照射，在光照充足的环境里，植株生长粗壮，叶色深而有光泽，叶片厚实茎粗壮，节间短。菊花对日照长短的反应因种类品种而异，夏菊为中日照植物，而秋菊和冬菊则是典型的短日照植物，对日照长度非常敏感。

3. **土肥水管理** 菊花喜肥沃疏松、湿润的微酸性壤土，故定植前要翻耕施足有机肥。菊花生长期要保持土壤湿润，又要避免积涝，追肥量要少，以后随着植株生长逐渐增加施肥量与次数。生长前期追氮肥为主，配合少量磷、钾肥，到了生长后期，追肥要以磷、钾为主，在孕蕾期每周喷施 0.2%～0.3%磷酸二氢钾，可使花大而艳。

4. **摘心、打杈、剥蕾** 幼苗期过后，要及时摘心一次，独本菊只留最下部 6～8 片叶，以保证每株抽生 5～7 分枝作为花枝，即每 667m² 开花 4 万～4.5 万支。多头在定植后 10d 摘心，留 3～4 枚叶，待发侧枝后，去强留弱，一般每株留 3～4 支。

在花枝生长过程中，独头大花品种要随时将花枝上萌发的侧芽掰掉，现蕾后要及时摘除主蕾以下的所有侧蕾，以使主蕾发育良好，开花大。多头小花品种则要求打杈，保留顶部 5～6 个小侧枝及其上面的侧蕾，为使侧枝长势均匀整齐，要在花芽分化前枝长 60～80cm 时摘除主枝顶芽而使顶部侧芽萌发整齐。

5. **平茬** 秋菊入冬时要平茬，翌春脚芽萌发，选 5～6 支培养花枝，寒菊要花后平茬，春季再萌芽，继续再开花直到 11 月，第二茬花采切花后要平茬，让宿根越冬。

6. **分株** 对二年生以上植株，每年入冬平茬后掘起宿根分割另栽，因为栽培二年以上植株会萌蘖，产生许多脚芽。

（七）病虫害防治

1. **病害** 在高温高湿条件下易患叶斑病，在低温高湿条件下易患白粉病，预防病害的主要措施是加强通风透光与调温，实行轮作，发病后可用硫菌灵、代森锌、敌克松等防治。

2. 虫害 主要有菊蚜、红蜘蛛、尺蠖等。

（八）采收与包装

1. 适时切花 夏秋季节温度较高时在花开1~3成时剪切，秋冬季温度较低时在开花4~5成时剪切。

2. 分级包装 剪花时要留茬10cm，花枝长度至少60cm以上，花枝切下后，摘去下部1/3叶片，然后10支一束绑好。

四、唐菖蒲

学名：*Gladiolus hybridus* Hort。

别名：剑兰、什样锦、玉簪、十三太保、扁竹莲。

科属：鸢尾科，唐菖属。

原产地：大多原于南非好望角，少数原产于地中海地区。

（一）栽培概述

主要原产非洲，约在1740年引入欧洲，经过不断培育、选择、杂交，形成了今天的栽培品种。唐菖蒲花梗挺拔修长，着花多，花期长，花色艳丽多彩，含有"高雅、长寿、康宁"之意，又易促成栽培而周年供花，且易与其他花搭配，用途极广。

（二）形态特征

唐菖蒲为多年生草本花卉，株高80~180cm。蝎尾状聚伞花序，具小花12~26朵，多排成两列偏向一侧；花冠左右对称，花冠筒呈阔漏斗形；花朵具白、粉、红、黄、绿、紫等色。自然花期6~10月。

（三）生态习性

1. 温度 球茎在4℃萌动，20~25℃生长最好，开花多，且球茎发育良好，虽可忍受日均温27℃以上，但生长受阻，花色减退，温度低于10℃则生长缓慢。

2. 光照 长日照条件下能促花芽分化（花芽分化后短日照有利于开花）。

3. 土壤 以排水良好的肥沃砂壤土最适宜，黏土中球茎发育不良且易腐烂，pH5.8~6.7。

（四）品种类型

原种约250个，现有栽培品种已达1万个以上，花色有粉红、桃红、玫红、鹅黄、雪青、乳白等，还有洒金、条纹等变化。

春花种：秋栽，次春开花（温暖地区）。

夏花种：春栽，夏秋开花。早花类：50~70d开花；中花类：70~90d开花；晚花类：90~120d开花。

（五）栽培管理

1. 栽前处理

（1）土壤改良。栽前施足基肥，每667m²施用腐熟有机肥1 000~2 000kg+150kg饼肥。

（2）轮作与土壤消毒。忌连作，轮作年限6年以上，若连作必须进行土壤消毒。

（3）球茎的选择。球茎的大小直接影响以后的生长与开花，一般栽培用球要求直径

2.5~5cm 以上为特级球，直径 1.3~1.9cm 品质差，开花少。

(4) 球茎消毒。药剂消毒，可减少病虫害的发生。50%多菌灵可湿性粉剂 500 倍液泡 30min，再用 50%福美双可湿性粉剂 500 倍液拌球后种植。

2. 栽植的时期与方法

(1) 栽植时期与花期。 栽植时期由当地季节、气候决定，栽培设施由预定花期来确定，一般品种开花 80~100d，冬季花期延长 20~30d。

(2) 栽植方法。

①平畦或高畦。干燥地区平畦，地下水位高或多雨季节宜用高畦，高畦可明显减少病虫害的发生，有利于种球的发育，植床宽 1.0~1.2m。

②栽植深度。覆土为球茎的 2~3 倍，一般覆土厚 8~12cm，浅种有利于新球生长，但易倒伏，不利于切花花枝的发育，抗旱力也差，深种，新球小，仔球少。

③栽植密度。由球茎大小来确定，一般行距 20~25cm，株距 8~12cm，具体可参照表 5-2 进行。

表 5-2 唐菖蒲种植密度

球茎等级	球径（cm）	栽植数（个/m²）	参考行距（cm）
N01	3.8~5	30~50	10×30
N02	3.2~3.8	50~60	6×25~8×25
N03	2.5~3.2	60~70	5×20~6×30
N04	1.9~2.5	70~80	5×15~6×30

④栽后覆盖。可保温保湿，出芽后即去除。

3. 田间管理

(1) 肥水管理。生长期追肥 3 次，第一次在两片叶展开后，此期为小花数分化期，缺肥水会使单穗花数减少；第二次在四叶期，促花枝粗壮，花朵大；第三次在切花后追肥促使新球发育。追肥一般用复合肥 1%水溶液灌施。生长期经常灌水保持土壤湿润，土壤持水量宜 60%~70%，三叶期需水量最大（过湿则球茎腐烂，干燥则叶片干尖）。

(2) 温度调节。生产适温 20~25℃，夏季宜通风降温，冬季则保温。

4. 主要栽培技术

(1) 常规栽培。生产上以栽种球茎为主，春季按球茎大小分级，并用 70%甲基硫菌灵津可湿性粉剂 800 倍液或 50%多菌灵可湿性粉剂 1 000 倍液与 50%克菌丹可湿性粉剂 1 500 倍液混合浸泡 30min，然后在 20~25℃条件下催芽，一周左右即可栽植。一般选择直径 2.5cm 以上的种球，球茎越大，花期越短，如周长 12~14cm 的球茎，比 8~10cm 的球茎开花可提前 2~3 周。种植方式有垄栽和畦栽两种，栽植深度为 5~10cm。唐菖蒲在抽生第二片叶时，正是花芽分化的时候，对环境因素特别敏感，如遇低温和弱光，则"盲花"数量增多。

(2) 唐菖蒲促成栽培。需先打破种球休眠。种球收获后，在自然条件下，从晚秋到初冬，经过低温，才能打破休眠。促成栽培必须人工打破休眠，即种球收获后，先用 35℃

高温处理15~20d，再用2~3℃的低温处理20d，然后定植，即可正常萌发生长。如要求1~2月供花，则于10~11月定植；若12月定植，则3~5月开花。

从定植到开花，需100~120d。促成栽培的株行距为15cm×15cm或25cm×7cm，每平方米种植种球40~60个。定植后白天气温应保持20~25℃，夜间15℃左右。

(3) 唐菖蒲的延后栽培。种球收获后贮于3~5℃干燥冷库中，翌年7~8月再种植于温室中，管理工作与促成栽培相同。

(六) 病虫害防治

唐菖蒲常见的病害有球茎腐烂病、叶枯病等，常见的害虫有蓟马、蛞蝓等。

1. 球茎腐烂病 是贮藏期经常发生的一种病害。染此病后，球茎表面会出现黄褐色稍有凹陷的病斑，四周出现黑色溃疡状，遇空气湿度大时，病斑迅速扩大，表面出现青绿色的霉层，导致球茎萎缩干硬。预防措施：挖球茎时要细心，避免球茎创伤。收获球茎后，最好先用冷水浸泡，再用酒精消毒后阴干贮藏，且使贮藏室通风、干燥，保持4~5℃低温。

2. 叶枯病 多从唐菖蒲下部叶片尖端开始发病，初为褪绿色黄斑，后期病斑干枯出现黑褐色霉层，7~9月发病较严重。预防措施：栽种前剥掉球茎干枯鳞片。并用0.5%的高锰酸钾浸泡球茎15min进行消毒处理。或在植株病发初期，用1%等量式波尔多液或65%代森锌可湿性粉剂1 000倍液，8~10d喷洒一次。

3. 蓟马 这种害虫的成虫、若虫白天一般藏匿在叶腋间为害植株，阴天或夜间则爬到叶面上为害。它主要食植株的叶、茎和花，使叶片变色，花冠上留下白灰色的点状食痕和产卵痕，导致花瓣卷缩。可用溴氰菊酯喷洒防治。

4. 蛞蝓 即俗称的鼻涕虫，是一种分布广、食性杂的害虫。它的成虫和若虫多蚕食植株的嫩芽、叶片，爬处常会留下银白色的痕迹。可用3%石灰水或100倍氨水喷洒防治。

(七) 采收、贮藏与保鲜

1. 采收 唐菖蒲切花采收的时期是花穗下部第一至三朵小花露色时最为适宜。需要留种球生产的可在植株基部留3~4叶切取，不留的从基部剪切。剪后剥去基生叶，按等级分级包扎。一般每10支为一束。

2. 分级 我国农业部颁布的切花标准为：一级花，花径长度大于130cm，小花20朵以上；二级花，花径长度大于100~130cm，小花16朵以上；三级花，花径长度大于85~100cm，小花14朵以上；四级花，花径长度大于70cm，小花不少于12朵。

3. 贮藏保鲜 唐菖蒲包扎后的花束必须直立摆放在具有透气孔的纸箱内（不得横卧，否则花穗顶部弯曲，品质受影响），放在温度为2~5℃，湿度为90%~95%的环境中贮藏。

五、百合

学名：*Lilium* spp.。
别名：百合蒜、强瞿、蒜脑薯、中庭、重迈、中蓬花等。
科属：百合科，百合属。
原产地：北半球的温带和寒带地区。

（一）栽培概述

已有2 000多年的历史，我国汉代即开始百合的药用食用栽培。古希腊则将百合切花用于宗教活动中。19世纪，原产中国和美国的百合引入欧洲，经过不断地杂交选育、培育出上千个切花栽培品种。

本属有80余种，其中有42种原产中国，我国是百合的分布中心，尤以云南分布最多，为云南八大名花之一。

百合在西方象征"圣洁"，在东方则寓意"百年好合"。

（二）形态特征

百合为多年生球根草本花卉，株高40~80cm，有的高达160cm以上。茎直立，不分枝，茎秆基部带红色或紫褐色斑点。地下具扁球形鳞茎，鳞片肉质白色，鳞茎由阔卵形或披针形鳞片组成，直径由6~8cm的肉质鳞片抱合成球形，外有膜质层。多数须根生于球基部。单叶，互生，狭线形，无叶柄，直接包生于茎秆上，叶脉平行。有的品种在叶腋间生出紫色或绿色颗粒状珠芽，其珠芽可繁殖成小植株。花着生于茎秆顶端，呈总状花序，簇生或单生，花冠较大，花筒较长，呈漏斗形喇叭状，因茎秆纤细，花朵大，花顶生，单生或簇生，蕾筒状，花被6片，2轮离生，花形多为喇叭形，偶有钟形或碗形，自然花期多在春夏季，开放时常下垂或平伸；花色因品种不同而色彩多样，多为黄色、白色、粉红、橙红，有的具紫色或黑色斑点，也有一朵花具多种颜色的；花瓣有的平展，也有的向外翻卷，有的花味浓香；蒴果长椭圆形，种子多数。

（三）生态习性

喜凉爽湿润的气候，有一定的耐寒性，不耐热，怕高温，温度高于30℃时影响百合的生长发育，会出现"盲花"现象。白天温度为21~23℃，夜间15~17℃最理想。对土壤要求不严，但以肥沃、排水良好的砂质壤土及黏壤土栽培为佳，pH6~7。

（四）品种类型

现栽培的百合几乎全为杂交品种，分为九系，但切花栽培百合主要有三系一种。

1. 麝香百合杂种系　由麝香百合（铁炮百合）与台湾百合衍生出的杂交品种，总状花序，3~9朵，喇叭形，极芳香，多为白色，另有粉红、橘红等花色，花水平伸展或稍下垂。

本系原种原产于中国台湾和日本的琉球群岛，性喜温暖湿润与稍阴的环境，忌干冷与强烈阳光。生长适温为白天25~28℃，夜间18~20℃，不耐寒，12℃以下生长差。在花芽分化后气温低于12℃即产生盲花，但生长前期能耐0℃以上的低温。

代表品种有西伯利亚、白雪皇后。

2. 亚洲百合杂种系　由卷丹、垂花百合、川百合、宾夕法尼亚百合、大花卷丹、朝鲜百合、山丹与鳞茎百合的杂种群中选育出来，种与品种较多，花形多样，有花朵向上张开，亦有平伸，还有下垂卷瓣，花色主要有红、黄、白等色，几无香气。

本系原种原产于纬度较高或海拔较高的温带至寒温带，极耐寒，多数品种能在我国华北露地越冬，性喜凉爽湿润的气候，有些品种耐干燥，如山丹，喜阳忌阴。

本系品种适应性较强，在昆明地区冬季仅用大棚即可进行促成栽培。

3. 东方百合杂种系　为天香百合、鹿子百合、日本百合、红花百合与湖北百合的杂交种，花形有喇叭形、平碗形，花色多样，较鲜艳，有香气。

本系品种适应性广，耐寒，性喜凉爽湿润气候与疏荫的光照。

4. 岷江百合（王百合）　地上茎粗壮，长达 1~2m，总状花序，有花 20~30 朵，花形较大，喇叭形，白色，有香味，花径可达 12cm 以上，自然花期 5~7 月。

王百合原产四川，野生于海拔 760~2 200m 之河谷，性极耐寒，能在北京露地越冬。喜干燥凉爽气候的半阴环境，亦耐阳，喜肥沃砂质土，本种抗病力强，适应性广，常用于杂交育种作亲本。

（五）种苗繁殖

1. 珠芽培育法　此法适用于产生珠芽的品种，如卷丹品种等。夏季采收成熟的珠芽，9 月下旬至 10 月上旬，按行距 12~15cm 开 4cm 深的播种沟，沟内每 4~6cm 播珠芽一枚，播后覆土 3cm 左右。地冻前培土覆草盖膜，以便安全越冬。第二年春季出苗时揭除覆盖的草和膜，中耕除草，适当追肥浇水，促使秧苗旺盛生长。待到秋季地上部枯萎后挖取小鳞茎，然后按行距 30cm、株距 9~12cm 播种，覆土厚约 6cm。按上一年管理方法，再培育一年，秋季可收获达到标准大小的种球，部分未达标小鳞茎可继续培育。

2. 小鳞茎培育法　此法适用于产生小鳞茎的品种，如天香百合品种等。秋季挖取可供食用的大鳞茎时，收集土中的小鳞茎，按珠芽培育法播种，因小鳞茎比珠芽大，故播种距离应比播珠芽稍大一些，经一年培育，大部分小鳞茎可达到种球标准，较小的鳞茎可继续培育。

3. 鳞片扦插培育法　秋季或春季从充分成熟的鳞茎上选取发育良好的鳞片，用利刀将鳞片自基部切下，先在 500 倍 50% 苯菌灵可湿性粉剂溶液中浸 30min 杀菌，取出晾干后插播到砂壤土的苗床中。插鳞片时基部向下，入土深度达鳞片的 1/2~2/3，片距为 4~5cm。插后立即遮荫，经常浇水保持土壤持水量 75%，但床土不可过湿，以防鳞片腐烂。一般插后经 15~20d，从鳞片下端的切口处长出 1~2 个胚球，以后生根长叶，适时追肥浇水，促进生长。秋季可形成玉米粒大小的小鳞茎，挖取后照珠芽培育法再播种培育一年能达到种球标准。

4. 芯子培育法　此法适用于独头鳞茎品种。秋季采收百合时进行严格选择，淘汰病、弱和肉色异样的百合，选取发育良好的鳞茎，剥去鳞茎中外层鳞片用于上市或加工，将剩下的拇指粗的百合芯子与根盘作种球，在苗床培育一年，即可达到种球标准。

5. 种子培育法　此法适用于能开花结实而产生种子的品种，如卷丹、山丹等品种。秋季采收成熟的种子，随即播入苗床土中。苗床土用中层菜园土 4 份加充分腐熟细碎的堆肥 4 份加细沙 2 份混合拌匀，平铺于苗床，厚约 10cm。种子撒播后盖细土 3cm，再覆草盖膜。选择秋季播种方式，种子可在冬季先发根，翌春出苗早且生长快，不要拖到第二年春季播种，否则出苗很迟且发芽率低。春季出苗后揭去膜和草，进行间苗，以后勤中耕除草，适时追肥，促进生长。等到秋季采收的鳞茎很小，须继续培育 4~5 年方可作为种球。

（六）栽培管理

1. 栽培设施　昆明常用大棚和温室栽培。冬季生产时，为了使温度均匀，最好用热水或热风的管道加温。亚洲百合适应性较强，生产成本较低，种植面积很大；东方百合喜凉爽湿润的气候。生长适温为 8~25℃，要进行周年生产和获得高品质的切花，一般都要进行设施栽培。常用温室、冷室和加热锅炉等设施。

2. 种球繁殖

(1) 苗床准备。每 667m² 撒 1 000kg 厩肥和 50kg 普钙,翻耕作畦,畦宽 70～100cm,高 20cm,走道 40cm,畦面做好消毒。

(2) 栽种。秋末栽种或沙藏后春种,开沟条栽,直径 0.8～1.5cm 的子球栽植行距为 20cm,株距 5cm,覆土厚度 2～3cm,直径 2cm 以上的行距 25cm,株距 8cm,覆土 5cm。

(3) 栽后管理。

①追肥灌水。出芽后,每 10d 追肥一次,用 0.25％的三元复合肥通过喷灌或滴灌设施追肥,同时保持土壤湿润。

②中耕、除草和松土。

③去幼蕾。春季出芽后,有部分鳞茎会孕蕾开花,要及时摘除花蕾,使养分集中供给鳞茎发育。另外,百合鳞茎容易分裂而抽生 2～3 个地上茎,只留中央主茎,及早除去侧茎,使地下只形成一个大鳞茎,以保证种球质量。

(4) 种球的收获与处理。在百合自然花期后 50d,地下鳞茎达到成熟期可以收获,昆明地区收获种球约在 8 月,一般培养一年后即达到商用球标准,不够标准的还需再培养一年。

鳞茎按周长分级:特级 23～25cm,一级 20～23cm,二级 17～20cm,三级 15～17cm。

鳞茎收获后稍晾干,混湿沙贮藏于箱筐内,保持低温(4.5℃左右)通风,湿润(湿度 80％)可贮至翌春(多代分球会致品种退化,应脱毒更新)。

3. 切花栽植 栽后至开花约 3 个月,可根据花期推算栽植时期。

(1) 顺季栽培。

①整地作畦。喜肥沃疏松的微酸性砂壤土,栽前每 667m² 施厩肥 1 000～2 000kg,钙镁磷肥 50kg,草木灰 1 500kg。翻耕 30～40cm,作高畦,宽 80～100cm。

②栽种。开沟条栽或穴栽,沟间距 25～30cm,沟深 15～23cm,平底沟宽 18～21cm,种球排于沟底两边,球间距 8～10cm,覆土厚度与种球周长相近,栽种过浅易倒伏,总之密度与球茎大小有关,一般 40～60 个球/m²。

(2) 促成栽培。

①植球期。百合销售最好是在 11 月至翌年 3 月份,故促成栽培的植球期应在 9～12 月。

②栽前处理。百合鳞茎有春化阶段,栽前须以冷处理才会开花,栽前两个月从田间取回鳞茎(注意保持基生根的完整)。鳞茎混木屑装筐,先进行两周 17～18℃ 预处理,再进行 6 周 1.5～7℃ 的冷处理(一般品种为 4～5℃)。冷处理后,芽长到 3～5cm 时栽植,可保证萌芽开花整齐。但冷处理期过长或温度过低会使植株开花早而导致花枝偏短;相反,在鳞茎收获后贮放在常温下,然后进行促成栽培则不开花或开花不整齐。

③鳞茎选择。直径 4.5cm 以上,基盘完整,鳞片饱满无损伤,栽前可进行鳞茎消毒。

④调温。冬季促成栽培的关键是加温,麝香百合要求冬季棚温保持在 15～28℃。大棚加温要根据植株生育期分阶段进行,在种球栽后至长到 15cm 高之前,棚温为 15～

18℃,过高易徒长,高15cm至花枝基本长定时要求适温21℃。现蕾至开花期昼温25℃,夜温18℃,加温不宜超过30℃。

若冬季温度偏低,会影响花枝生长,延迟开花,花蕾品质差。冬季棚温低于10℃,易产生"盲花";生长期气温在0℃左右易产生冻害;另外,加温时昼夜温差要控制在10℃以内。

⑤肥水管理。不同生育阶段的肥水管理要点不同:

出芽期:栽后至出芽需1~2周,此期不施肥,保持土壤湿润即可。

枝叶生长期:出芽至现蕾约需7周,苗高10~15cm为叶片分化期,之后开始花芽分化和枝叶生长。出芽一周后开始追肥,每两周一次,结合滴灌追肥,共3~4次,第一次追0.2%三元复合肥,第二次追0.3%硫酸铵和硝酸钙,第三次0.1%硝酸钾,第四次0.2%三元复合肥。

现蕾至开花期:需4~5周,出现花蕾后一周追施硝酸钾,隔两周再施一次硝酸钙,花蕾长至2cm时停止施肥。百合多忌干旱,在生长期要注意浇水,以保持土壤湿润,但土壤过湿又使鳞茎腐烂,至采收前要逐渐减少浇水量。

(七) 病虫害防治

出苗前后,常有病虫为害。出苗前受害,造成鳞片、鳞茎和球芽腐烂,不能出苗。出苗后受害,病株提前枯死,降低了产量与品质。为了防治病害,要注意选用抗病品种。百合的主要病害和防治技术如下:

1. 百合灰霉病 百合灰霉病又称叶枯病,是百合的一种重要病害,田间湿度大,易发病。主要为害叶片,也侵染茎、芽和花。病叶上产生圆形或椭圆形病斑,浅黄色至浅红褐色。病斑边缘浅红色至紫色。茎部受害,病部变褐色折断;芽和花受害,易变褐色腐烂。

发现病株,要清除病叶和病茎,集中烧毁,及时喷药。用噁醚唑10%水分散粒剂1 000倍液,或50%腐霉利可湿性粉剂,防治效果好。

2. 百合病毒病 百合病毒病是对百合危害严重的病害。受害叶片变黄,或产生深浅不同的黄绿相间斑点,或黄色条斑,严重时植株矮化,叶片卷曲,病株枯萎死亡。

防治方法:

①加强田间管理,适当增施磷、钾肥,或喷施叶面肥,促进生长,增强抗病性。

②为减少毒源,发现病株应立即拔除,集中烧毁。

③治虫防病,发现有蚜虫为害,用20%氰戊菊酯乳油2 000倍液,或40%乐果乳油800~1 000倍液,减少蚜虫传毒。

3. 百合枯萎病 百合枯萎病是危害最严重的一种土壤传播真菌性病害。发病初期,病株顶部心叶黄化,茎秆顶端变紫色,叶片逐渐变黄,最后整株枯萎,根茎部维管束变褐色,地下鳞茎腐烂。

防治方法:

①用药剂浸种。播种前种球用58%甲霜灵·锰锌可湿性粉剂200倍液浸种25min,捞出晾干即可播种,防治效果好。

②加强栽培管理。百合施用基肥和追肥,应施在行间,肥料不能接触鳞茎,每667m²

追施饼肥 21～30kg，应在百合植株一侧开沟施入。不能施未经腐熟的生猪粪等农家肥。按 5∶10∶10 的比例合理配施氮、磷、钾肥，开沟排水，降低田间湿度，减轻发病。

③药剂防治。发病初期，病株用药液进行灌根，每株用药 0.2～0.25kg，隔 5～7d 灌一次，连灌两次。常用药剂有：80％抗菌剂"402"乳油 2 000 倍液，5％的菌毒清、20％的三唑磷对根螨为害造成的伤口防治效果也很好。

4. 百合根螨 百合根螨是为害百合鳞茎的主要害虫之一，以幼虫、成虫为害百合鳞茎，让它全部变褐色，腐烂发臭，不能食用。

防治方法：种茎播种前用 73％炔螨特乳油 3 000～4 000 倍液，或 20％三唑磷乳油 800 倍液浸种 1h，捞出晾干后播种。

（八）采收与包装

1. 切花适期 在花序下部第一朵花充分膨胀至莹亮乳白色光泽时切花，从花枝基部剪取。

2. 贮藏与包装 分级后每 10 支一束，外裹白纸即可装箱，若不能及时运输，可先预冷后再放入冷库，在 3～4℃条件下能贮藏一周（温差不能太大）。当百合开花后要及时摘除花药，以防花粉污染花瓣。

六、非洲菊

学名：*Gerbera jame sonii* Bolus。

别名：扶郎花、太阳花、灯盏菊。

科属：菊科，扶郎花（大丁草）属。

原产地：南非。

（一）栽培概述

非洲菊于 1878 年在南非发现，1887 年引入英国栽培，以后英、意、法等国开展了广泛的育种工作，选育出许多重瓣品种，使非洲菊逐渐推广到世界各地。目前非洲菊已成为切花中仅次于菊花、月季、香石竹、唐菖蒲四大鲜切花的第五大切花种类。

我国从 20 世纪 80 年代开始种植非洲菊，至今已在广东、上海、北京等地大面积种植。许多地区将非洲菊花卉列为农业支柱产业之一，且栽培技术和产量都开始与国际接轨。

1. 市场发展前景和现状 非洲菊花朵硕大，花枝挺拔，花色丰富，四季有花，被赋予"喜欢追求丰富多彩的人生，不怕艰难困苦，有毅力"的含义，象征着"希望与无谓"；非洲菊花茎无叶，在绿叶丛中挺立，以柱托花，形似华盖、灯盏，如新妇头顶华盖，扶郎而归；又如金盏灿烂，光芒四溢，华灯高照，前程似锦，被誉为"多情之花，光明之花"。因此，越来越受到人们的喜爱，可广泛应用于瓶花、盆插、制作花篮、花束和胸饰等，具有广阔的发展前景。

非洲菊栽培用工少（相对于其他切花）、成本低、产量高、价格好，在温暖地区能周年不断开花，供花期长。根据品种和栽培条件不同，每株每年可产 30～70 支花不等，瓶插寿命 7～14d，经济效益高。20 世纪 70 年代以来，非洲菊在国际切花市场上发展很快。

非洲菊在荷兰得到了良好的发展，培育出的品种行销全世界，切花面积稳定在 180～

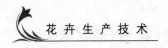

200hm²。

目前，云南昆明已成为我国非洲菊的主要生产地，现已在晋宁、玉溪开辟了新的非洲菊生产区。2001年全省非洲菊种植面积为48.8hm²，2002年为206.4hm²，2003年为295.9hm²，2004年为266.6hm²，2005年为333.3hm²，面积和产量都翻了几番。

2. **应用** 非洲菊主要用于切花花卉生产、盆栽和地养。

华南地区做宿根花卉应用，庭院丛植、布置花境均有较好效果，盆花装饰厅堂、案几、窗台，为极佳室内观赏花卉。

（二）形态特征

多年生宿根草本，全株具细毛，株高可达60cm。非洲菊根系较发达，主根系较长，不定根易形成。幼嫩的主根上常长有许多白色须根，随主根逐渐衰老，颜色变为棕褐色，须根能力也随之消失，衰老的主根体积随之缩小，有向下牵引植株的能力，故称"收缩根"。叶基生，斜向生长，叶柄长10~20cm，叶缘呈羽状浅裂，具疏锯齿，全叶长15~20cm，叶背被白绒毛。花梗从叶丛中央抽出，头状花序单生，总苞盘状、钟形，苞片多层，花序外轮1~3层的舌状花构成花瓣，呈倒披针形或带状，多为两轮，也有多轮重瓣品种。花色有白、黄、橙、红、粉等不同颜色，四季均可开花，以5~6月和9~10月为盛花期。

（三）生态习性

1. **温度** 非洲菊性喜温暖而湿润的气候，不耐寒，忌霜冻。生长适温20~25℃，冬季适温12~15℃，低于10℃时则停止生长，属半耐寒性花卉，可忍受短期的0℃低温。在华南地区可作露地宿根花卉栽培；华东地区须覆盖越冬或在温室进行切花促成栽培，华北地区则须放置于地窖或冷床越冬，也可在霜降前带土移入温室进行切花促成栽培。

2. **光照** 非洲菊喜阳光充足，原产地光照时间较长，夏季14.5h，冬季11.5h，日照仅差3h。每天日照时数不低于12h，有利于提高产花率，使花朵色彩更鲜艳。在我国冬夏日照差大的地区，冬季保护地栽培，补充光照能提高产花数量和产花质量。

3. **水分** 非洲菊较耐干旱，惧湿闭的土壤环境。因此，要求土壤排水良好，地下水位宜低且稳定。种植地四周要挖70~100cm深的排水沟，保证排水畅通，并可通过高畦栽培减少地下水位的危害。

4. **空气** 空气流通的环境有利于非洲菊的健康生长，但采花期经常被风吹，容易导致花梗弯曲，一定程度上影响花梗的伸长生长，造成切花品质的下降，应引起注意。

5. **土壤** 非洲菊对土壤要求不严，喜肥沃疏松、排水良好、富含腐殖质的砂壤土，忌重黏土，以pH6.3~6.5的微酸性土壤为佳。中性及微碱性土壤也能栽植，但在碱性土壤中，叶片易出现缺铁症状。

6. **营养** 非洲菊生长期对氮肥、钾肥吸收量较大，特别是在产花期应通过追肥的形式满足其对营养的需要。而当夏季植株休眠时，应少施或不施氮肥，以免生长过旺，滋生叶部病害。

（四）品种类型

1. **根据栽培形式及植株形态分类**

(1) 盆栽品种。株形显得比较紧凑,叶片相对较小,叶柄较短,叶片缺刻裂痕较浅,花梗长仅 15~40cm,盆栽观赏效果极佳。

(2) 切花品种。舌状花宽而厚,色彩丰富,水养时间持久,花葶粗,花朵大,花径 10~14cm,花枝挺拔,花茎高为 50~80cm。

2. 根据花朵直径分类

(1) 大花品种。也称"标准型""普通品种",指花径大于 9cm 的非洲菊品种。瓶插时间略短,产花量少,每平方米年产花量通常为 150~200 支。

(2) 小花品种。也称"迷你型""迷你品种",指花径小于 9cm 的非洲菊品种。每平方米年产花量通常为 350 支以上,高的可达 600 支。

3. 根据颜色分类 红色系、黄色系、橙色系、白色系、奶色系等。

4. 根据花瓣分类

(1) 窄瓣型。舌状花瓣宽 4~4.5mm,长 50mm。

(2) 宽瓣型。舌状花瓣宽 5~7.5mm,长 41~48mm。

根据花朵心部(花眼)颜色的不同可分为"黑眼"和"绿眼"品种等。

5. 主要品系 常见的品系有玛林,黄花重瓣;黛尔非,白花宽瓣;海力斯,朱红宽瓣;卡门,深玫红宽瓣;吉蒂,玫红黑心;婚礼,淡粉红色,重瓣;罗沙拉,玫瑰红色,半重瓣;文学士,粉红色,半重瓣黑心;合唱,大红色,重瓣黑心;太阳黑子,金黄色,重瓣黑心;梦想,桃红色,重瓣黄绿花心;葡萄酒,大红色,重瓣绿心;宠爱,亮红色,重瓣;艳阳天,橘红色,重瓣;和平,鲜黄色,重瓣绿心;红星,大红色,半重瓣黄心;高雅,血青色,重瓣绿心花朵。

6. 市场畅销的品种 白色系的白马王子、红色系的热带草原、黄色系的阳光海岸、粉色系的 F141、橙色系的大 008 等。

以上分类只是人为划分,在生产中应根据不同的需要选择适宜的品种。

(五)种苗繁殖

目前,非洲菊多采用组织培养快速繁殖,也可采用分株法繁殖,每个母株可分 5~6 小株;播种繁殖用于矮生盆栽型品种或育种;还可用单芽或发生于颈基部的短侧芽分切扦插繁殖。

1. 分株繁殖 分株一般在 4~5 月进行,将 2~3 年生的母株挖起,把地下茎分切成若干子株,每个新株须带根和 4~5 片叶另行栽植。栽植不宜过深,根颈必须露出土面。

2. 组织培养 这是目前非洲菊繁殖的主要方式,此法技术成熟,操作简单,繁殖量大,得到的植株开花整齐,花大色艳,已在全世界广泛应用。

通常使用花托和花梗作为外植体。芽分化培养基为:MS+BA(10mg/L)+IAA(0.5mg/L);继代培养增殖培养基为:MS+KT(10mg/L);长根培养基为:1/2MS+NAA(0.03mg/L)。非洲菊外植体诱导出芽后,经过 4~5 个月的试管增殖,就能产生成千上万株试管植株。非洲菊最适合的大田移栽时期是 4 月份,这时移栽的幼苗在 8 月份就能大量产花。

(1) 试管苗的移栽。

①基质。采用珍珠岩为栽培基质,将其在 1/4MS 营养液里浸透,然后盛在穴盘内待用。

②炼苗。将无根芽接种在合适的生根培养基上,在适宜的温度条件下,10~15d可见根。20~30d根可达2cm以上,此时移栽最好。移栽前在温室条件下开瓶炼苗2~3d。

③移植。用镊子将生根的试管苗从试管中轻轻取出,用清水洗净根部粘附的培养基,然后移植到珍珠岩基质中。种植时先挖一小穴,轻轻将苗放入,培上基质,轻压一下即可,动作要轻,以免伤苗。

(2) 出瓶苗的管理。移栽后马上用细喷壶喷少量的1/4MS营养液,以后一周内不浇水,只用超低量喷雾器在叶面上喷一层水膜(但不滴水),以保持湿度即可。晴天每隔2h喷一次,只要叶面干了就要喷雾,使叶面始终保持一层水膜,如此喷水保持湿度需持续两周以上。两周后可视情况给基质浇水,一般每周浇水2~3次,第三周再浇一次1/4MS营养液。移苗后3周内应放在无阳光直射处,3周后可适当接受太阳光。40~50d后,根系已很发达,可进入温室定植。

(3) 定植及定植后管理。一般组培苗需经过1~2个月的炼苗才能定植。如在4~5月定植,10月即能开花,12月份进入盛花期,当年就能取得效益。栽植时宜起30~40cm的高畦或垄,采用大垄双行栽培,行距40~50cm,株距25~30cm,每667m² 栽5 000~6 000株。栽种时注意使种苗的根茎部露出地面1cm左右。组培出的非洲菊需要在简易温室内栽培,最适宜温度为18~25℃。定植时,每667m²用河沙10kg、敌克松40g、70%甲基硫菌灵可湿性粉剂20g混合放于根颈处,小苗浅埋入土,根颈处稍高于地面。充分给水,遮荫,避免阳光直射,缓苗后逐渐增加光照,进行正常管理。肥料以基肥为主,每平方米施充分腐熟的牛粪、猪粪9kg,开花后及时进行追施复合肥。

(六) 栽培管理

非洲菊从种苗定植到采收切花需要4~6个月。以后陆续采收成品,经过2~3年需要更新种苗一次。在昆明要进行大棚栽培。

栽培方式有以下几种:

1. 常规栽培

(1) 栽培场地选择及整理。非洲菊根系很发达,栽植床至少需要有25cm以上的深厚土层。定植前应施足基肥,并和植床上土壤充分混匀耕翻,做成一垄一沟形式,垄宽40cm,沟宽30cm。

(2) 定植。

①定植时间。可根据需要来选择。春季栽植,当年6月可开花;6~8月栽植,当年出花少;8月后栽植第二年才可开花。

②定植密度。植株定于垄上,双行交错栽植。株距25cm。

③定植操作。栽植时应注意浅植,根部要舒展,略显露于土表,定植后浇透定根水,只在沟内灌水,拉遮阳网,以利缓苗。

(3) 定植后的管理。

①温度管理。植株生长期最适宜温度为20~25℃,土表温度应略低,根部维持在16~19℃的状态,最有利于根的生长发育。冬季若能维持12~15℃以上,夏季不超过26℃,可以终年开花。

②光照。非洲菊为喜光花卉,冬季应有全光照,但夏季应注意适当遮荫,并加强通

风,以降低温度,防止高温引起休眠。

③灌水。定植后苗期应保持适当湿润并蹲苗,促进根系发育,迅速成苗。生长旺盛期应保持供水充足,夏季每3~4d浇一次,冬季约半个月浇一次。花期灌水要注意不要让叶丛中心沾水,防止花芽腐烂。露地栽培要注意防涝。另外,灌水时可结合施肥进行。

④追肥。非洲菊为喜肥宿根花卉,对肥料需求大,施氮、磷、钾的比例为15:18:25。追肥时应特别注意补充钾肥。一般每667m² 施硝酸钾38kg,硝酸铵或磷酸铵18kg,春秋季每5~6d一次,冬夏季每10d一次。若高温或偏低温引起植株半休眠状态,则停止施肥(表5-3)。

表5-3 非洲菊不同时期施肥方法

时期	配方(100kg水中)	施用方式	施用周期
苗期	0.3kg磷酸二氢钾	根部施用	一周一次
日常	5kg蔗糖、0.1kg尿素、0.3kg磷酸二氢钾	根部施用	半月一次
花期	1kg硫酸钾、2kg过磷酸钙(要先把药物混匀后再加水)	根部施用	每月一次

⑤清除老叶。非洲菊基生叶丛下部叶片易枯黄衰老,应及时清除,既有利于新叶与新花芽的萌生,又有利于通风,增强植株长势。叶子过密时,需将植株外层老叶、病叶及时摘除,以改善光照及通风条件,减少病虫害,有利于新叶和花芽的发育和生长,提高产量。

非洲菊除幼苗外,在整个生育期要经常不断合理剥叶,因为非洲菊叶片的生长数量直接影响非洲菊的产花率及品质。如叶片过于旺盛,花枝数减少,叶片过小过少,花枝数也会减少,并导致营养不足花梗变矮,花朵变小,无商品价值。

所以整个生育期间经常不断地合理剥叶,以调整生殖生长和营养生长的最佳平衡。剥叶处理是可协调好营养生长与生殖生长的矛盾,提高生产量和品质;剥叶可减少老叶对养分的消耗,促进新叶萌发;还可加强植株的通风透光,减少病虫害发生;更重要的是,剥叶可抑制营养生长过旺,促进植株由营养生长转向生殖生长,但不能单纯剥去外层老叶。正确剥叶的方法是:

a. 剥去植株的病叶及发黄的老叶。

b. 剥去已被剪去花的那片老叶。

c. 根据该植株分株上的叶数来决定是否需剥老叶。一般一年以上的植株有3~4个分株,每分株应留4~5片功能叶,整株就是15~20片功能叶。多余的叶片要在逐个分株上剥除,不能在同一分株上剥。

d. 将重叠拥挤在一个方向的多余叶片剥去,使叶片均匀地分布在4个方向,以便于更好地进行光合作用。

e. 如植株中间长有密集丛生的许多新生小叶,功能叶相对少时,应适当摘去中间部分小叶,保留功能叶,以控制过剩的营养生长。同时让中间的幼蕾暴露在阳光中,这对花蕾的发育相当重要。

⑥疏蕾。疏蕾的作用在于提高切花的质量。当一植株上同一时期具有3个以上相当发育程度的花蕾时,易导致养分不足,应将多余的花蕾摘除;当幼苗刚刚进入花期时,未达到5片以上的功能叶或叶片很小,应将花蕾摘除,不让其开花,促进营养生长,增大营养

体;夏季切花廉价时,应尽量少让其开花,以蓄积养分,利于冬季开花。

栽培重点:充分晒太阳,减少浇水。

2. 设施栽培 北方地区常采用日光温室进行栽培,南方地区利用塑料大棚进行栽培。非洲菊生长期适温20~25℃。低于10℃或高于30℃停止生长,处于半休眠状态。若想终年有花,冬季需维持在12~15℃以上,夏季不超过26℃。应用栽培设施要尽量满足非洲菊苗期、生长期和开花期对温度的要求,以利正常生长和开花。

我国除华南地区外均不能露地越冬。冬季外界夜温接近0℃时,要封紧塑料薄膜,棚内还需增盖塑料薄膜。遇晴暖天气,中午揭开大棚南端薄膜通风约1h。华北地区,冬季要有一定的保温设施,需进行温室、节能日光温室栽培,长江流域以外可用不加温的大棚栽培。在夏季多高温,需有降温措施,棚顶需覆盖遮阳网,并掀开大棚两侧塑料薄膜降温。

3. 花期控制 非洲菊的花期调控易于进行,只要保持室温在12℃以上,就可使植株不进入休眠,继续生长和开花。

(七)病虫害防治

1. 非洲菊的虫害 主要虫害为跗线螨、潜叶蝇、白粉虱、蚜虫、蛞蝓(鼻涕虫)等。跗线螨是非洲菊的重点防治对象,一般采用1.8%阿维菌素喷雾防治。其他害虫可用氰戊菊酯、蚜虱净、溴氰菊酯或乐果进行防治,通常一周用药一次,但采花期要注意不要让农药喷溅到花朵,因为农药对花色有影响,可损坏花枝的商品性状。

2. 非洲菊的病害 主要病害有斑点病、疫病、根腐病、煤污病、白粉病、叶斑病、茎基腐病、疫霉病、病毒病等。

(八)采收及商品化处理

非洲菊是很好的切花品种,水养时间长,观赏性高,而且还是吸收甲醛的好手。

1. 采切时间 非洲菊的采切时间直接影响到它的瓶插寿命。所以一般要求植株生长旺盛,花梗挺直,舌状花瓣形成一个完整的花冠,而且至少有两个环状雄蕊群清晰可见时采切。

2. 采收方法 采收非洲菊花朵可不用剪刀,而直接用手指捏住花茎中部,保持30°~40°的幅度左右摇摆数次,自花茎与叶簇相连基部用手向侧方拉,向上拔起即可很容易采下,置于清水中。

3. 非洲菊切花质量标准

(1)非洲菊切花质量等级感官评判(表5-4)。

AA级:具有该品种特性的花色、花形和花径(指花朵直径大小)大小,同一扎花中花径大小基本一致,差异小于1~2cm,无花头部分的损伤和病虫危害。茎秆强健挺直,无弯曲现象,无茎部分的损伤,茎完全有踵(指茎干最下部变粗,膨大的部分)。成熟度为2度,且整体一致性强。经过采后处理检测,在外包装上标注有经采后处理的标识。无任何质量缺陷,茎长度在40~60cm之间。

A级:具有该品种特性的花色、花形和花径大小,有轻微花头部分的损伤,花头的茎秆无病虫危害,茎秆强健挺直,能充分支撑花头,茎完全有踵。成熟度为2度,且整体一致性强。可以有1~2个偶像码缺陷,茎长度在40~60cm之间。

B级：具有该品种特性的花色、花形，有轻微的花损情况，花径稍小，在同一扎花中花径有1～3cm的差异，花头部分无病虫危害。茎秆挺直，可有少许弯曲，无损伤，茎完全有踵。成熟度为2～3度，且整体一致性强，茎长度在40～60cm之间。

C级：花色、花形一般，花径略小，在同一扎花中花径大小差异在1～5cm之间，花头有损伤和病虫危害。茎秆瘦弱，有弯曲、损伤现象，可以有5%的茎无踵。成熟度为1～3度，茎长度在35～60cm之间。

D级：花色、花形一般，花径较小且不一致，花头部分有明显损伤和病虫危害。茎秆较瘦弱，有茎部的损伤和病虫危害，可以有5%～10%的茎无踵。成熟度为1～4度，茎长度在25cm～60cm之间。

E级：凡达不到D级并且仍然有销售价值的产品均列为等外级（E级），茎长度在15～60cm之间。

除此之外凡出现以下情况之一的，不允许销售：批次花严重脱水且不可逆；花头严重腐烂；茎长度小于15cm；开放度达5度以上及有其他严重影响销售的缺陷。

表5-4 非洲菊等级感官评判

要求		级别					
		AA	A	B	C	D	E
内在质量	保鲜处理	必须使用	推荐使用	推荐使用	推荐使用	推荐使用	推荐使用
外在品质	花色	具有该品种的花色	具有该品种的花色	具有该品种的花色	轻微变色	严重变色	严重变色
	花形	端正呈圆形	端正呈圆形	端正呈圆形	轻微畸形	中度畸形	严重畸形
	花径	≥12cm，特殊品种≥10cm	≥10cm，特殊品种≥8cm	≥10cm，特殊品种≥8cm	≥8cm，特殊品种≥6cm	≥7cm，特殊品种≥6cm	≥6cm，特殊品种≥5cm
	花损伤	无任何损伤	可以有较轻微的损伤	有轻微损伤	有轻微损伤	严重损伤	严重损伤但仍有销售价值
	病虫害	无任何病虫害	无任何病虫害	有轻微病害	有轻微病害	严重病害、轻微虫害	严重病虫害但仍有销售价值
	粗细度	强健且均匀	强健且均匀	均匀	轻微粗细不一致	严重粗细不一致	严重粗细不一致
	韧度	挺直，能充分支撑花头	挺直，能充分支撑花头	轻微瘦弱	严重瘦弱，但能支撑花头	严重瘦弱，但能支撑花头	严重瘦弱
	病虫害	无任何检疫性病虫害	无任何病虫害	有轻微病害	有轻微病害	有严重病害、轻微虫害	严重病虫害但仍有销售价值
	损伤	无任何损伤	无损伤	有轻微损伤	有轻微损伤	有严重损伤	有严重损伤
	踵缺损	无	无	无	小于5%	5%～10%	10%～20%

(续)

要　求		级　别					
		AA	A	B	C	D	E
内在质量	保鲜处理	必须使用	推荐使用	推荐使用	推荐使用	推荐使用	推荐使用
外观要求	规格 长度	40～60cm	40～60cm	40～60cm	35～60cm	25～60cm	15～60cm
	成熟度	为1、2度，且整体均匀一致	为1、2度，且整体基本均匀一致	1～3度，允许有一个跨度	1～4度，允许有两个跨度	1～4度，允许有3个跨度	1～5度
	包装物	包装物一次性使用，干净、整洁、规范	包装物一次性使用，干净、整洁、规范	包装物一次性使用，干净、整洁、规范	包装物一次性使用，干净、整洁、规范	包装物一次性使用，干净、整洁、规范	不考虑
	包装	整体一致	整体一致	整体一致	整体一致	整体一致	不考虑
整体	缺陷数量	无	有1～2个轻微缺陷	有3个轻微缺陷或一个严重、2个轻微缺陷	有4个轻微缺陷或1个严重、3个轻微，或2个严重、2个轻微缺陷	有1个严重、4个轻微，或2个严重、3个轻微，或3个严重、1～2个轻微缺陷	5个以上轻微缺陷，4个或以上严重缺陷，单个缺陷超标

注：花径：花朵直径的大小。踵：茎干最下部变粗、膨大的部分称为踵。

（2）规格标识方法。非洲菊切花的规格指标划分为：枝条长度、成熟度（表5-5）、花径和花束重量4个方面。

表5-5　非洲菊切花成熟度

成熟度标识	具　体　描　述	对　应　级　别
1	舌状花瓣未完全展开，管状花未充分开放，花粉管未伸出	AA、A、B、C、D、E级
2	舌状花瓣展开，花粉管未伸出	AA、A、B、C、D、E级
3	舌状花瓣充分展开，2～3层的花粉管伸出且散落出花粉	A、B、C、D、E级
4	舌状花瓣充分展开，4～5层的花粉管散落出花粉	C、D、E级
5	舌状花瓣充分展开，80%以上的花粉管散落出花粉	E级

4. 非洲菊采后处理技术　非洲菊，其茎秆中空，对脱水、机械损伤和细菌污染都很敏感，采后保鲜处理和良好的包装对延长非洲菊的瓶插寿命是非常重要的。如果处理不当，就容易造成弯头、脱水等现象。因此具体要做好以下几个环节：

（1）采收。当非洲菊的花瓣已充分展开，花盘上最外面两三圈管状花已经开放，则标志此花可以采收，有些重瓣型的要等到花朵更成熟一些再采收。采花时要摘下整个花梗而不能做切割。采下的花经整理后，将花梗底部切去2～4cm，切割时要用锋利的刀具斜切，且最好在水中切。

（2）预处理。采收后的花应立即浸入水中和置于阴湿环境下，防止阳光暴晒，尽快预冷，去除所带的田间热。处理时使用清洁设施，如清洁的水、桶及保持工作间的清洁。若是可能，使用的水最好含杀菌剂，并将水的pH调整为3.5～4.0。不要将使用过的溶液与新溶液放在一起，处理时间以3～4h为宜。

(3) 保鲜液处理。预处理完成后，将花梗浸入保鲜液中处理6~24h，其长度以10~15cm为好，温度以10~15℃为宜，相对适宜湿度为70%，同时要注意防止切花受到衰老激素乙烯的危害。非洲菊的保鲜液主要由蔗糖、柠檬酸、磷酸二氢钾组成。目前市场上使用较为普遍的切花保鲜液产品有可利鲜、STS（硫代硫酸银）和进入市场不久的花鲜子、安希可、"花之生命"等。

5. 包装

(1) 包装方式。在不影响整体感的前提下，切花一般按以下方式进行包装。

①去枝。基部脚叶枝长60cm以上的切花，去脚叶15cm左右；枝长60cm以下的切花，去脚叶10cm左右。

②对齐。首先把花头（或花序最高点）对齐，然后将枝基部铡齐。

③捆扎。捆扎枝基部，花头（花序）附近不得捆扎。

④套袋。用大小合适的透明塑料套紧套花束。

(2) 装箱。同一品种、同一质量、同一等级的产品分类，每10支捆成一束，包装好后放入包装箱中，贴好标签。非洲菊最好采用70cm×40cm×30cm的长方形包装盒包装，以免在运输途中因移动而折断。

6. 贮藏运输　在实际生产中，非洲菊应用较多的是干藏，包装则用高密聚乙烯塑料薄膜较好，袋内若装入二氧化硅吸收剂或蓄冷剂（冰块），保鲜效果更好。运输前宜采用长方形包装盒包装，而用于包装的纸箱重复使用率不宜过高。在运输过程中，将环境温度降到6~9℃。当切花运送至目的地时，水溶液中需补充切花所需的养分，溶液中除了含有较低浓度的糖类（通常为葡萄糖）之外，亦应添加杀菌剂以保持无菌。

第三节　常见切花生产技术

一、马蹄莲

学名：*Zantedeschia aethiopica* Spreng。

别名：水芋、观音莲、慈姑花。

科属：天南星科，马蹄莲属。

(一) 品种类型

马蹄莲属约8种，除白花种外生产上偶见以下3种：

①银星马蹄莲。叶面有白色斑点，佛焰苞牙黄色、淡黄色。

②黄花马蹄莲。叶片广卵心形，有白色半透明斑，佛焰苞深黄色，茎长30~50cm。

③红花马蹄莲。叶较窄，佛焰苞瘦小，粉红色，花茎较短。

除白花种有3个栽培类型：

①青梗种。根状茎肥壮，植株较高大，佛焰苞长大于宽，基部有明显的皱褶，白色微带黄。

②红梗种。植株较高大，花梗基部带红晕，佛焰苞圆形，色洁白。

③白梗种。根茎小，1~2cm的小块茎即可开花，植株矮小，生长势较弱，抽生花枝多，花梗基部浅绿发白，佛焰苞先端阔，色洁白，开花期早，宜盆栽。

(二) 生态习性

性喜温暖湿润、略阴的气候环境，不耐寒，忌干旱与高温暴晒，要求疏松肥沃、排水良好、富含腐殖质的微酸性土壤。

生长适温白天 15～24℃，夜间白花不低于 13℃，红花种与黄花种不低于 16℃。在冬暖夏凉地区全年常绿有花，夏季高温和冬季低温都会造成植株枯萎休眠，越冬休眠温度为白花种 0℃，红花种和黄花种低于 5℃，越夏休眠温度 25℃ 以上。

(三) 繁殖方法与栽培要点

1. 繁殖方法 以分株繁殖为主。

(1) 根茎分割。其地下根茎每年会分生数个小块茎，在根茎节处向下生根，而每个小块茎顶生一个芽则抽出叶丛和花梗。经多年栽培的根茎会越长越大，小块茎数不断增多，从而使地上叶丛密生拥挤，栽培一二年后的植株需掘起根茎分割一次。

分球适期：北方在春秋两季，休眠后期；滇中宜早春萌芽前。掘起根茎，用刀在根茎节处分割成每块带 4～5 芽并有根系的茎块，蘸草木灰封住切口，然后栽植，当年开花。

(2) 小球培养。滇中地区，早春萌芽前掘起根茎，剥根茎四周形成的带芽块茎另栽，培养土用等量的腐叶土加粗沙加园土。平畦宽 1m，栽后保持土壤湿润，每隔 7～10d 施一次 0.2% 三元复合肥，生长期间若抽花茎要及时去除以养球，一年后即成开花植株。

2. 栽培要点

(1) 整地作畦。施用基肥：厩肥每 667m² 1 000～2 000kg＋过磷酸钙 7kg＋骨粉 200kg。

白花种用平畦，黄花种、红花种因茎易腐而用高畦，畦宽 1～1.2m，走道 40～50cm。

(2) 栽植。株行距 50cm×60cm～50cm×70cm，每畦双行交错栽植，每穴放一块带 4～5 芽的根茎，覆土约 5cm。

(3) 浇水。喜湿忌旱，要求较高的土壤湿度和空气湿度，尤其白花种（可作水生栽培），生长期要经常灌水和洒水，保持环境湿润，但浇水忌灌心以免腐烂，进入休眠期要逐渐减少浇水量。另外，红花种、黄花种不能做水生栽培。

(4) 追肥。早春萌芽后开始追肥，每隔 5～7d 施一次三元复合肥，进入花期后每隔 4～5d 追肥一次，休眠期停肥。

(5) 适当遮荫。畏烈日暴晒，除冬季外要注意遮荫，滇中地区雨季可不遮荫，而高温晴朗季节需用透光 60%～70% 的遮阳网遮荫。

(6) 调温。注意夏季通风降温及冬季加温保温（黄花种、红花种生长适温要求较高，越冬温低于 5℃ 即枯叶休眠。）

(7) 疏除老叶。进入生长的旺盛期，叶片繁茂达到拥挤程度时，就应及时疏叶（将外部衰老叶自基部剪除，使通风透光良好），促进新花茎不断抽生。

(8) 分株。栽培一二年后分株。

(四) 病虫害防治

1. 软腐病 由细菌侵染，首先在近地叶柄上出现软腐，然后向上侵染叶片产生水渍状黑斑，从叶尖向下发展，最后全叶失绿，软化脱落，同时块茎变褐、腐烂。

防治要点：①忌连作；②栽前块茎消毒，用 40% 甲醛 100 倍液泡 1h；③拔除病株，土壤消毒。

2. **红蜘蛛** 通风不良和高温环境下易滋生，使叶片发黄，生长势变弱。

防治要点：①注意通风降温；②用炔螨特杀虫。

（五）切花采收、分级与包装

当佛焰苞先端向下倾，色泽由绿转白时为适时采收期，近地上市的，可在花苞松裂开口时采收，用利刀（剪）从花梗基部切下花枝。

采花后按花苞大小、花梗长度与挺直度等指标分级，入级的花枝至少 40cm 以上。分级后每 10 支一束，基部用橡皮筋扎好，外裹一层白纸即可。

二、石斛兰

学名：*Dendrobium nobile* Lindl。

别名：石斛、石兰、吊兰花、金钗石斛等。

科属：兰科，石斛属。

我国规模化生产石斛时间较短，主要从 20 世纪 90 年代初才开始。虽然起步晚，但发展速度很快。至今，在广东、云南、福建等地均有一定规模的生产基地，在盆花和切花生产方面基本上能满足国内市场的需求。

（一）形态特征

多年生附生草本花卉。茎丛生，茎细长直立，节略粗，叶柔软或革质，花序着生于上部节位，外花被片与内花被片近同形，侧外花被片与蕊柱合生，形成短囊或长距，唇瓣形状富于变化，基部有鸡冠状突起。石斛兰种类多，花色艳丽，有的有香味，是观赏价值较高的花卉。

（二）生态习性

喜温暖、湿润和半阴环境，不耐寒。生长适温 18～30℃，生长期以 16～21℃更为合适，休眠期 16～18℃。冬季温度不低于 10℃，幼苗在 10℃以下容易受冻。石斛忌干燥、怕积水，特别在新芽开始萌发至新根形成时需充足水分。但过于潮湿，如遇低温，很容易引起腐烂。石斛野生林中，但栽培上还是比较喜光，夏秋以遮光 50%、冬春以遮光 30% 为宜。光照过强茎部会膨大、呈黄色，叶片黄绿色；日照充足，秋季开花好，开花数量多。土壤宜用排水好、透气的碎蕨根、水苔、木炭屑、碎瓦片、珍珠岩等，以碎蕨根和水苔为主。

（三）繁殖方法与栽培要点

1. **繁殖方法** 常用分株、扦插、组织培养法繁殖。

（1）分株繁殖。分株可在秋季进入休眠时进行，或春季结合换盆进行。将生长密集的母株，从盆内托出，少伤根叶，把兰苗轻轻瓣开，选用 3～4 株栽入 15cm 大的盆内，有利于成型和开花。

（2）扦插繁殖。选择未开花而生长充实的假鳞茎，从根际剪下，再切成每 2～3 节一段，直接插入泥炭苔藓中或用水苔包扎插条基部，保持湿润，室温在 18～22℃，插后 30～40d 可生根。待根长 3～5cm 时盆栽。

（3）组培繁殖。常以茎尖、叶尖为外植体，在附加 2,4-D 0.15～0.5ml/L、6-苄氨基腺嘌呤 0.5ml/L 的 MS 培养基上，其分化率可达 1∶10 左右。分化的幼芽转至含有活性炭椰乳的 MS 培养基中（附加 2,4-D 和 6-苄氨基腺嘌呤各 0.1ml/L）即能正常生长，形成无根幼苗。将幼苗转入含有吲哚丁酸 0.2～0.4ml/L 的 MS 培养基中，能够诱导生根，形成具有根、茎、叶的完整小植株。

2. 栽培要点

（1）土壤。石斛兰需用泥炭、苔藓、蕨根、树皮块和木炭等配制而成的排水好、透气的基质。可盆栽也可用栽植床栽种，盆栽盆底多垫瓦片或碎砖屑，以利于根系发育。

（2）栽植密度。一般每平方米 30～45 株。

（3）温度。石斛兰生长温度控制在 15～25℃ 之间，越冬温度 10℃ 以上为好。

（4）遮光。栽培场所必须光照充足，对石斛生长、开花更加有利，但当阳光过强时应注意遮光，冬季适当接受直射阳光，有利于春后植株生长。

（5）浇水、追肥。春、夏季生长期，应充分浇水，使假球茎生长加快。9 月以后逐渐减少浇水，使假球茎渐趋成熟，促进开花。石斛兰切花生产一般不使用基肥，而只使用追肥，生长期每 7～10d 施肥一次，秋季施肥减少，到假球茎成熟期和冬季休眠期，则完全停止施肥。追肥一般配成溶液结合灌水施用，也可使用叶面喷洒方法施用。

（6）换盆。栽培 2～3 年以上的石斛兰，植株拥挤，根系满盆，盆栽材料已腐烂，应及时更换。无论常绿类或是落叶类石斛，均在花后换盆。换盆时要少伤根部，否则遇低温叶片会黄化脱落。

（四）病虫害防治

常有黑斑病、病毒病危害，可用 10% 抗菌剂 401 醋酸溶液 1 000 倍液喷洒。主要害虫有介壳虫，用 40% 乐果乳油 2 000 倍液喷杀。

（五）采收

当花序上的小花充分显色时为采收适期。剪切下的切花经整理分级，每 10 支绑扎成一套上玻璃纸后装箱上市。

三、大花蕙兰

学名：*Cymbidium* spp.。

别名：杂种虎头兰、虎头兰、喜姆比、蝉兰，日本人称它为"东亚兰"，欧美人士又称"新美娘兰"。

科属：兰科，兰属。

大花蕙兰的生产地主要是泰国、新加坡、马来西亚和中国台湾省。主要销售国是日本和荷兰。

我国虽然是大花蕙兰的原产地，又拥有相当丰富的种质资源，但仅是原生种，缺乏改良，野生性状较强，花色暗淡、不鲜艳，花朵稀疏、不丰满，花茎长而弯曲、不够挺拔或下垂，要开发利用必须加快改良。现在广东、云南等地已从国外引种优良品种，进行批量的盆花生产，而大花蕙兰由于花期长、色彩鲜艳，异彩纷呈，具芳香，花型整齐且质地坚挺，也已作为优良的切花品种来栽培。

(一)形态特征

多年生常绿草本花卉。株高30~50cm,假球茎硕大,叶片宽1~2cm,长20~40cm。花梗从假球茎中抽出,花葶斜生,稍弯曲,每梗着花8~16朵,花色有红、黄、翠绿、白、复色等色。

(二)生态习性

喜冬季温暖和夏季凉爽的环境,生长适温为10~25℃,夜间10℃左右比较好,叶片呈绿色,花芽生长发育正常,花茎正常伸长,在2~3月开花。若温度低于5℃,叶片呈黄色,花芽不生长,花期推迟到4~5月,而且花茎不伸长,影响开花质量。若温度在15℃左右,花芽会突然伸长,1~2月开花,花茎柔软不能直立。大花蕙兰生长期需较高的空气湿度。如湿度过低,植株生长发育不良,根系生长慢而细小,叶片变厚而窄,叶色偏黄。大花蕙兰在兰科植物中属喜光的一类,光照充足有利于叶片生长,长成花茎和开花。过多遮荫,叶片细长而薄,不能直立,假鳞茎变小,容易生病,影响开花。土质要求疏松、肥沃且富含腐殖质的微酸性土壤。

(三)繁殖方法与栽培要点

1. 繁殖方法　常用分株、播种和组培繁殖。

(1)分株繁殖。在植株开花后,新芽尚未长大之前,正处于短暂的休眠期。分株前使基质适当干燥,让大花蕙兰根部略发白、柔软,这样操作时不易折断根部。将母株分割成2~3苗一丛栽植,操作时抓住假鳞茎,不要碰伤新芽,剪除黄叶和腐烂老根。

(2)播种繁殖。主要用于原生种大量繁殖和杂交育种。种子细小,在无菌条件下,极易发芽,发芽率在90%以上。

(3)组培繁殖。大花蕙兰主要采用组织培养繁殖方法,本方法出苗快,质量好,纯度高,适宜工厂化批量生产。选取健壮母株基部发出的嫩芽为外植体。将芽段切成直径0.5mm的茎尖,接种在制备好的培养基上。用MS培养基加6-苄氨基腺嘌呤0.5ml/L,52d形成原球茎。将原球茎从培养基中取出,切割成小块,接种在添加6-苄氨基腺嘌呤2ml/L和萘乙酸0.2ml/L的MS培养基中,使原球茎增殖。将原球茎继续在增殖培养基中培养,20d左右在原球茎顶端形成芽,在芽基部分化根。90d左右,分化出的植株长出具3~4片叶的完整小苗。

2. 栽培要点

(1)基质。作鲜切花用材时,栽培基质采用泥炭、椰壳、珍珠岩、树皮、木炭等,加工成颗粒物,以保证土质充分透水、通气。

(2)温度。大花蕙兰的生长适温为15~25℃,喜欢10℃以上的较大的昼夜温差,日温高,夜温低,对其生长和花芽分化极其有利。温度超过30℃,将造成枯萎或掉蕾。

(3)浇水与湿度。大花蕙兰对水质的要求较高,要求水质清洁,pH在5.1~6.6之间,过高或过低都会抑制新根的生长。大花蕙兰要求空气中最佳的相对湿度是80%~90%,空气干燥和湿度太大对兰花生长均不利,太干燥易造成兰叶枯黄;湿度过大易发生病害,一般可采用喷雾或通风来调节空气湿度。

(4)光照。在光照不足的情况下,特别是冬、春两季,应摘去遮阳网,尽量使光照进入兰棚。在长期阴雨的季节,必要时也可以采用日光灯来弥补光照不足。

(5) 通风。理想的养兰场所，除了注意光照、温度、湿度的选择和调控外，还要注意通风透气，空气新鲜。

(6) 施肥。大花蕙兰喜肥，中小苗期需用高钾肥，中大苗期需加重磷肥比例，以有机肥为主，叶面施肥为辅，一般每半月施肥一次。

(四) 病虫害防治

1. **病害**　主要有黑斑病和轮斑坏死病危害叶片，可用70%甲基硫菌灵可湿性粉剂800倍液喷洒。

2. **虫害**　主要有介壳虫、红蜘蛛和蜗牛为害新芽、花茎。介壳虫和红蜘蛛可用80%敌敌畏乳油1 000倍液喷杀。有蜗牛则在台架及花盆上喷洒敌百虫或用敌百虫毒饵诱杀。

(五) 采收

大花蕙兰花期较长而持久，可在全部花朵开放2/3左右时采切，按10支/盒或20支/盒包装上市。

四、六出花

学名：*Alstroemeria aurantiaca* D. don ex Sweet

别名：秘鲁百合、黄花百合、秘鲁六出花、黄花洋水仙。

科属：石蒜科，六出花属。

在世界花卉市场上，六出花"面世"的时间并不是很长，但由于六出花的栽培相对简单，并且花形优美，瓶插寿命较长，因此，目前它的切花市场份额在不断扩大。六出花在我国还处于引种阶段，切花市场还不多见，仅有少数企业进行小规模的试种。

(一) 形态特征

多年生草本植物。茎有两种生长形态，地下茎是变态的肉质根状茎，在地下横向生长，茎节上芽萌发伸出土面。地上茎直立细长高达60～150cm。地下茎上着生两种形态的根：一种为萝卜状肉质根，另一种为细长有分支的吸收根。叶多数，互生，披针形，呈螺旋状排列。伞形花序，花小而多，喇叭形，花橙黄色，内轮具红褐色条纹斑点。六出花花色丰富，花形奇异，盛开时更显典雅富丽，是新颖的切花材料。

(二) 生态习性

喜温暖湿润和阳光充足环境。夏季需凉爽，怕炎热，耐半阴，不耐寒。生长适温为15～25℃，最佳花芽分化温度为20～22℃，如果长期处于20℃下，将不断形成花芽，可周年开花。如气温超过25℃以上，则营养生长旺盛，不进行花芽分化。六出花在生长期需充足水分，但高温高湿不利于茎叶生长，易发生烧叶和弯头现象。花后地上部枯萎进入休眠状态，应停止浇水，保持干燥。待块茎重新萌芽后，恢复供水，但湿度不宜过高。六出花属长日照植物，生长期日照在60%～70%最佳，忌烈日直晒，可适当遮荫；土壤以疏松、肥沃和排水良好的砂质壤土，pH在6.5左右为好。

(三) 繁殖方法与栽培要点

1. **繁殖方法**　常用播种和分株繁殖。

(1) 播种繁殖。以春、秋播为好，发芽适温18～22℃，播后14～28d发芽，一般秋播六出花，翌年夏季开花，春播苗秋季开花。

(2) 分株繁殖。常在秋季进行，待成年植株开花后地上部茎叶枯萎，进入休眠状态时将地下茎小心挖出，用双手从根颈处分开，每小丛上需保留 2~3 个芽。

(3) 组培繁殖。常用顶芽作外植体，经常规消毒灭菌后，接种到添加 6-苄氨基腺嘌呤 5mg/l 和萘乙酸 1mg/L 的 MS 培养基上，经两个月培养成不定芽，再转移到添加萘乙酸 1ml 的 1/2MS 培养基上，由不定芽形成块茎。

2. 栽培要点

(1) 栽种。选择土层深厚、排水良好、富含腐殖质的砂质壤土作栽培基质，做成 100cm 宽的床面，步道 50cm。双行定植，行距 40~50cm，株距 40cm，两行交错种植。

(2) 施肥。定植前施足基肥，以腐熟厩肥为主，避免施用没有经过充分发酵的有机肥料。植株旺盛生长阶段每半月追施复合肥或其他全素液肥一次。

(3) 浇水。定植前 2~3d 给栽培地浇一次水，保持土壤湿润。定植后不要立即浇水，约经过一周浇一次透水。在以后的水分管理中，总的原则是经常保持土壤处于微潮偏干的状态。但在孕蕾后和开花前要增加浇水量，以保证顺利开花。

(4) 张网。定植前张一层尼龙支持网，以防植株倒伏。六出花高生品种茎秆可达 1.5m 以上，必须及时搭架拉网以防倒伏。早春在植株长高至 40cm 时即应开始拉网，网格间距为 15cm×15cm，拉 3~4 层。

(5) 清理枯叶。管理中及时摘除植株基部枯黄叶，然后进行集中焚烧处理。

(四) 病虫害防治

(1) 病害。主要为灰霉病和病毒病。灰霉病一般发生在早春，叶片及花芽上出现褐色斑块，严重时受病部位腐烂，并有灰霉菌覆盖，可用 75% 百菌清可湿性粉剂 500 倍液或 80% 代森锌可湿性粉剂 500 倍液喷施 2~3 次。

(2) 虫害主要为蚜虫，在高温、高湿、通风不良的情况下常发生。可用 40% 氧化乐果 800~1 000 倍液防治。另外，还可能有地下害虫蛴螬、线虫、蚯蚓等。

(五) 采收与保鲜

六出花花色奇丽，形似蝴蝶，是极好的盆栽和切花材料。保护地栽培，2~3 月即有少量鲜花供应，此时气温偏低，一枝花枝上有 2~3 朵小花初开时为适宜采花期。4~6 月为鲜花供应高峰期，气温偏高，当花苞鼓起，着色完好或一枝花枝上有一朵小花初开时即可采切。采切时用剪刀剪取，防止用力拉扯损伤根茎。鲜花采切后，在 4~6℃ 的低温下进行运输或贮藏，但这种常规冷藏会降低切花质量，最好采用真空冷藏的方式。

五、郁金香

学名：*Tulipa gesneriana* L.。

别名：洋荷花、旱荷花、草麝香、郁香等。

科属：百合科，郁金香属。

(一) 形态特征

多年生草本植物，株高 30~50cm。花单生茎顶，较大，直立，花色丰富、艳丽、花形奇特，自然花期 3~5 月，在切花市场很受欢迎。

(二)生态习性

郁金香性喜冬季温暖、湿润,夏季干燥凉爽,向阳或半阴的环境。耐寒性很强,一般可耐-14℃低温,在严寒地区如有厚雪覆盖,鳞茎就可在露地越冬;但怕酷暑,如果夏天来得早,盛夏又很炎热,则鳞茎休眠后难于度夏。郁金香适应冬季湿冷和夏季干热的特点,其特性为夏季休眠、秋冬生根并萌发,新芽不出土,生长开花适温为15～20℃。花芽分化适温为20～25℃,最高不得超过28℃,要求腐殖质丰富、疏松肥沃、排水良好的微酸性砂质壤土,适宜pH6.6～7,忌碱土和连作,深耕整地,以腐熟牛粪及腐叶土等作基肥,并施少量磷、钾肥,作畦栽植,栽植深度10～12cm,一般于出苗后、花蕾形成期及开花后进行追肥。冬季鳞茎生根,春季开花前追肥两次。

(三)繁殖方法与栽培要点

1. 繁殖方法 常用分球繁殖和播种繁殖。

(1) 子球繁殖。郁金香每年更新,花后即干枯,其旁生出一个新球及数个子球。子球数量因品种不同而有差异,早花品种子球数量少,晚花品种子球数量多;子球数量还同培育条件有关。

一年生的母球,花后在鳞茎基部萌发1～3个次年能开花的新鳞茎和2～6个小球,而母球则逐渐干枯,可挖出鳞茎,去掉泥土晾干,分离出鳞茎土的子球,放在5～10℃的通风处贮存;待秋季,可将子球栽种在富含腐叶土和适量磷、钾肥的土壤中,株行距14～16cm,沟深15～20cm,覆土深度4cm为宜;但要注意,凡子球为圆形者,虽小也能开花,若子球为扁形者一般不会开花;子球栽种后要浇透水,平时保持湿润即可;翌年春天,开始对花苗进行正常肥水管理,2～3年开花。

(2) 播种繁殖。播种繁殖一般在育种及大量繁殖时才用,但要4～5年才能开花。应在秋季播种,经过冬季低温于春季发芽。

2. 栽培要点

(1) 种植时间。郁金香的种植时间一般根据切花上市期推算,大多数郁金香品种从种植到开花的时间为45～50d。可以在预定的上市期前40～45d种植,但要注意随着品种、气候和栽培技术的不同,其生长周期有一定差异。露地生产时,通常在10月下旬至12月初定植。

(2) 种植方法。作切花栽培的郁金香种球周径应该在12cm以上。种球经过消毒处理后即可在经过消毒处理后的土壤上种植。种植前给土壤施入充分腐熟的有机肥或其他基质,有利于改善土壤的物理性状。郁金香的种植密度一般为株距5～8cm,行距15～20cm,每平方米种植72～100球。株行距也可加密到12cm×8cm,每平方米种植110球。种植时先开沟,沟深为种球高度的3～3.5倍,然后将种球按预定株距整齐摆放,种球顶部距离土面的深度一般为种球高度的2倍左右。覆土越厚,促成栽培的时间越长。

郁金香定植后,根据土壤水分情况,在干旱地区可浇一次透水,然后覆草越冬。长江流域一带,冬季地温不会太低,土壤比较湿润不需盖草。从出苗到见花蕾的近一个月时间里,根据土壤营养与植株生长状态,可追1～2次速效肥。郁金香对肥料的要求不高,但常需补充钾、钙肥。缺钙时叶片会渗出水滴状半透明斑点及出现横斜的撕裂状表皮损伤,一般可在出苗后每隔7～10d适当追施磷酸二氢钾、硝酸钙等无机肥,共施2～3次。每次每 100m² 用量为 0.8kg 左右，可提高花茎的硬度。

（3）预防盲花。在生产中，郁金香很容易形成盲花。盲花形成的原因主要有：

①种球质量问题。一种是种球花芽分化没有全部完成，贮存营养不足时即开始冷处理；另一种是冷处理时间不足或温度（适温为 17~20℃）控制不合适造成的种球质量差，花芽发育不好，引起生长期间盲花。

②根系不良。主要是在催根处理期间，温度过高或过低，缺水以及催根时间不足，造成根系短，吸水能力弱，后期引起盲花。

③环境不适。生长期间，温度高、湿度大引起植株徒长或连续干旱两次，均易导致盲花的产生。

盲花的预防措施：预防重点要把好种球质量关，做好催根处理，加强生长期间的管理，综合预防盲花的产生。

①选择高质量的种球。种植前对种球进行严格的抽检，检验种球是否花芽分化完成，发育是否正常，以确定种球质量的优劣和盲花率。

②催根期间，严格控制温度在 9~11℃，基质水分始终保持在 95% 以上，严格在黑暗条件下进行催根处理，促进根系的健壮生长，当根系长 10cm 左右时，再移入加温温室，开始地上部分的生长。因郁金香的根系比较脆，无再生能力，生产中应避免根系的损伤引起盲花。

③生长期间，控制温室的温度在 15~20℃，超过 25℃ 时及时通风降温。平均 3~4d 浇水一次，基质含水量控制在 90% 以上，以免干旱。

（四）病虫害防治

郁金香基腐病，主要危害球茎和根，病害多发生在球茎基部；疫病又名郁金香灰霉枯萎病，主要危害叶片、花和球茎；青霉病，又名郁金香球茎腐烂病，主要危害鳞茎，也可在地上部分表现病状，碰伤的球茎在贮藏期间尤易发生此病。

害虫主要有蛴螬、蚜虫及螨类害虫等。防治时可采用改良土壤结构，土壤和种球消毒，加强管理和生长期药剂防治等措施。如定时喷保护性杀菌剂大生 600 倍液，保护效果很好。植株发病初期，可用 80% 代森锌可湿性粉剂 500 倍液，75% 百菌清可湿性粉剂 800~1 000 倍液，或甲基硫菌灵、多菌灵交替喷施。现蕾期偶尔会有夜蛾取食花蕾，可人工捕捉，避免施药，否则对花蕾有影响。发生螨类害虫，用 73% 炔螨特乳油 1 500 倍液防治。

（五）切花采收

郁金香花朵发育到半透明，即花颜色完全形成时为最佳采收时期。采收时间一般选择在早晨 7~8 时或傍晚 5 时左右进行。开花期间，待花朵晚上闭合后再采收。

采收时带球一起拔出即带球收获，并保留基部 2~3 片叶。带球收获可减少土壤病害传播，花株贮藏时间延长，高度不够时可利用茎高的 2~3cm 凑够高度。郁金香切花高度一般为 45~70cm。

采后先放在 2~3℃、空气相对湿度 90% 的冷库中 2h，然后将球去掉，花头朝同一方向捆扎，一般 10 支为 1 束，5 束为 1 包，用报纸包好，放入水中，水温 1~2℃，吸水时间约 24h。在冷库贮存时竖放，避光以防植株弯曲，贮存时间不应超过 3d，否则影响花的品质。

六、洋桔梗

学名：*Eustoma grandiflorum*（Raf.）Shinner。

别名：草原龙胆、丽钵花、大花桔梗。

科属：龙胆科，草原龙胆属。

洋桔梗株态轻盈潇洒，属于多花型鲜切花，单个植株采切时有5~10朵花，花色繁多，典雅明快，花姿优美，花形别致可爱，是目前国际上十分流行的切花和盆花种类之一。

（一）形态特征

一、二年生草本花卉。茎直立，灰绿色，株高30~100cm；叶椭圆形至卵形，互生，几无柄，叶基略抱茎，叶表蓝绿色；圆锥花序，花冠钟状，花色丰富，有单色及复色，自然花期7~8月。

（二）生态习性

洋桔梗原产美国，喜温暖、干燥、阳光充足的环境，生长适温为15~25℃。冬季温度在5℃以下，叶丛呈莲座状，不能开花；生长期温度超过30℃，花期明显缩短。对水分的要求比较严格，花蕾形成后要避免高温高湿环境，同时，生长期供水不足，茎叶生长细弱并提早开花。对光照的反应比较敏感，长日照对洋桔梗的生长发育均十分有利。要求肥沃、疏松和排水良好的土壤，土壤pH以6.5~7.0为宜。

（三）繁殖方法与栽培要点

1. **繁殖方法**　以播种繁殖为主。种子非常细小，每克种子约有2.5万粒，发芽率约为80%~85%。发芽适温为22~24℃，春播在3月中旬至4月上旬较为适宜。播前把播种土浇透，种子与经过高温杀菌的干燥细沙以1:100的比例（体积比）充分混匀后均匀撒播。洋桔梗属喜光性种子，播后不覆土，只需轻压即行，或用细沙稍加覆盖，并浇透水。播后10~14d发芽，发芽后10d间苗一次。洋桔梗在苗期生长很慢，从播种到定植需两个月左右，所以在此期间可用氮肥进行几次追肥。

2. **栽培要点**　5月中旬至6月上旬，幼苗长到4片叶时定植于苗床。操作时，不能损伤根部，否则种苗难于恢复正常生长。生长期每半月施肥1次。在生长过程中，高温和长日照可促进花芽分化，达到提早开花、缩短生长期的目的。一般矮生盆栽洋桔梗从播种至开花需120~140d，切花品种从播种至开花需150~180d。

（1）作畦。土壤以疏松肥沃、富含腐殖质的壤土为好，畦宽90~120cm，步道40~50cm，畦高15cm。

（2）栽植密度。种植株行距一般为15cm×25cm或10cm×15cm。

（3）管理。小苗成活后应注意保持温度在10~25℃，并逐步揭开遮阳设备加强光照。株高10cm左右摘心一次，以利侧枝萌发，多产花。浇水以勿使土壤过分干燥为准。追肥以磷、钾肥为主。防止因高温高湿、短日照等引起叶簇生状而休眠，影响抽薹开花。为防止倒伏，在株高20cm以上时拉一层网，网孔大小依株行距而定。以后随植株生长，逐渐将网向上拉，拉网高度一般固定于30~40cm即可。

（四）病虫害防治

常见有茎枯病和叶斑病危害。茎枯病用10％抗菌剂401醋酸溶液1 000倍液喷洒，叶斑病用50％硫菌灵可湿性粉剂500倍液喷洒防治。

虫害有蚜虫、卷叶蛾为害，可用40％乐果乳油1 500倍液喷杀。

（五）采收与保鲜

当花茎伸长到50~70cm，腋芽开始分化花芽，这时浇水切勿将水淋到花蕾上面。每个植株可现蕾15~20个。当植株下面的花蕾有2~3朵开放时，就可以在离地面5~10cm处将花茎剪断，并将特小的花蕾摘除，每枝花仅保留5~8个花朵（蕾）。

每10支为一束包装，放入相对湿度为90％~95％，温度为2~3℃的环境中贮藏、运输。

七、晚香玉

学名：*Polianthes tuberosa* L.。

别名：夜来香、月下香、玉簪花。

科属：石蒜科，晚香玉属。

（一）形态特征

多年生球根类草本植物，具有鳞块茎，球茎的上半部呈鳞茎状，由叶鞘肥大成为鳞片，包裹块茎顶芽，下半部是变态的短缩茎，呈块茎状。因而特称为鳞块茎。叶基生，带状披针形，茎生叶较短，向上则呈苞状。穗状花束顶生，每穗着花12~32朵，自下而上陆续开放，花白色具浓香，至夜晚香气更浓，因而得名。露地栽植通常花期为7月上旬至11月上旬，而盛花期在8~9月。由于其浓香，花茎细长，线条柔和，栽植和花期易调控，因而是非常重要的切花之一。

（二）生态习性

晚香玉原产墨西哥及南美洲，喜温暖且阳光充足之环境，不耐霜冻。最适宜生长温度，白天25~30℃，夜间20~22℃。好肥喜湿而忌涝，于低湿而不积水之处生长良好。对土壤要求不严，以肥沃黏壤土为宜。对土壤湿度反应较敏感，喜肥沃、潮湿但不积水的土壤。干旱时，叶边上卷，花蕾皱缩，难以开放。

（三）繁殖方法与栽培要点

1. **繁殖方法** 主要是分球繁殖，亦可播种，但播种主要是为了培养新品种。

地栽都是分球繁殖。母球自然增值率很高，通常一母球能分生10~25个子球（当年未开过花的母球分生子球少些）。

切花繁殖以春季分球茎为主。切花生产用的大子球直径宜在2.5cm以上，当年就可开花，小子球经培养1~2年可长成开花大球。

2. **栽培要点** 大球株行距20cm×25cm（或30cm），小球10cm×15cm或更密；栽植深度应较其他球根稍浅，即深栽有利于球体的生长和膨大，浅栽则有利于开花。种植前期因苗小、叶少，灌水不必过多；待花茎即将抽出和开花前期，应充分灌水并经常保持土壤湿润。晚香玉喜肥，应经常施追肥。一般栽植一个月后施一次，开花前施一次，以后每一个半月或两个月施一次。

(1) 整地与栽植。栽植地要整地并施入基肥。栽种温室每平方米用块茎 50～60 个，栽植时沟底先撒上腐熟的厩肥、人粪干或鸡粪作基肥。基肥上覆盖一层 5～6cm 的细土。忌块茎直接同肥料接触，然后将块茎放入，覆土后稍压实即可。作畦宽 1.2m，沟宽 40cm。种植时大母球宜稀植，株行距 25cm×30cm，中球 15cm×20cm，小球 10cm×20cm。栽植深度以顶芽略露土面为宜。通常说"深长球、浅抽葶"，深栽有利于球茎生长，浅栽有利于开花。

(2) 管理。前期浇水不必过多，但抽葶开花时要加强肥水供应，晚香玉是喜肥作物，抽葶开花期磷、钾肥要供应充足，每两周追肥一次，直到花期将结束为止。根据植株长势还可用 0.2%～0.3% 的磷酸二氢钾作叶面施肥。

(3) 花期控制。用不同温度（低温、高温）、赤霉素处理打破种球休眠，调控晚香玉花期，达到周年生产的目的。如 10 月栽植的晚香玉，17℃经 3 周，5℃经 10 周，可提前 28～40d 开花，开花率达 86% 以上。低于 5℃的低温处理晚香玉种球可使 11 月栽植的晚香玉花期提前 22d，高于 18℃的高温处理可使 12 月栽植的晚香玉花期提前 18d，提高开花率 43%。

（四）病虫害防治

主要病虫害有灰霉病和根瘤线虫。灰霉病菌常在高温多湿、土壤过于黏重时发生，可用 50% 的益发灵可湿性粉剂 1 000 倍液喷施。根瘤线虫其幼虫侵害根部，产生串珠状根瘤，使植株发育不良，变矮小和黄化。应忌连作，栽前进行土壤消毒，发生侵害可用 1% 丁基加保扶粉剂、24% 欧杀灭溶液防治。

（五）采收与保鲜

花葶最下面两对花含苞欲放时即可切取，剪取的时间宜在下午，剪取时应从基部剪断而不留残茎。10 朵一束包装，用防腐液在室温下进行预处理 24h，可以延长鲜切花的货架期及提高花的开放度。冷藏贮存，可以使花蕾短时期不能正常开放，使用防腐剂处理也能达到这种效果，经过 6d 贮藏可以使花保持如初。贮藏运输时，水平放置在花箱中或者纤维板箱中，保持适宜的温度可以防止花茎弯曲。

八、翠菊

学名：*Callistephus chinensis* Nees.。

别名：江西腊、五月菊、蓝菊、七月菊、夏佛顶等。

科属：菊科，翠菊属。

（一）形态特征

翠菊为多年生草本植物，常做二年生栽培。茎直立，株高 30～100cm。头状花序单生枝端，直径 6～7cm；边缘舌状花雌性，单层至多层。具白、粉、蓝、紫等色。自然花期 7～9 月。

（二）生态习性

翠菊原产我国北部，喜凉爽，不耐寒，夏季忌酷热，在炎热环境中开花不良或花期延迟。喜向阳环境和疏松、肥沃、排水良好的土壤。

(三)繁殖方法与栽培要点

1. 繁殖方法 翠菊用播种法繁殖,可春、秋两季播种。翠菊每克种子420～430粒,发芽适温为18～21℃,播后7～21d发芽。幼苗生长迅速,应及时间苗。出苗后15～20d移栽一次,生长40～45d后定植。

2. 栽培要点

(1)土壤。翠菊对土壤的适应性较强,但宜选用富含腐殖质的砂质壤土栽培。南方可大棚栽培也可露天地栽。

(2)种植。苗高8～10cm时可定植,栽种密度为每平方米25～42株,定植后浇透水。翠菊喜微潮偏干的土壤环境,平时避免浇水过多,但孕蕾后应增加水量,以促其正常开花。

(3)施肥。在定植前,可结合改土施足基肥,定植后每周追施液体肥料一次,以保证植株健壮生长。

(4)光照与温度。翠菊喜阳光充足的环境,亦稍耐阴,应保证每天有不低于6h的直射光照,并保持环境通风。翠菊喜温暖,怕低温,应充分考虑植株对温度的要求。

(四)病虫害防治

翠菊易患枯萎病,其病原为翠菊尖镰孢菌。防治时在种植前可按每平方米施3%的呋喃丹颗粒剂5g进行土壤消毒。对已发病的植株用50%苯菌灵可湿性粉剂500倍液灌溉。若有菊花叶线虫为害,应避免连作。

(五)采收、贮藏与保鲜

当花序上的外轮舌状花充分展开时即可采收,连花梗一起采,最好在上午气温较低时进行。产品先暂放在无日光直射之处,尽快预冷处理。用1 000mg/L的硝酸银溶液将茎端浸蘸10min。处理后10支一束整理、装箱。放在0～4℃温度条件下,湿贮保存1～2周,在4～5℃条件下湿运。

九、金鱼草

学名:*Antirrhinum majus* L.。

别名:龙头花、狮子花、龙口花、洋彩雀。

科属:玄参科,金鱼草属。

金鱼草色彩丰富,除蓝色外,其余各色齐全。作为切花,金鱼草通常在12月至翌年4月上市,是近年来比较受欢迎的鲜切花品种之一。

(一)形态特征

多年生草本植物,用作切花的主要是金鱼草的高型品种。切花栽培的植株高80～100cm,有分枝;叶对生或上部互生,披针形至阔披针形,全缘,光滑。花序总状,长度25cm以上,小花有短梗,苞片卵形,萼5裂;花冠筒状唇形;花色有粉、红、黄、白、紫与复色多种,花色鲜艳;花由花葶基部向上逐渐开放,花期长,自然条件下秋季播种,花期为3～5月。

(二)生态习性

金鱼草原产地中海一带。较耐寒,不耐热,喜阳光,也耐半阴。在凉爽环境中生长健壮而开花多；生长适温白天为15~18℃，夜间10℃左右；喜疏松、肥沃和排水良好的微酸性砂质壤土。

（三）繁殖方法与栽培要点

1. 繁殖方法 金鱼草主要是播种繁殖，但也可扦插繁殖。

对一些不易结实的优良品种或重瓣品种，常用扦插繁殖。扦插一般在6~7月进行。种子细小，每克6 300~7 000粒，秋播或春播于疏松的砂质混合土壤中，播后不盖土或覆盖一层非常薄的土。然后盖上透明塑料薄膜，保持潮润，但勿太湿。发芽适温20℃以下，播后7~14d发芽，自播种到开花的生长周期为130~150d。

2. 栽培要点

（1）定植。定植以砂质壤土为最佳。定植前，要施足基肥，每100m² 施入充分腐熟的农家肥600kg，均匀翻入耕作层内。金鱼草通常在苗高10~12cm时为定植适期。定植时，以15cm×15cm的支撑网平铺于畦面，在每一网眼栽种一株。在金鱼草整个生长过程中，一般架设3层网，防止花茎弯曲或倒伏。

（2）肥水。金鱼草生长过程中，通常每10d左右进行一次追肥。金鱼草应该经常保持土壤湿润，在两次灌水间宜稍干燥。另外，浇水时应尽量避免从植株上方给水，以减少叶面湿度和水滴飞溅传播病害。

（3）光照。阳光充足的条件下，金鱼草植株生长整齐，高度一致，开花整齐，花色鲜艳。

（4）温度。温室栽培温度保持夜温15℃，昼温20~24℃。温度过低，降到2~3℃时植株虽不会受害，但花期延迟，盲花增加，切花品质下降。

（5）整形修剪。在定植后，苗高达20cm时进行摘心，摘去顶端3对叶片，通常保留4个健壮侧枝，其余较细弱的侧枝应尽早除去，摘心植株花期比不摘心的晚15~20d。

（6）促成栽培。在自然条件下秋播者3~6月开花。在人工控制温室条件下，促成栽培7月播种，可在12月至翌年3月间开花；10月播种，2~3月间开花；1月播种，5~6月间开花。金鱼草为长日照植物，虽然现在有许多中性品种，但冬季进行4h补光，延长日照可以提早开花。

（四）病虫害防治

1. 茎腐病 主要为害茎和根部。发病初期，根茎部出现淡褐色的病斑，严重时植株枯死。防治方法为轮作、土壤消毒及药剂防治。发病初期向发病部位喷施40%三乙磷酸铝可湿性粉剂200~400倍液，或用50%敌菌丹可湿性粉剂1 000倍液浇灌植株根茎部。

2. 叶枯病 主要发生于叶部和茎部。发病初期，可喷洒等量式波尔多液，或65%代森锌可湿性粉剂600倍液，或50%苯菌灵可湿性粉剂2 000~2 500倍液。

3. 灰霉病 是温室内栽培金鱼草的重要病害。植株的茎、叶和花皆可受害，以花为主。发病初期，选用70%甲基硫菌灵可湿性粉剂1 000倍液，或50%多菌灵可湿性粉剂800倍液喷雾防治。每隔10~15d喷一次，连喷2~3次。

4. 蚜虫、红蜘蛛、白粉虱、蓟马等 可用3%除虫菊乳油800~1 000倍液，对蚜虫有特效。用20%三氯杀螨醇乳油1 000倍液杀螨。用黄色塑料板涂重油，诱杀白粉虱成虫。喷施50%杀螟硫磷乳油1 000倍液等内吸剂与土壤内施用涕灭克或呋喃丹综合防治，对防治蓟马均有较好效果。

（五）采收、保鲜和贮运

金鱼草切花采收以花序下部第一至二朵小花开放时为采收适期。采收后，即去除花茎下部1/4~1/3的叶片，并放在清水或保鲜液中吸水。切花根据花色、株高、花穗长度分级，10~20支一束，长穗部分用玻璃纸包好，装箱上市。干贮时应将花茎竖放，否则易发生弯头现象，影响切花品质。金鱼草对乙烯与葡萄孢属的真菌敏感，要重视喷洒杀菌剂防治。在0~2℃低温条件下干贮期3~4d；湿贮7~14d。用杀菌剂处理后在保鲜液中低温贮藏可达4~8周。贮藏后最适宜的催花温度为20~23℃，湿度不低于75%~80%。

十、小苍兰

学名：*Freesia refracta* Klatt。

别名：香雪兰、小菖兰、洋晚香玉、剪刀兰、素香兰、香鸢尾等。

科属：鸢尾科，香雪兰属。

（一）形态特征

小苍兰的地下球茎是一个变态的短缩茎，呈圆锥形或卵圆形，球茎直径1~5cm。根系有两种类型，由种球基部鳞茎盘萌发出的须根是主要吸收根；当新球形成后，由新球基部萌发出的新根，对新球具牵引作用，故称牵引根。每株有6~10片基生叶，2列排列，呈线状剑形，全缘，长15~30cm，宽0.5~0.7cm。花茎通常单一或分枝，高30~45cm，具短茎生叶；花茎直立，顶生穗状花序，花轴呈近直角状横折；花漏斗状，每花序着花2~10朵不等，花偏生上侧，向上直立，自下而上顺序开放，色彩丰富，又具芳香。自然花期2~5月，果熟期6~7月，种子褐黑色。

（二）生态习性

小苍兰原产非洲南部好望角一带，喜凉爽湿润和阳光充足环境，秋凉生长，春天开花，入夏休眠。适宜生长温度为15~25℃，不耐寒，不能露地越冬。宜生长于疏松肥沃、排水良好而肥沃的砂壤土中。

（三）繁殖方法与栽培要点

1. 繁殖方法　小苍兰可用播种、分株和组织培养方法繁殖。

播种，9月秋播，播后两周左右发芽，实生苗4~5年开花。分株繁殖，待茎叶枯萎后，挖起小球茎，分级贮藏，于9月逐个分栽。

2. 栽培要点　香雪兰不耐寒，主要利用设施进行保护地切花栽培。

（1）土壤准备。小苍兰喜欢有机质丰富、保水力强而排水良好的砂质壤土，pH为6~7.2。栽植床的畦高，干旱地区为5cm左右；土壤湿度大、不易排水的床面，畦面宜20~25cm高。

（2）种球准备。小苍兰种球的自然休眠期很长，50~60d。一般种球起挖后，在28~31℃条件下贮存，经2~3个月发芽，而在低温13℃条件下休眠可达8个月左右。

（3）定植。普通栽培定植期在9~10月，通过保护设施越冬，主要花期在3~4月。定植时，如果适当排开播种，再采取促成栽培与延迟栽培可使香雪兰周年供花。栽培距离因品种、球茎大小、栽培季节而不同。周茎为5~8cm的大球可获得优质切花，3.5~5cm的也能作商品球，但花期稍晚，切花质量也稍差。一般种植株行距为8cm×（10~14） cm，种植密度为每平方米80～110株，种植时通常覆土2～3cm，植后土表常覆盖一层薄薄的草炭土或松针、稻草、锯木屑等，以保持土壤湿润。

(4) 施肥控水。由于球根较小，贮藏营养有限，应有2～4片叶时追施磷、钾液肥。在抽蕾前后要拉网或立支架，以防倒伏。小苍兰生长初期，要给予较充足的阳光，并要节制浇水，这样可起到蹲苗作用，避免水大或过阴造成植株生长柔弱，叶片细长。现蕾后要适当控水，以使植株生长健壮。

(四) 病虫害防治

病害主要有细菌性软腐病、真菌性球菌败病和病毒病。防治方法是种植前对球茎和土壤进行消毒。一旦发病，立即将植株拔除，并对穴洞进行消毒。具体方法包括：在贮藏前用30℃热水处理种球10～15d，以促进愈伤，用50%福美双可湿性粉剂1 000倍液或用50%苯菌灵可湿性粉剂1 000倍液浸泡种球，晾干后贮藏。虫害主要有蚜虫、蓟马、叶螨等，可用50%杀螟硫磷乳油等内吸性杀虫剂1 000倍液喷杀防除。

(五) 采收、贮藏与保鲜

当花枝上第一朵小花展开时采收。采后每10支或20支为一扎，放在1～2℃与相对湿度90%条件下的纸箱中干藏。最后一次剪花至少保留2片叶，以利地下部分球茎发育。

十一、勿忘我

学名：*Limonium sinuatum*（L.）Mill.。
别名：星辰花、补血草、不凋花、干枝梅、斯太菊等。
科属：蓝雪科，补血草属。

(一) 形态特征

多年生草本植物，全株具粗糙毛，高50～100cm。叶丛生于茎基部，呈莲座状，叶片羽裂，长20cm。花序自基部分枝，呈伞房状聚伞圆锥花序，松散开张，花枝长可达1m，花小巧秀丽，蓝色花朵中央有一圈黄色心蕊，色彩搭配和谐醒目，尤其是卷伞花序随着花朵的开放逐渐伸长，半含半露，惹人喜爱，令人难忘。

(二) 生态习性

勿忘我原产欧亚大陆，喜干燥、凉爽的气候，能耐阴、忌湿热、喜阳光、耐旱，适宜在疏松、肥沃、排水良好的微酸性土壤中生长。

(三) 繁殖方法与栽培要点

1. 繁殖方法 勿忘我常用播种和组织培养繁殖。

播种一般在9月至翌年1月，可用箱播或盘播。在20℃适温条件下，经5～10d发芽。播种要注意温度不要超过25℃，萌芽出土后需通风，小苗具5片以上真叶时定植。采用组培技术培育的组培苗，4～6片叶时定植。

2. 栽培要点

(1) 整地定植。每667m² 施农家肥5 000kg，深翻细耕后作畦，三行式种植的畦宽在1.2m左右。当真叶有5～6片时即可定植，定植株行距一般为40cm×50cm或50cm×50cm，每667m² 种植1 800株。定植后要遮荫一段时间，保持水分，以利成活。

(2) 温光调节。勿忘我喜阳光，忌高温高湿。其花芽分化需1.5～2个月低温阶段，需要的温度在15℃以下，长日照条件对其成花有利，气温高于30℃或低于5℃对其生长不利。因此春夏定植的勿忘我，当种苗未作低温处理时，需推迟进入大棚的时间，使其充分接受低温，完成春化作用。

（3）肥水管理。氮、磷、钾比例为3：2：4，生产上施用复合肥即可，每月1～2次，观察以叶色不变淡、叶尖不发红来控制施肥量及施肥次数。在成活前浇水要足，成活后要适当控水以防徒长。在抽薹开花期注意排水，使植株生长坚实挺直。

（4）疏剪及拉网。基生叶密集生长，会影响抽薹甚至出现不开花现象。此时应摘除部分叶片，改善日照和通气条件。对抽薹不整齐、抽薹过多或迟抽薹的短枝从基部剪除，提高留存下来的切花品质。另外，勿忘我花枝较长，易倒伏，要生产高质量的勿忘我切花，通常要拉网固定花枝或立支架防倒伏，具体做法是在植株抽薹前，用25cm×25cm或30cm×30cm的尼龙网，距地面20～30cm拉设一层网架。

（四）病虫害防治

勿忘我病害有灰霉病、白粉病、病毒病等。灰霉病可用百菌清或甲基硫菌灵连续喷洒3～4次防治；白粉病可用粉锈宁等喷洒防治；病毒病主要采取及时拔除病株烧毁，喷洒杀虫剂防止昆虫传病等措施防治。

（五）采收、贮藏与保鲜

当小花开放达到25％～30％时采收，采后立即浸入清水或保鲜液中吸水，然后放在2～5℃条件下进行冷藏，可贮存2～3周，上市时可进行分级包装，每扎为200g。也可倒悬挂制成干花。

十二、蛇鞭菊

学名：*Liatris spicata*（L.）Willd.。

别名：麒麟菊、猫尾花、穗花合蓟。

科属：菊科，蛇鞭菊属。

（一）形态特征

多年生球根草本花卉。植株低矮，茎基部膨大呈扁球形，叶线形，常从块根上抽出数枝30～50cm高的花葶，花葶直立且多叶，头状花序排列成密穗状，紫色，花紫红色。花期夏、秋季。因多数小头状花序聚集成长穗状花序，呈鞭形而得名，是优良的线型切花花材。

（二）生态习性

蛇鞭菊原产美国东部地区。喜阳光充足的环境，较耐寒、耐热，喜肥沃、疏松、湿润的土壤。

（三）繁殖方法与栽培要点

1. 繁殖方法　常用播种或分株法繁殖。春秋两季均可进行，每克种子有300粒。

2. 栽培要点　在20℃条件下，10～18d出苗。生长适温为10～30℃，生育期约150d。

（1）土壤。蛇鞭菊对土壤的适应性强，但肥沃疏松的砂质土壤栽培较好。

（2）光照与温度。注意调节光照、温度，栽培环境要通风。

(3) 栽种。温室或露地栽培密度为株行距 10cm×10cm 或 10cm×15cm，植后浇透水一次，以后经常保持土壤处于微潮偏干的状态为好。当花穗抽生时，为保证切花质量，每株只保留一枝花，其余除去。要保持水分充足供应，以免影响切花长度。

(4) 水肥。定植前，配合改造土壤施足基肥，基肥中加入磷矿粉，每 667m² 加 500kg，与基肥充分拌匀后深翻于土壤中。拔节至孕蕾期间需肥较多，可每周配合浇水施稀薄液肥一次，以促进健壮生长。当植株 30cm 高时张一层网，以保证植株挺直生长。

（四）采收、贮藏与保鲜

一般在花序上部大约 1/2 的小花开放时采切。在花蕾阶段采切的切花可以在保鲜液中发育，除去切花下部叶丛，在 pH 为 3.5 的干净热水中进行水合处理，可逐步开放。干储会降低切花瓶插寿命，而储存在保鲜液中可以显著延长切花寿命，在 0～2℃ 温度下，切花在水中可湿贮 7d 左右，干贮约 5d。

用于长途运输的切花，应在紧实蕾阶段采切。到达目的地后，用花蕾开放液处理，这样损失较小。

十三、鸢尾

学名：*Iris xiphium* var. *hybridum* L.。

别名：球根鸢尾、阿里斯。

科属：鸢尾科，鸢尾属。

（一）形态特征

多年生宿根性直立草本。株高 60～90cm，鸢尾叶片碧绿青翠。穗状花序，花形大而奇，宛若翩翩彩蝶，小花垂瓣，偏下生长，具白、蓝等色，自然花期 4～5 月。

（二）生态习性

鸢尾原产中国中部及日本，喜凉爽、忌炎热，喜阳光充足、也稍耐阴的环境，较耐寒，在土质疏松肥沃、排水良好的砂质土生长良好。

（三）繁殖方法与栽培要点

1. 繁殖方法 鸢尾以秋季分球繁殖为主。

2. 栽培要点

(1) 土壤和肥料。球根鸢尾喜砂质土壤，但也可用其他疏松肥沃的土壤栽培。要求排水良好。球根鸢尾对盐类敏感，施用化肥过多、盐离子浓度过高的土壤要用水淋洗。不要连作，少施或不施过磷酸钙，因其对所含氟敏感。

(2) 种植。畦宽 1～1.2m，沟宽 40～50cm，株行距为 10cm×10cm，或 15cm×15cm，大球略稀植。种后覆土 3cm，覆土过浅易使植株矮小、易倒伏；覆土过深则导致发芽迟、花芽不整齐。

(3) 控温。栽培适宜温度为土温 15℃，变化可在 5～20℃ 之间，低温则开花延迟，花茎变矮，适温 17～20℃。

(4) 土壤应保持充足的水分。缺水将导致植株矮小，花的品质下降。

球根鸢尾生长健壮，管理可略粗放，在施足基肥后，一般根据生长情况适当追肥即可。

(四) 病虫害防治

常见的病虫害有真菌性球根根腐病、镰孢性基腐病、白绢病与灰霉病、细菌性的软腐病及根线虫、夜蛾等。进行土壤消毒和种球消毒是防治病虫的基本措施。

(五) 采收、贮藏与保鲜

当花序上的小花花蕾充分透色、花朵微微绽放开时即可采收。采时连根拔起，放入冷室加工处理。先切除根，按长度分级，每10支扎一束，立即放入清水或保鲜液中，在温度为2～5℃条件下贮藏。

十四、鹤望兰

学名：*Strelitzia reginae* Aiton。

别名：天堂鸟、极乐鸟花。

科属：旅人蕉科，鹤望兰属。

原产非洲南部，现广泛栽培。美国、德国、意大利、荷兰和菲律宾等国都盛产鹤望兰。我国自20世纪90年代以来，在广东、福建、江苏等地建立了鹤望兰的生产基地。

(一) 形态特征

多年生常绿草本植物。肉质根粗壮，茎不明显。叶大似芭蕉，对生两侧排列，有长柄。花茎顶生或生于叶腋间，高于叶片，花形独特，佛焰苞紫色，花萼橙黄，花瓣天蓝，因其花形似仙鹤仰首远望，故得名鹤望兰。秋冬开花，花期长达100d以上。此花素有鲜切花之王的美誉，常在插花作品中作为主花，是一种极有经济价值的切花之一。

(二) 生态习性

鹤望兰喜温暖、湿润气候，怕霜雪。南方可露地栽培，长江流域作大棚或日光温室栽培。生长适温，3～10月为18～24℃，10月至翌年3月为13～18℃。白天20～22℃、晚间10～13℃，对生长更为有利。冬季温度不低于5℃。

鹤望兰是一种喜光植物，夏季强光时宜遮荫或放荫棚下生长，冬季需充足阳光，如生长过密或阳光不足，直接影响叶片生长和花朵色彩。每片单叶从萌发至发育成熟需40～45d。从出现花芽至形成花苞需30～35d。对土壤要求较高，以疏松、肥沃和排水良好的土壤为佳。

(三) 繁殖方法与栽培要点

1. **繁殖方法** 鹤望兰多采用分株、播种和组织培养法繁殖。

(1) **播种繁殖**。常不结种子，若进行人工授粉，是可以结种子的。种子3个月就可成熟，采种后应立即播种。播种前种子用温水浸种4～5d，再用5%的新洁尔灭1 000倍液中消毒5min，发芽适温为25～30℃，播后15～20d发芽。若播种温度不稳定，会造成发芽不整齐或发芽后幼苗腐烂死亡。种子发芽后半年形成小苗，栽培4～5年、具9～10枚成熟叶片时才能开花。

(2) **分株繁殖**。于早春换盆时进行。将植株从盆内托出，用利刀从根茎空隙处劈开，伤口涂以草木灰以防腐烂。用于盆栽每丛分株不少于8～10枚叶片。大棚或温室栽培，每丛分株叶不少于5～6枚，栽后放半阴处养护，当年秋冬就能开花。

(3) **组织培养法繁殖**。外植体用叶柄或短缩茎，用70%酒精漂洗5min，然后于

0.3％氯化汞溶液中消毒 15min，最后用无菌蒸馏水漂洗。培养基用 MS 液体培养液，添加吲哚丁酸 2.5mg/L、萘乙酸 1.0mg/L、激动素 5mg/L、2,4-D 0.5mg/L。外植体还可用顶芽、花序轴和茎节。

2. 栽培要点

（1）栽培地及土壤。鹤望兰具有肉质根，在肥沃土壤中不定根发达。根的分布幅度 60～80cm，深可达 1m，向下生长的深度受土质和地下水位影响，遇水位线根转向平展生长。因此，选择栽植地的地下水位不能高，深翻土壤不低于 80cm，施入草木灰或其他有机质，使土壤疏松、肥沃。

（2）定植。在具有控温条件的地区，无论春秋季都可定植。定植苗应具 8 片叶，高 30～40cm。株行距为 50cm×70cm 或 80cm×100cm，每 667m² 用苗量 1 200～1500 株。种前可作高畦，畦宽 1.2～1.5cm。栽植方式最好交叉列植，有利于通风透光。

（3）管理。生长期控制温度在 20～27℃是提高鹤望兰切花产量的重要条件。每日光照时间要不少于 12h，冬季需充足阳光，夏季应适当遮荫。施足基肥后，旺盛生长期还应注意追肥和水的供给。用复合肥和腐熟饼肥配制成 0.3％～0.5％的液态肥，每 10d 左右追施一次。产花前补充磷酸二氢钾或磷酸钙水溶液。还要注意通风和剪除残枝枯叶，以防病虫滋生。

（四）病虫害防治

大棚或温室内栽培时，如空气不畅通，易发生介壳虫为害，可用 40％乐果乳油 1 000 倍液喷杀。夏季高温，鹤望兰叶片边缘常出现枯黄现象，大多数是由于空气干燥所引起的生理性病害，少数是叶斑病危害，用 65％代森锌可湿性粉剂 600 倍液喷洒防治。鹤望兰易罹根腐病，要注意土壤消毒和控制浇水，发病后应清除烂根并烧毁，在穴内撒上石灰消毒。

（五）采收、贮藏与保鲜

当花朵盛开时即可带花梗采。长度达 70cm 以上，单株年产花量为 5～7 支。每 5 支或 10 支为一把进行包装。采后经水处理在 7～8℃条件下能干贮一个月。

十五、文心兰

学名：*Oncidium luridum*。
别名：跳舞兰、金蝶兰、瘤瓣兰。
科属：兰科，文心兰属。

文心兰原生于美洲热带地区，分布地区较广，种类分布最多的有巴西、美国、哥伦比亚、厄瓜多尔及秘鲁等国家。

（一）形态特征

多年生常绿丛生草本植物。植株高 20～30cm，假鳞茎紧密丛生，扁卵形至扁圆形，长 12.5cm，有红或棕色斑点；顶生 1～3 枚叶，椭圆状披针形，长 37cm、宽 12.5cm；总状花序，腋生于假鳞茎基部，花茎长 30～100cm，直立或弯曲，有时分枝；花大小变化较大，直径 2.5cm 左右，花朵唇瓣为黄色、白色或褐红色，单花期约 20d，花朵数多达数十朵，因其花形似穿连衣裙少女，故又名舞女兰。

(二)生态习性

耐干旱,喜高温多湿的环境,忌闷热,最适生长、开花的温度为15～28℃,低于8℃或高于35℃停止生长。忌强光直射,夏季应遮光50%,春季、秋季则应遮光30%,冬季可全光照会有利于开花。大面积工厂化栽培文心兰,空气湿度控制在80%比较合适。

(三)栽培品种

文心兰植株轻巧、花色艳丽、排列整齐,具有很高的观赏价值,是世界上重要的兰花切花品种之一。根据叶片厚度,文心兰可分为厚叶型(或称硬叶型)、薄叶型(或称软叶型)以及剑叶型三类。常用切花品种有霓虹雪影、甜蜜蜜、黛丽丝、黄金二号、火山皇后、金色回忆、罗汉、蜜糖等。

(四)繁殖方法与栽培要点

1. 繁殖方法　常用分株和组织培养法繁殖。

(1) 分株繁殖。春、秋季均可进行,常在春季新芽萌发前结合换盆进行分株最好。将带两个芽的假鳞茎剪下,直接栽植于用水苔作基质的盆内,保持较高的空气湿度,则很快萌发新芽和长新根。

(2) 组织培养繁殖。选取文心兰基部萌发的嫩芽为外植体,用70%酒精进行表面消毒,灭菌后用无菌水洗净,切成1～1.5mm厚的茎尖薄片,接种在准备好的培养基上,保持温度(26±2)℃,光照度500lx,照射时间16h,在MS培养基中添加1mg/L的6-苄基腺嘌呤的培养基上,原球茎的形成最快,只需45d。将形成的原球茎继续在增殖培养基中采用固体培养,20d后原球茎顶端形成芽,在芽基部分化根。约100d左右,分化出的植株长出2～3片叶,成为完整幼苗。

2. 栽培要点　常用基质为碎蕨根40%、泥炭土10%、碎木炭20%、蛭石20%、水苔10%混合而成。开花植株在花谢后栽植好,未开花植株在萌芽前栽,这样有利于新根生长。

(1) 春季管理。室内栽培时,要放置在通风良好,遮荫30%左右的地方。

①浇水。当种植材料表面干燥时要充分浇水,所浇的水不要残留在新芽上,以免造成基部腐烂。所有的文心兰均有性喜干燥、厌恶潮湿的特性,因此种植材料过湿,根则生长迟钝,生育缓慢,且会造成根腐现象。最好等到种植材料干燥以后再浇水,如果干湿交替,才是栽培之道。

②肥料。肥料在4～6月,用等量骨粉和油枯混合,捏成指头般大的固体肥料,放置在盆体边缘,4寸盆1～2个,此外每月施放2～3次液体肥料。

(2) 夏季管理。放在遮光50%～60%的地方。植材表面干燥时,要充分浇水,有时亦可进行叶面喷雾,以降低温度。通常每月淋施500倍的复合化肥液2次,每10～15d喷施1 000倍的磷酸二氢钾稀释液肥一次,就能使植株欣欣向荣。

(3) 秋季管理。放在遮光约30%的地方。室外栽培的兰株,于10月中旬至11月上旬最好移入室内栽培,移入后1～2周,要特别加强通风,以渐渐适应温室的环境。此时花茎开始伸长,千万不要移动盆体,改变其方向,否则花茎在中途会有弯曲现象,有碍观赏。

①浇水。本季不似夏季那样容易干燥,可视植材干燥程度再浇水,但对于花茎正在伸

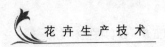

长的植株，不可过于干燥。

②施肥。已长出花茎的植株不必施肥，其他的则施以2 000倍的稀薄液肥，每月1~2次。

③竖立支柱。对于花茎细弱的植株，要竖立支柱，由于花茎仍在生长，故不可绑得太紧，要预留些空隙。

(4) 冬季管理。温室的日光略嫌不足，因此要放在容易接受日照的位置。温度不可低于10℃，最好保持在13~15℃。

①浇水。植材表面干燥后2~3d再浇水，如果温度在10℃以下则要减少浇水，即使在球茎上出现皱纹也不可多浇水。到2月下旬至3月上旬气候回升后，再慢慢增加给水量。

②换盆、分株。当新芽刚长出时是换盆的适当时期，对于怕热的高山性文心兰则在秋季换盆。将新芽和老球茎2~3个分成一株，使用水苔或树皮种植在素烧盆中，盆底可加垫小砖粒或风化石，以利排水。同时可在水苔中加入树皮混合使用。换盆后放在阴凉处两周，控制浇水，只需偶尔进行叶面喷雾即可。分株后切离的老球茎，利用水苔栽种，不久也会长出新芽。

(五) 病虫害防治

1. **主要病害**　主要有软腐病和叶斑病。叶斑病发生时危害文心兰的叶片，软腐病发生时会使植株整株死亡，可采用50%多菌灵可湿性粉剂1 000倍液、50%甲基硫菌灵可湿性粉剂800倍液防治。

2. **主要虫害**　主要有介壳虫。介壳虫寄生于植株叶片边缘或叶背面吸取汁液引起植株枯萎，严重时整株植株会枯黄死亡。可用40%乐果乳油1 000倍液喷雾灭杀或50%马拉硫磷乳油200倍液喷杀。

(六) 切花采收、包装及贮运

1. **采收**　文心兰的采收必须考虑花株长度，并辨识成熟度，无法以机械完全取代，因此仍需以人工为主。待花苞60%~70%开放时进行采收，冬季温度低，可适当晚些采收。夏季温度高，应提前采收。剪花时从基部2~3cm处剪断，用各种市售、自制的剪刀或刀片，自花茎最底部切下。待一定数目后再收齐到植床最前端或走道上，用报纸简单包住花朵部分，放到推车上已注有清水或保鲜液的收集桶内，全部装满后再运到分级场做分级工作。机械化操作时，切下的花株应以倒挂的方式，以天车上的夹具夹持，夹满后将天车拉至主要走道，再依花束长度分别放置于有保鲜液之塑料桶内，迅速运至处理场进行预冷。

2. **分级**　目前制定的文心兰分级标准十分明确。在田间采收下来的文心兰，可按表5-6的分级标准进行分级。

表5-6　文心兰的分级标准

等级	长度（cm）	分叉（支）
特级	≥100	≥8
A1	80~99	7
A2	70~79	5~6
A3	50~69	3~4

3. **包装**　各等级切花以 10 支为一把，将花茎切口重切一次以减少感染，再以不同颜色的胶带捆扎茎部。需要施药者则隔离喷药再加以晾干。晾干后用透明塑料纸或袖套包住花朵部分，切口套上含有保鲜杀菌液的保鲜管。以 20～50 把为一箱的大包装或是以 2～10 把为一箱的小包装，交叉横放装箱。可在保鲜管内加装不织布或海绵，使花茎横放时仍可因不织布或海绵的毛细作用而吸到水分。

4. **运输**　目前业者多半采取冷藏货柜送交机场直接空运。运输时必须使低温空气能均匀吹送流动，不至于有死角产生。抵达销售地后，使用分隔式包装的花株可将箱体侧放，打开箱底即可简单顺利地将花株抽出。

十六、红掌

学名：*Anthurium andraeanum* Lind.。

别名：安祖花、火鹤花、花烛。

科属：天南星科，花烛属。

现今全世界红掌的品种约有 250 多个，大部分以红色的为基调，少部分有白色、橙色、紫色、粉红色和上红下绿等。在国际市场上以红色的大花品种最为畅销。

（一）形态特征

叶片光亮厚实，叶柄及花柄较长，一般花柄高于叶片，挺拔于株端。花朵由鲜猩红色的佛焰苞和橙红色的肉穗花序组成，花序螺旋状卷曲，光彩夺目，风姿楚楚，给人以明快、热烈的感受。花期较长，位于高档花卉品种之列，近年随着身价的逐年递减而备受人们的宠爱，从而得到更加广泛的应用。

（二）生态习性

喜温暖、潮湿和半阴的环境，不耐阴，不耐寒。最适生长温度为 20～28℃，最高温度不宜超过 35℃，最低温度为 15℃，低于 10℃随时有受冻害的可能。喜光而忌阳光直射，全年宜在适当遮荫的环境下栽培，即选择有保护性设施的温室栽培。春、夏、秋季应适当遮荫，尤其是夏季需遮光 70% 以上。阳光直射会使其叶片温度比气温高，叶温太高会出现灼伤、焦叶、花苞褪色和叶片生长变慢等现象。最适空气相对湿度为 75%～80%，不宜低于 50%。保持栽培环境中较高的空气湿度，是红掌栽培成功的关键。红掌喜肥而忌盐碱。

（三）繁殖方法与栽培要点

1. **繁殖方法**　红掌常用的繁殖方法有分株、播种和组培等。分株法操作简便，于春季将成年母株根茎部的蘖芽分割后另行栽植即可，但因红掌生长慢、蘖芽少，采用此法繁殖速度极慢。种子的形成需要人工辅助授粉，且后代变异大，多数用于育种上。生产上主要采用组培法进行快速繁殖。其组培快繁技术要点如下：

（1）外植体采用茎尖、幼嫩茎段和叶片等。

（2）培养条件。培养室温度 23～27℃，光照度 1 000～1 500lx，每天光照 12～14h，培养基 pH5.5～5.8。

（3）愈伤组织诱导与生长培养基。1/2MS＋6-BA1.0mg/L＋2,4-D 0.1 mg/L；不定芽诱导培养基：MS＋6-BA0.5～2.0 mg/L＋NAA0.05～0.1 mg/L；继代培养基：MS

＋6-BA0.5～1.5 mg/L＋NAA0.05～0.1mg/L。

（4）诱根培养基。1/2MS＋NAA0.1～0.3 mg/L。外植体经过两个月的培养，愈伤组织形成，再经过一个月的培养，可形成大量丛生芽（也可直接诱导丛生芽形成），切割后转接到继代培养基上，增殖2～3倍，选高2cm左右的小苗转入诱根培养基中，一个月可长根成苗，此时即可进行移栽。从外植体接种到成苗移栽需半年甚至更长时间。

移栽时，将组培苗洗净后栽植到消毒过的珍珠岩苗床中，保持温度20～30℃，空气相对湿度80%以上，遮光率为60%～75%，每隔7～10d浇施一次稀薄营养液，约两个月后，植株长有2对以上新叶时即可出圃。出圃苗约需培养一年以上方能开花，为提早开花，可将组培苗移入育苗容器，集中养护至中苗时再行定植。

2. 栽培要点 为满足红掌生长发育对生态环境条件的需要，在我国绝大部分地区，必须采用温室（或大棚）基质栽培。

（1）品种选择。红掌品种繁多，用于切花栽培，在品种选择上应以大花品种为首选，花色上则以红、橙色为主，白色为辅。生产中常用的品种有：Gloria、Alexia、Rvanti、Mangaretha等。

（2）苗床准备。红掌根系肉质，原为附生植物，不适合土壤栽培，对栽培基质要求有良好的通气性，排水容易，并有一定的保肥保水能力。常用栽培基质有：①泥炭或草炭：珍珠岩为1∶1；②珍珠岩∶蛭石∶泥炭或草炭为1∶1∶1；③河沙∶炭化谷壳∶椰糠为1∶1∶2；④腐叶土∶珍珠岩∶煤炭渣为1∶1∶1等。生产中可依材料来源灵活掌握。

种植床采用以砖和水泥为边框做成高于地面30～40cm的高床为好，种植床宽60～100cm，深35cm左右，步道35～40cm，床底铺上10cm左右的碎石，以利排水透气。定植前，场地、苗床和基质应用甲醛溶液进行全面消毒。

（3）定植技术。定植一般于春季进行。株行距以30～40cm×30cm为宜，60cm宽的苗床种植两行，100cm宽的苗床种植3行，每667m² 定植4 500～5 000株。定植深度以略深于种苗原入土部位即可。通常一次种植可持续生长8～10年，随着生长时间的推移，植株地上茎逐渐增高，需经常在苗床面上添加栽培基质，必要时可立支干，确保植株直立，以免影响生长和切花质量。

（4）温光控制。红掌性喜温暖、怕寒冷。其适宜生长温度为20～30℃，高于35℃会灼伤叶片，使花褪色，降低成花品质和观赏寿命，遇13℃以下低温则生长不良，叶片黄化，幼嫩花朵易干枯。所以，冬季要注意保温，夏季30℃以上高温时，则要加强通风降温。

红掌为中日性喜阴植物，虽对光照的适应范围较大，多数品种在11～27klx光照条件下生长良好，但太阴暗时光合效率低，光照过强则会使花苞、叶片褪色。因此，光照过强时应进行适当遮荫，一般春、秋季遮光率为30%～50%，夏季遮光率为50%～80%，使实际光照保持在15～20klx为宜。

（5）水肥管理。红掌栽培成败的关键在于保持较高的空气湿度，可用微喷设施经常向叶面和空气中喷雾保湿，使空气相对湿度保持在80%～90%。基质需经常浇水（滴灌或喷灌）保持湿润，但不宜浇水过多，特别是冬季，要注意干湿交替，切莫积水。

因栽培基质渗水性强，保水保肥力相对较差，所以其营养供应以追肥为主，并以少量多次为宜。氮、磷、钾比例为2:1:3。一般每15d根部施肥一次，每7d叶面喷施稀薄营养液一次，根部施肥可以以营养液为基础，依幼苗长势适当调整即可。肥料不足，生长缓慢，产量低，叶片小，叶色淡，花梗短，苞叶薄；肥料过多，花、叶易畸形。在使用喷灌系统喷施液体肥料后，应再喷一次清水，以防残留的液肥灼伤叶片，产生灰斑。

（6）剪叶。红掌进入成年期后是按照"叶—花—叶—花"的顺序进行生长循环的，每个叶腋均有花芽形成，使花与叶的生物产量相同。同时，每个花芽生长所需的养分也主要来自其形成部位这个叶片，因此，每一片叶的优劣对花枝质量的影响都是决定性的。一般植株在采收商品切花以前，因叶片较小而不至于互相遮挡，除老叶残叶外，不必剪去其他叶片。开始生产商品切花以后，由于叶面积逐渐增大，叶片密度太高，即可剪除植株下部老叶。一般每株保留2~3片完全成叶，具体数目视叶片密度而定。去除老叶不但可以提高切花的产量和质量，而且可以减少病虫害发生。但绝对不能剪除尚未切去叶腋花枝的成叶，否则该花将因营养不良而失去商品价值。

（四）病虫害防治

1. 主要病害 主要有细菌性枯萎病、根腐病、叶斑病等。其中细菌性枯萎病是毁灭性病害，是重点防治对象。该病多在叶与花上开始发生，感病症状是：中间为棕色周边发黄的斑点，从正常到被感染过程中的组织可见水渍状斑点。目前还没有有效药物可用以治疗细菌性枯萎病，一旦发病，就必须采取措施彻底销毁病株及附近植株，并对其余植株采取极严格的防疫措施。

根腐病和叶斑病多为真菌感染，使用杀真菌剂可获得较好的防治效果，结合精细的水肥管理，一般可使染病植株恢复健壮生长。

2. 主要虫害 主要有菜青虫、螨类、蜗牛、线虫、介壳虫和蓟马等害虫。除线虫外，一般只需使用相应的杀虫剂即可有效防治。

为害红掌的线虫有根结线虫和穿孔线虫。前者的染病症状为根部出现瘤状肿大，后者是在根部产生棕色斑点，而不是肿胀。种植前的栽培基质须严格消毒；如果出现感染，可在栽培基质中撒施铁灭克（Temik）（15%涕灭威颗粒剂），用量为每平方米9g，6周后再施用一次。

（五）采收及包装

红掌花枝的成熟期较长，一般花的苞片完全打开后，仍需要若干天数才可真正成熟。采花时间宜在花蕊穗仅剩1/3未白时采收，可用锋利的刀具，将花枝从基部约3cm处切下。采收时须注意握花枝的手势以及不可抓拿太多花枝，以免花朵互相碰撞摩擦造成损伤。采收的花枝应立即放入事先备好盛有清水的塑料桶中。

采下的红掌花朵运到包装间，将苞片上的污物用清水洗净，先分级，再包装。包装程序如下：

（1）用特制的塑料袋套包在花的外面。

（2）将过长的花枝剪短，在花茎基部套上装有保鲜液的小瓶。

（3）逐支放入包装纸箱内，花朵置放在纸箱两端，花茎在中间，排列整齐。注意佛焰苞要离开箱壁约1cm，不可接触箱壁，以免运输途中受损。

（4）将花茎用透明胶等物固定在箱体内，使之不可移动。

十七、垂花蝎尾蕉

学名：*Heliconia rostrata*。
别名：垂花火鸟蕉、垂序蝎尾蕉、垂苞蝎尾蕉、金嘴赫蕉、金嘴鹤蕉。
科属：旅人蕉科，蝎尾蕉属。

原产美洲热带地区阿根廷至秘鲁一带，是我国最早引入栽培的蝎尾蕉属植物之一。广州华南植物园1986年5月引种栽培，现在华南地区生长良好。

（一）形态特征

株形似香蕉，高150~250cm。地下具根茎，地上假茎细长，墨绿色，具紫褐色斑纹，叶柄鞘状，抱茎而生。叶互生，直立，狭披针形或带状阔披针形，长90~120cm，宽15~26cm，革质，有光泽，深绿色，全缘。顶生穗状花序最具特色，下垂；花序长40~70cm，有时可达1~1.5m；木质的苞片互生，呈二列互生排列成串，15~25枚，船形；基部深红色，近顶端1/3为金黄色，边缘有黄绿色相间斑纹；每苞酷似鹤头，红毛金啄，大小相仿，格外工整。当其花穗悬空垂下时，仿佛一群从天而降的仙鹤，伫立在绿丛之中。由于它花形似鸟，有些欧美人士又称它为"垂花火鸟蕉"。观赏价值极高。舌状花两性，米黄色，单花期长达20d，花期5~10月。

（二）生态习性

垂花蝎尾蕉原产于秘鲁的热带雨林地区，适宜在温暖潮湿、半阴半阳的环境生长。其耐寒力较差，冬季温度如果降至10℃以下就易遭冻害。在热带、亚热带地方均可在露地种植，也可在室内盆栽，但要求种于疏松肥沃的中性至微酸性土壤，地下水位较低的地方才能顺利开花，耐瘠薄，忌干旱，如果经常渍水则易烂根枯萎。春天定植的植株在3年内便可开花，以后则年年皆可采收，它花期较长，观赏时间也较久。

（三）品种和应用

人工栽培垂花蝎尾蕉的时间尚短，新培育的品种不多。在花色上主要有开红花、黄花和红黄双色的品种。在花苞数量上有疏花与密花品种。疏花的每串有大苞8~10个；密花的有小苞20多个，其观赏时间较长。花期可长达100d左右。在国外大多数热带地区都用它作庭园花卉种植于公共场所供人观赏，少数则栽于大型温室内以便常年提供切花上市。近年来已在我国昆明、广州、北京等地大量栽培用作鲜切花生产。

（四）繁殖方法与栽培要点

1. 繁殖方法 可采用播种、分株和组织培养法进行繁殖。

垂花蝎尾蕉在我国种植时，由于积温不够，一般不结种子，但在热带原产地种植时能结实。采用种子繁殖，发芽温度为25~28℃，播后约20d发芽，实生苗需种植2~3年才能开花。采用分株繁殖一般在春季进行。在母株旁挖取四周尚未开花的健壮植株或新芽，每1~3株分栽移植。刚移栽时要注意遮荫，否则易发生日灼病。分株苗当年或第二年能开花。

2. 栽培要点 垂花蝎尾蕉生性强健，适应性广，抗性强，地栽或盆栽时可选择排水良好、土层深厚、肥沃、疏松、富含腐殖质的砂质土壤。生长期需要水分充足，要充分浇水。每半个月施肥一次，切忌低温干燥。喜光照充足的环境，夏季开花期要适当遮荫，并增施两次磷、钾肥。作切花栽培时，单行或"品"字形栽培，株行距为80～150cm，要及时采收切花和疏散植株。冬季要剪除枯叶，保持株形美观与通风。如果管理得好，同株有较强的侧芽萌发能力，可连续开花10年以上。

（五）病虫害防治

生长期有根腐病危害，用75%百菌清可湿性粉剂800倍液喷洒。通风差，易发生介壳虫为害，可用25%亚胺硫磷乳油1 000倍液喷杀。

第四节　常见切叶、切枝和切果花卉生产技术

一、高山羊齿

学名：*Rumohra abiantiformis*。

科属：三叉蕨科，革叶蕨属。

高山羊齿原产于危地马拉，于20世纪90年代作为切叶进入中国，由于生理条件的要求，最适合在北回归线以南的地区种植。高山羊齿是一种适合用作切叶的蕨类植物，与其他切叶产品相比，在国内的价格相对比较昂贵，长度在35cm的每扎切叶价格高达7～8元。目前大量应用于插花，但产品供应一直处于紧缺状况。我国和日本、韩国、美国等国家的需求量正在逐年加大，市场前景可观。

（一）形态特征

叶型高雅，色泽亮丽，叶为革质，深绿色的叶片长10～100cm，因环境而有所差异，羽状复叶，最下面的羽片最长，往上渐缩，外型略成三角状，整体呈现皮革般的光泽。

（二）生态习性

高山羊齿和其他蕨类一样是一种喜阴、喜潮、喜偏酸性土壤的植物。要求生长环境空气相对湿度常年平均为82%，年降水量1 500～2 000mm，年平均气温23℃。通常采用遮阳90%的方法种植；喜疏松、肥沃、pH为5～6的土壤。

（三）繁殖方法与栽培要点

1. **繁殖方法**　常采用分株繁殖。
2. **栽培要点**　由于是浅根系植物所以要做成高畦栽培。定植到收获一般需18个月，收获周期有6～7周，可连续采收7～10年，每平方米产165片叶左右。栽培中要注意土壤有机质的含量要高和掌握不低于80%的遮阳。

（四）病虫害防治

主要发生叶斑病、灰霉病，可用甲基硫菌灵防治。

（五）采收

当叶完全展开后，从基部带叶柄剪下，每10支为一把捆绑，放在温度为4～6℃、相对湿度为90%～95%的环境中保存、运输，开箱后应喷水保湿，尽快将其插入水中。

二、肾蕨

学名：*Nephrolepis cordifolia*（L.）。

别名：蜈蚣草、圆羊齿、篦子草、石黄皮、心叶肾蕨等。

科属：骨碎补科，肾蕨属。

多年生常绿草本观叶植物。肾蕨原产于热带、亚热带地区，我国的福建、广东、台湾、广西、云南、浙江等地都有野生分布，常见于溪边林中或岩石缝内，或附生于树木上，野外多成片分布。

（一）生态习性

喜温暖、湿润和半阴的环境，不耐强光，生长时避开夏季烈日。适宜生长于富含腐殖质、渗透性好的中性或微酸性疏松土壤中。

（二）繁殖方法与栽培要点

1. 繁殖方法 肾蕨的繁殖能力非常强，可通过多种途径繁殖，但最常用的是分株繁殖。

（1）分株繁殖。全年均可进行，以5～6月为好，此时母株已搬入荫棚，气温变化较稳定，将母株轻轻剥开，每盆栽2～3丛匍匐枝，栽后放荫蔽处，并浇足水保持潮湿，当根茎上萌出新叶时，再移入半阴处养护。

（2）孢子繁殖。先要选用消毒泥炭或腐叶土，装入播种木框内，然后将收集的肾蕨成熟孢子，均匀播于木框内，喷雾保持土面湿润，一般两个月后长出孢子体。幼苗生长缓慢，需细心养护。

2. 栽培要点 栽培肾蕨不难，但需保持较高的空气湿度。夏季高温，每天早晚需喷雾数次，并适当注意通风。盛夏要避免阳光直射，但浇水不宜太多，否则叶片易枯黄脱落。生长期每10d施一次稀释腐熟的饼肥水。若要周年生产切叶，温度须保持在20～30℃，新叶就会不断萌发，昼夜温差不宜太大。当温度高于35℃或低于15℃时，生长受到抑制，越冬温度应保持在5～10℃，否则易受冻害。盆栽作悬挂栽培时，容易干燥，应增加喷雾次数，否则羽片会发生卷边、焦枯现象。

（三）采收与包装

剪鲜叶的时间最好在清晨或傍晚。当拳卷的羽状叶完全展开、完全变绿一个月后采收。带叶柄剪下，根据长度分级，每20支一束捆绑，放在温度为4～6℃，空气相对湿度为90%～95%的环境中保存、运输，开箱后应喷水保湿，尽快将其插入水中。

三、巴西木

学名：*Dracaena fragrans*。

别名：巴西铁树、巴西千年木、金边香龙血树。

科属：百合科，龙血树属。

（一）形态特征

为乔木状常绿植物，株高达6m。茎粗大，多分枝；树皮灰褐色或淡褐色，皮状剥落。叶片宽大，生长健壮；叶色亮丽，有花纹，下端根部呈放射状。

（二）生态习性

性喜高温、高湿、充足的散射光环境，耐阴、忌干燥；生长适温为20～28℃，越冬温度不低于5℃；土壤以排水良好的砂质壤土为好。生长期，半月左右追施一次以磷、钾肥为主的稀薄液肥，以防植株徒长和彩叶返绿。

(三)繁殖方法与栽培要点

巴西木在温度等条件适宜的情况下，一年四季都可生长，以 5～8 月生长最好。用扦插法繁殖可在盆面以上 10cm 左右将茎干剪断，再将茎干切 5～10cm 一段作为插条。可用木桶或大花盆装上粗沙或蛭石做成简易插床。以直立方式将插条的 1/3～1/2 插入沙中；或以半卧的方式将插条全部卧在粗沙中，使其露出沙面 1～2cm。也可将插条下部 1/3 左右浸泡在水中。经常喷水，保持插床较高的湿度；21～24℃ 有利于插条生根出芽。

(四)病虫害防治

常有红蜘蛛、介壳虫等为害。可用 40% 乐果乳油 1 000 倍液喷杀即可。叶尖和叶缘会出现黄褐斑，应使冬季气温不低于 5℃。

(五)采收与包装

当叶完全展开后采收，从基部剪下，根据长度分级，每 10 片一束捆绑，放在温度为 4～6℃，空气相对湿度为 90%～95% 的环境中保存、运输，开箱后应喷水保湿，尽快将其插入水中。

四、鱼尾葵

学名：*Caryota ochlandra*。

别名：短穗鱼尾葵、小鱼尾葵、鱼尾葵棕榈。

科属：棕榈科，鱼尾葵属。

(一)形态特征

多年生常绿乔木。株高 50～200cm。茎干直立不分枝，叶大型，叶厚而硬，叶缘有不规则的锯齿，二回羽状全裂，酷似鱼尾。肉穗花序下垂，小花黄色。自然花期 7～8 月。

(二)生态习性

喜温暖湿润及光照充足的环境，也耐半阴，忌强光直射和暴晒，不耐寒。要求排水良好、疏松肥沃的土壤。

(三)繁殖方法与栽培要点

1. **繁殖方法** 多用播种法繁殖。

2. **栽培要点** 盆栽用土为草炭土、园土、沙各 1/3 混合。生长旺季应大量浇水，盆土保持一定的湿润程度，同时向植株和地面喷水，增加空气湿度，春季和秋季每月施肥 1～2 次，除夏季遮荫以免强光直射外，其他季节应保证有明亮的光线，尤其是冬季。越冬温度白天在 18～23℃ 之间，夜间保持在 10℃ 以上。

(四)采收与贮运

当枝条上的小叶完全成熟后采收，整理后分级，每 10 片为一把捆绑，放在温度为 4～6℃、相对湿度为 90%～95% 的环境中贮藏、运输，开箱后应尽快将其插入水中。

五、散尾葵

学名：*Chrysalidocarpus lutescens*。

别名：黄椰子、凤尾竹。

科属：棕榈科，散尾葵属。

散尾葵是优美的大型观叶花木。株干刚劲挺拔,叶片清幽雅致,飘逸潇洒,观赏价值较高。散尾葵原产非洲马达加斯加岛,世界各热带地区多有栽培。我国引种栽培广泛,在华南地区可作庭园栽培或盆栽种植,其他地区可作盆栽观赏。同属植物有10种,常见栽培的仅此一种,种于草地、树阴、宅旁,也用于盆栽,是布置客厅、餐厅、会议室、家庭居室、书房、卧室或阳台的高档观叶植物,呈现出一派南国热带风光景象。

(一) 形态特征

为常绿灌木或小乔木,茎自地面分枝,上呈环状纹,基部多分蘖,呈丛生状生长。羽状复叶,叶柄平滑,黄色,具羽片40~60对。小叶及叶柄稍弯曲,先端柔软。小羽片披针形,长20~25cm,左右两侧不对称,叶轴中部背面有3条隆起。花小,成串,金黄色,花期3~4月。

(二) 生态习性

性喜温暖湿润、半阴且通风良好的环境,不耐寒,较耐阴,忌烈日,适宜生长在疏松、排水良好、富含腐殖质的土壤,越冬最低温度要求在10℃以上。

(三) 繁殖方法与栽培要点

1. 繁殖方法 播种繁殖所用种子国内不宜采集到,多从国外进口。常多用分株繁殖。于4月左右,选基部分蘖多的植株,去掉部分旧土,以利刀从基部连接处将其分割成数丛。每丛不宜太小,须有2~3株,并保留好根系;否则分株后生长缓慢,且影响观赏。分栽后置于较高的温湿度环境中,并经常喷水,以利恢复生长。

2. 栽培要点 5~10月是其生长旺盛期,必须提供比较充足的水肥条件。平时保持土壤湿润,夏秋高温期还要保持植株周围有较高的空气湿度,但切忌积水,以免引起烂根。一般每1~2周施一次腐熟液肥或复合肥,以促进植株旺盛生长。叶色浓绿,秋冬季可少施肥或不施肥。散尾葵喜温暖,白天生长适温为20~25℃,冬季夜间温度应在15℃以上。冬季需做好保温防冻工作,10℃左右即可安全越冬;若温度太低,叶片会泛黄,叶尖干枯,并导致根部受损,影响来年的生长。散尾葵喜半阴环境,春、夏、秋三季应遮荫50%。

(四) 病虫害防治

散尾葵易得叶斑病,叶尖和叶缘最易受害,发病后干枯卷缩。发病初期用50%克菌丹可湿性粉剂500倍液喷洒防治。如有介壳虫为害,可用40%乐果乳油1 500倍液喷杀。

(五) 采收与贮运

当枝条上的小叶完全成熟后采收,整理后分级,每10片为一束捆绑,放在温度为4~6℃、相对湿度为90%~95%的环境中贮藏、运输,开箱后应尽快将其插入水中。

六、一叶兰

学名:*Aspidistra elatior*。
别名:蜘蛛抱蛋、箬兰、苞米兰。
科属:百合科,蜘蛛抱蛋属。

一叶兰四季青翠,叶片挺拔,耐阴性强,是良好的室内观叶花卉,也是重要的切花材料，多作插花的配叶使用。

（一）形态特征

一叶兰为多年生常绿草本，根状茎粗壮匍匐。叶基生、质硬，基部狭窄成沟状，长叶柄直接从地下茎上长出，一柄一叶，叶长可达70cm，带有挺直修长叶柄的片片绿叶拔地而起，故名一叶兰。花单生，开短梗上，紧附地面，花径约2.5cm，褐紫色，花期4～5月。蒴果球形，果期6～8月。

（二）生态习性

一叶兰性喜温暖、半阴环境，耐贫瘠，不耐寒，喜疏松、肥沃、排水良好的砂质壤土；在生长期内需充足的水分，栽培环境需阴湿，夏季需在荫棚下养护，冬季在5℃以上即可安全越冬。

（三）繁殖方法与栽培要点

1. **繁殖方法**　繁殖以春季分株为主，将生长茂密的株丛切分成2～3片叶一丛栽植。

2. **栽培要点**　每年春季新叶抽生之际不可过分荫蔽，应遮光70%～80%或置于明亮室内，否则新叶长得细长，降低观赏价值。平时管理简单，保持荫蔽和湿润即可生长健壮。若有条件，春夏生长时期每两周施一次液肥则效果更好。叶面有斑点的品种不宜施重肥，否则叶面斑点可能消失。

3. **生产周期**　从新植株定植到采收成品大约需要6个月。以后可以陆续采收成品，经过3年左右应更换老株，将成丛的一叶兰重新分株栽培即可。

（四）病虫害防治

一叶兰抗性较强，但渍水则易染病虫害。主要有炭疽病和灰霉病，应注意防治。

（五）采收与贮运

当其叶完全展开，由淡绿色变成深绿色时为采收适期，整理后分级，每20片为一束捆绑，放在温度为10～14℃湿藏，也可干藏于保湿包装箱内运输，开箱后应尽快将其插入水中。

七、天门冬

学名：*Asparagus densiflorus*。

别名：天冬草、武竹。

科属：百合科，天门冬属。

原产非洲南部，栽培广泛，广西是天门冬主产区之一。其叶为观叶或切叶素材，其块根为常用中药材，用于治疗劳虚、气喘咳嗽、吐血、低热不退等症。

（一）形态特征

天门冬为多年生常绿草本植物，具块根，茎丛生，细软，多分枝，蔓性下垂，叶退化成鳞片状。基部呈刺状。花序总状，小花白色，略带淡红色晕斑，1～3朵丛生。浆果球形，成熟后鲜红，状如珊瑚珠，具较高的观赏价值。

（二）生态习性

天门冬喜温暖，不耐严寒，畏高温。常分布于海拔1 000m以下山区。夏季凉爽、冬季温暖、年平均气温18～20℃的地区适宜生长。喜阴、怕强光，幼苗在强光照条件下，生长不良，叶色变黄甚至枯苗。天门冬块根发达，入土深达50cm，适宜在土层深厚、疏松肥沃、湿润且排水良好的砂壤土（黑砂土）或腐殖质丰富的土中生长。

（三）繁殖方法与栽培要点

1. 繁殖方法 多采用分株或播种法繁殖。

（1）播种繁殖。

①秋播在每年9月上旬至10月上旬进行，发芽率高，但育苗时间长，管理很费工。春播在3月下旬进行，育苗时间短，费工较少。播种时，在起好畦的畦面上按行距20cm开横沟，沟深5~6cm，宽（播幅）10cm。把种子均匀地播在沟内，粒间距2~3cm。每667m^2用种10~12kg。播后先用堆肥或草皮灰盖种，再用细土盖平畦面，畦上盖草保温保湿。

②苗期管理。不论秋播还是春播，均在春季出苗。若遇春旱应经常浇水，保持土壤湿润。幼苗出土后揭除畦上盖草，并及时拔除杂草和松土。天门冬苗期生长缓慢，每年施肥2~3次，每次每667m^2施人畜粪水1 000~1 333kg或尿素5~10kg，每次施肥前浅松土，经1~2年后培育即可移植。

（2）分株繁殖。在冬末春初，采挖天门冬块根，选择个头、芽头粗壮、无病虫害的根头留种，每个根头上要留有一定的块根，并将块根剪除一部分，将株丛分割成数丛分栽即可。

2. 栽培要点

（1）选地整地。选择有天然荫蔽的疏林平缓坡地种植。冬季深翻30cm以上，种植前再翻耙一次，并碎土整平。起畦宽60~120cm，高20cm，在畦上按株行距40cm×30cm开穴，每穴施厩肥、草皮灰2~3kg，与土拌匀，待植。

（2）适时定植。天门冬宜在3月份萌芽前种植。种子育苗，在起苗时每株应有块根2~3个（过少或无块根的苗，留在育苗地内再培育一年），苗按大小分级，分别种植。用根头繁殖的，把留种的根头切成数小块，每块具芽和块根各3个以上，切口不宜太大，并蘸上石灰或草木灰，以免感染病菌而导致根头腐烂。切好根块摊晾一天即可种植。每穴放一株苗或小根头一块，种植深度6~10cm，种后覆土压实，淋足水，每667m^2约栽苗4 000株或根头4 000小块。

（3）田间管理。

①淋水保苗。植后一个月内保持土壤湿润，遇旱要经常淋水，促进发芽长苗。出苗后及时插竹竿或木杆，让苗攀援向上生长，避免相互缠绕扭结，以利于通风透光和田间管理。

②中耕除草。一般在4~5月间进行第一次中耕，以后根据杂草的生长情况和土壤的板结程度决定中耕与否。中耕要求达到土壤疏松，彻底铲除杂草。中耕宜浅，以免伤根，影响块根生长。

③适时追肥。天门冬是一种耐肥植物，需施足基肥，多次追肥。第一次追肥在种植后40d左右。苗长至40cm以上时进行。过早施肥容易导致根头切口感染病菌，影响成活。一般每667m^2施人畜粪水1 000kg。以后每长出一批新苗追肥3次，即初长芽尖时施第一次，促进早发芽，每667m^2施人畜粪水1 000kg；苗出土而未长叶时施第二次，促进块根

生长；叶长出以后施第三次，以促进第二批新芽早长出。后两次施厩肥、草木灰或草皮灰加钙镁磷肥，结合培土进行。施肥时不要让肥料接触根部，应在畦边或行间开穴开沟施入，施后覆土。

④调节透光度。林间种植，入秋后至初冬进行疏枝，使内部透光率达50%以上；夏季光照强，天门冬所需光照少，适当加大荫蔽度。在空旷地种植，应插树枝遮荫。春秋季宜稀植，地内透光度50%～60%；夏季宜密植，地内透光度30%～40%。

（四）病虫害防治

天门冬病虫害较少，主要有根块腐烂病。此病多是由于土质过于潮湿（积水）或被地下害虫咬伤，或因培土肥碰伤所致。防治方法：做好排水工作，在病株周围撒些生石灰粉。另外，蚜虫会为害嫩藤及芽芯，使整株藤蔓萎缩。在蚜虫为害初期，可用40%乐果乳油或50%灭蚜松乳油1 000～1 500倍液喷杀。对于虫害严重的植株，可割除其全部藤蔓并施下肥料，20d左右便可发出新芽藤。

（五）采收、分级与包装

1. **切叶采收** 可全天进行，当枝、叶完全展开、组织充实时即可采收。

2. **分级与包装** 在具有本品种的典型特征、无破损污染的情况下，根据切叶的长度分级，每10支为一束进行捆绑固定，装入标有品名、日期、具透气孔的衬膜瓦楞纸箱中运输。

八、银芽柳

学名：*Salix gracilistyla*。

别名：棉花柳、银柳、猫柳。

科属：杨柳科，柳属。

主要分布于中国北部，日本、朝鲜半岛也有，现各国多有栽培。

银芽柳银色花序十分美观，系观芽植物。水养时间耐久，适于瓶插观赏，是春节主要的切花品种，多与一品红、水仙、黄花、山茶花、蓬莱松叶等配置，表现出朴素、豪放的风格，极富东方艺术的意味。

（一）形态特征

落叶灌木，基部抽枝，新枝有绒毛，叶互生，披针形，边缘有细锯齿，背面有毛。雌雄异株，花芽肥大，每个芽有一个紫红色的苞片，先花后叶，柔荑花序，苞片脱落后，即露出银白色的花芽，形似毛笔。花期12月至翌年2月。

（二）生态习性

喜阳光，不甚耐寒，喜潮湿，不耐干旱，在溪边、湖畔和河岸等临水处生长良好，要求常年栽植于湿润而肥沃的土壤。

（三）繁殖方法与栽培要点

1. **繁殖方法** 银芽柳常用扦插繁殖，极易生根。早春扦插，将充实的一年生枝条截成20～30cm一段，插在湿润的土壤上就能成活，生根后定植于大田。

2. **栽培要点** 银芽柳栽培简单，管理粗放，扦插苗成活后，注意施肥1～2次，促使新枝生长。当新枝高20cm时移栽大田，每平方米为50～60株，生长期每月施肥一次，特别在冬季花芽开始膨大后和剪取花枝后要加施一次肥。前者为磷、钾肥，后者为氮肥，夏季高温干旱时，注意灌溉，保持土壤湿润。每年早春花谢后，应从地面5cm处剪成平茬，以促使萌发更多新枝，并修剪弱枝和姿态不整的枝条。

（四）病虫害防治

常有褐斑病和锈病发生，可喷布65%代森锌可湿性粉剂500倍液。刺蛾和天牛为害时，用50%敌敌畏乳油1 000倍液喷杀。

（五）采收与贮藏

当叶片已经完全脱落、花芽饱满充实时采收。剪取花枝时要轻剪轻拿，防止芽苞脱落，影响花枝质量。剪取后要立即放置水中，根据长度整理分级，30或50支一束进行捆绑，放入具有衬膜瓦楞纸箱中，贮藏于0～2℃，空气相对湿度为90%～95%的环境中，可保存15～20d质量不变。

九、蓬莱松

学名：*Asparagus mgriocladus*。

别名：绣球松、水松、松叶文竹、松叶天门冬等。

科属：百合科，天门冬属。

原产南非，现世界各地广为栽培。蓬莱松株形美观，叶丛球状似松，青翠、高雅，是常见的切枝植物，广泛用于插花，制作花篮、花束和花车，清雅秀丽。

（一）形态特征

蓬莱松植株直立，高30～60cm，为多年生常绿灌木。具小块根，有无数丛生茎，灰白色，基部木质化，分枝多而稠密。叶退化成叶鞘状，先端刺状。通常称作叶的部分实际上是变态的枝，呈扁线状。丛生，状似羽毛，着生于木质化分枝上，墨绿色。花淡红色至白色，有香气，花期7～8月。

（二）生态习性

其性喜温暖湿润和半阴环境，较耐旱，耐寒力较强。对土壤要求不严格，喜通气排水良好、富含腐殖质的砂质壤土。生长适温为20～30℃，越冬温度为3℃。

（三）繁殖方法与栽培要点

1. 繁殖方法 常用分株和播种法繁殖。

（1）分株繁殖。可于春夏季结合换盆时进行，将生长茂密的老株从盆中脱出，将地下块根分切数丛，使每丛含3～5枝（注意尽量少伤根），将每一丛重新用新培养土上盆种植，浇透水，置于半阴处恢复生长。也可播种繁殖，但其生长较慢。

（2）播种。以春季室内盆播为主，发芽适温22～24℃，播后14～21d发芽。地栽选肥沃、排水好的砂质壤土。每平方米栽20～25株，生长期需充足水分，每半月施肥一次，保持土壤湿润，但不能积水。夏季高温强光时，需适当遮阳，如光照过强，叶状枝易变黄。每次修剪或剪枝后，及时施肥，以利新枝萌发生长。

2. 栽培要点 常用腐叶土、园土和河沙等量混合作为基质，种植时略加腐熟基肥。春夏季为其生长旺季，需要充足的水分，但不宜使盆土积水，以免块根腐烂；秋末后应逐渐减少浇水量，使盆土保持微湿即可。为使枝叶生长繁茂，生长季要注意补充养分，一般每月施液肥1~2次。它喜半阴，炎热夏季要注意遮荫，防止烈日暴晒，以免枝叶灼伤或发黄。

（四）病虫害防治

蓬莱松病虫害较少，但炎热干燥时可能发生红蜘蛛及介壳虫为害，必须注意喷药防治。

（五）采收、分级包装与贮藏

1. **切叶采收** 可全天进行，当叶状枝完全转绿时即可采收。采后先放在阴凉处，尽快预冷处理。

2. **分级与包装** 在具有本品种的典型特征、无破损污染、视觉效果好的情况下，根据切叶的长度分级，每5支为一束进行捆绑固定，装入标有品名、日期、具透气孔的衬膜瓦棱纸箱中。

3. **贮藏** 切叶放在相对湿度为90%~95%，温度为2~4℃的环境中进行贮藏。开箱后应喷水保湿，尽快将它插入水中。

研究性教学提示

1. 教师要对当地的花卉生产状况有深刻的了解，注意收集和使用花卉生产过程的影像资料，制作多媒体课件，直观教学。

2. 有条件的学校要结合当地花卉生产实际，到花卉生产企业开展工学交替的生产实习，在教师的指导下制定生产计划和养成作生产日志的习惯。

3. 教师在教学中结合当地的生产实际，选择当地主要生产的切花种类开展教学。

4. 教师在教学中应注意理论与实际结合，特别是切花生产的一些关键技术环节，要注重实践和观察记录。如种苗（种球）选择、打顶、摘心、抹芽、摘叶、修剪、拉网等技术措施，不同的处理对切花产量和质量的影响等。

5. 教师在教学中要注意大面积切花栽培与测土配方施肥技术的合理利用，引导学生养成对土地资源可持续利用和清洁生产的思维方式。

探究性学习提示与问题思考

1. 掌握主要切花的生态习性。
2. 掌握主要切花栽培管理的关键技术措施。
3. 掌握主要切花采收和采后处理技术。
4. 切花栽培应具备哪些基本条件？
5. 球根类切花与宿根类切花在浇水、施肥等技术措施有什么不同？
6. 为什么说切花生产是花农增收致富的新型高效特色产业？

考证要求

1. 认识市场流行的鲜切花（切叶、切果）种类及科属。
2. 掌握鲜切花生产土壤消毒和轮作的方法。
3. 掌握主要切花的采后处理与包装方法。

4. 开展本地切花的市场现状与发展前景问题调查（包括花店、城市家庭用花与栽培切花增加花农收入等方面内容），了解当地常见切花种类和品种等。

综合实训

实训一　种球的采收与处理

一、目的与要求

鲜切花中很多都是球根花卉，认识和掌握花卉种球的采收时间、采收方法、处理方法和贮藏方法，能够提高鲜切花的数量、质量，扩大生产，保证流通，达到周年供应的目的，因此学生要通过选择学习本地特有的球根花卉，了解并掌握它们的种植方法、采收时间、采收方法以及采后的处理和贮藏方法，为规模化生产打下基础。

二、材料与用具

1. 材料　以当地的主要球根花卉为例，任选下列几种球根花卉：郁金香、唐菖蒲、百合、晚香玉、美人蕉等。

2. 用具　铁锹、筐、网兜、标签、铅笔。

三、方法与步骤

选择1～3种球根花卉，进行种球培养。

1. 采收时间　植株的下部叶片大量发黄、植株萎蔫时挖球。

2. 采收的方法　用铁锹挖出球根。

3. 采后处理　除去泥土、叶片后，根据球径的大小进行分级，然后分别进行消毒处理，标明采收的时间、地点和级别。

4. 贮藏　用筐装好，放在一定的环境条件下贮藏2～6个月。如百合用潮湿的碎木屑或泥炭土等填充，与种球同放在塑料箱内，并用薄膜包裹保湿。正常情况下，先在温度13～15℃的条件下预冷处理6周，在8℃下再处理4～5周。抑制栽培时，先在1℃的条件下预冷6～8周，再在－2～－1.5℃下可贮藏14～15个月之久。

四、注意问题

1. 不同球根花卉花芽分化的条件不同，因此贮藏的方法也不同。

2. 栽植前一定要先解冻才可进行。

五、效果检查与评价

1. 根据生产需要制定本地一种球根花卉的采收、贮藏计划表。

2. 根据计划，按要求完成球根花卉的整个采收、贮藏过程。

3. 检查球根贮藏后的质量，观察它的生长情况，提出好的采收、贮藏方法。

实训二　切花生产技术

一、目的与要求

不同的鲜切花有不同的生产条件，因此学生可选择当地主要的鲜切花种类，从中了解切花生产的整个过程,并掌握切花的定植、张网、设支架、采收、分级、贮藏等技术。

二、材料与用具

1~3 种切花生产地、种苗、网、竹子(钢管)、铁丝、卷尺、花铲、水桶、喷壶等。

三、方法与步骤

按要求选择栽培不同的当地主要几种切花种苗,进行一系列栽培管理,长到一定大小时进行拉网、设支柱,切花开花后按一定的采收标准进行采收,并按要求进行分级和保鲜处理,从而延长它的开花时间。如香石竹的栽培:

1. 定植 种植床一般为高畦,宽 100~120cm,按 15cm×20cm 的株行距进行定植,注意栽植的深度,栽植后用喷灌的方式浇透水一次。

2. 架网 于定植缓苗后即张网。在种植床两端每隔 1.3m 固定一根长 1.2m 的木(竹)桩,插入土中 30cm,露出的高为 80cm。打桩时必须纵向拉一根绳,使每畦桩排列在一条直线上。按种植床的长度、宽度,把支持网两端固定在木桩上,网格为 10cm×10cm,使每苗都立于网格的中央。共拉 3 层网,第一层离地面 15cm,以后每生长 20cm 张一层网。

3. 摘心 共两次。第一次是主茎上有 6~7 对叶展开时进行;第二次在第一次摘心约 30d 后,侧枝生长有 5~6 节时进行。两次摘心后,每株香石竹可发生 6~10 个开花侧枝。摘心的时间最好晴天中午进行,以利伤口的愈合。

4. 花枝的疏花与疏蕾 为保证切花的质量,一般单花的切花品种,需要及早摘除侧花蕾以及第七节以上的全部侧芽,第七节以下可选留 1~2 个作为下一批切花的花枝培养,其余的亦应尽早疏除。

5. 更新植株的整形修剪 康乃馨进行两年栽培时,当第一年生产结束后,可对植株进行修剪更新,一般应在 6 月下旬进行,剪除前应停止灌水,待老茎萌发后开始浇水,一般停水时间为 3~4 周。

6. 疏芽 3~5d 进行一次。单花品种除留顶芽和基部侧枝以外,其余的全部抹掉;多花品种需要除去中心花芽,使侧枝均衡发育。

四、效果检查与评价

1. 根据生产需要制定本地几种鲜切花的生产计划。
2. 学会 1~3 种鲜切花的栽培管理。
3. 检查鲜切花的生产情况。
4. 写栽培管理日记。

第六章

商品性盆花生产技术

【学习目标】 通过教学使学生掌握商品盆花生产的基质配制、盆花上盆、盆花水肥管理及光照、温度调控等基本技术，了解常见盆花的形态特征、生态习性，掌握其栽培要点。了解组合盆栽的意义及原则，明确组合盆栽的制作方法。

盆栽花卉就是将观赏植物栽于花盆等容器中进行养护管理。花卉栽于盆中，有利于搬移，随时可进行室内外花卉摆放装饰，应用范围很广。盆栽花卉由于盆钵体积小，盆土及营养面积有限，必须配制培养土进行栽培。盆花对水、肥、光照要求严格，管理更加细致。同时，花卉盆栽便于调节温度、湿度，又可移动，有利于促成栽培和抑制栽培，能及时调节花卉市场。因此，发展优质盆花生产开始受到普遍重视。

商品性盆花生产与家庭养花、单位自繁自养花卉，虽然在盆花栽培的基本操作技术方面有相同之处，但商品性盆花生产要求更高，各项操作规程标准统一，从栽培基质的选择、配制及无害化处理，容器的选择，上盆、换盆、翻盆等盆器管理，盆花栽培养护等都要按盆花生产标准严格执行，应避免家庭养花、单位自繁自养花卉那种随意性。盆花生产正向着生产规模化、产品专一化、设施现代化、产业协作化方向发展。

第一节 商品性盆花生产概述

一、盆花栽培基质及其无害化处理

盆花的栽培基质是盆栽花卉得以固定在容器内的介质，也是盆花吸收水分和养分进行生长发育的基础。商品性盆花生产中，栽培基质选择与配制非常重要，基质选择配制得好，盆花生长良好，病害少，易于管理；选择配制不好，轻者减缓生长，降低商品价值，重者会导致病害的大面积发生。

（一）栽培基质

盆花栽培基质种类繁多，既包括了各种有土基质，也包括各种无土基质。

1. **有土基质** 有土基质包括园土、塘泥、堆肥土、腐叶土等。

（1）园土。指经过人们多年精耕细作熟化的土壤，如水稻土、菜园土等，经去除杂草、碎石等杂物，再经过堆积、暴晒、粉碎、过筛后备用。

（2）塘泥。塘泥是指鱼塘、湖泊等，沉积在塘底的一层泥土。经过暴晒、破碎后备用。使用时的颗粒直径为0.3～1.5cm（不要过于粉碎）。盆栽时较大的颗粒放在盆底，小的放在盆中。其遇水不易破碎，排水和透气性比较好，含有丰富的腐殖质，土质肥沃。缺点是土质重，含有杂草、病菌、害虫等，应消毒后使用。

（3）堆肥土。用各类植物的残枝枯叶、人畜粪尿等堆积在一起形成的。良好的堆肥土要经过2～3年的堆制，出堆时遇空气便呈灰白色的粉末。其含有丰富的腐殖质和营养物质。

（4）腐叶土。又称腐殖土，是植物枝叶在土壤中经2～3年的时间自然堆积，这样形成的培养土含有丰富的腐殖质，土质疏松透气，排水良好。适合于栽种各种秋海棠、仙客来、大岩桐、天南星科观叶植物、地生兰及蕨类植物。

2. 无土无机基质　无土无机基质一般由天然矿物质组成，或天然矿物经人工加工而成。它不含有机质，使用时必须与含有机质的基质进行配合。如蛭石、珍珠岩、岩棉、陶粒、炉渣、沙等。

（1）蛭石。蛭石为云母类硅质矿物。经高温膨胀后的蛭石其体积是原来的16倍，容重很小，孔隙度较大。有良好的透气性、吸水性及一定的持水力。一般为中性至微酸性。无土栽培用的蛭石粒径应在3mm以上。蛭石一般使用1～2次，其结构变差，需重新更换。

（2）珍珠岩。珍珠岩是由一种灰色火山岩加热至1 000℃时，岩石颗粒膨胀而成，性质稳定、坚固、质地轻、清洁无菌，具有良好的排水和通气性，但保水、保肥性稍差。

（3）陶粒。由页岩物质在1 100℃的陶窑中烧制而成的多孔粒状物。

（4）岩棉。岩棉是由60%的辉绿岩、20%的石灰石和20%的焦炭混合，先在1 500～2 000℃之间的高温炉中溶化，将熔融物喷成直径为0.5mm的细丝，再将其压成容重为80～100kg/m³的片，然后再冷却至200℃左右时，加入一种酚醛树脂以减小表面张力而成。岩棉是完全消毒的，不含病菌和其他有机物。岩棉孔隙度大，吸水能力强。

（5）沙。沙一般含二氧化硅50%以上，没有离子代换量，有较好的通气性。使用时选用粒径为0.5～3mm的沙为宜。作无土栽培的沙应确保不含有有毒物质。

3. 无土有机基质　无土有机基质不含土壤，全部为一些植物材料经自然堆腐或人工加工而成，大都含有花卉生长发育所需的营养物质。因此，一般可直接用于栽培花卉。如泥炭、椰糠、树皮、锯木屑、炭化谷壳等。

（1）泥炭。泥炭是古代低湿湖泽地带的植物被埋藏在地下，在淹水或缺少空气的条件下，分解不完全而形成的特殊有机物，多呈黑色或者是深褐色。质地松软，透水、透气性及保水性好，含腐殖质，pH为4.5～6.5。

（2）椰糠。即椰子壳粉碎加工后的材料。是热带植物和观叶植物的良好栽培基质，具有良好的保水、透气和保肥性能，配合一定的河沙效果更好。

（3）炭化谷壳。即谷壳未完全燃烧时形成的。炭化谷壳不带病菌，营养元素丰富，通透性强，持水能力较差。谷壳经炭化形成的碳酸钾会使其呈偏碱性，使用前应用水冲洗。

（4）锯木屑。即锯木材时形成的木屑，具有保水、保肥性能。用作无土栽培基质的锯木屑不应太细,长度小于 3mm 的锯木屑所占比例不应超过 10%,一般应有 80% 在 3.0~7.0mm 之间,pH 在 4.2~6.0。锯木屑使用前要堆沤,堆沤时可加入较多的氮素,堆沤时间至少 6 个月以上。

(二)栽培基质配制

有些单一基质虽然能够用于盆花生产,但由于其营养及物理性能不能满足花卉的生长所需,生产上一般很少用,通常要根据不同花卉对基质的要求,用几种基质按一定比例配制而成。盆花基质总的要求是既要有良好的保水、保肥、排水、透气特性,又要发挥基肥缓效特性,酸碱度要适宜。

1. 有土基质的配制 有土基质通常称为培养土。用有土基质如园土、塘泥、堆肥土、腐叶土等作为主要材料,适当加入一定比例的蛭石、珍珠岩、河沙等作为疏松、透气材料配制而成。不同的花卉种类,花卉不同的生长发育阶段,花卉不同年龄对培养土的要求不同。花卉有土基质配比见表 6-1。

表 6-1 花卉有土基质配比表

花卉类型	园土	腐殖土	河沙	蛭石	干燥腐熟厩肥、骨粉
幼苗	5	3		2	
普通花卉	4	4		1.5	0.5
喜肥花卉	3	5		1	1
仙人掌、多肉植物	3	4	3		
天南星科观叶植物	4	4		2	
木本花卉	6	2		1	1

2. 无土基质的配制 无土基质的配制可用无土有机基质和无土无机基质按一定的比例配制而成,见表 6-2。

表 6-2 花卉无土基质配比表

花卉类型	泥炭	椰糠	木屑	蛭石	珍珠岩
凤梨科、球根类	5		2	1	2
多肉植物	4		1	2	3
天南星科、观叶植物	4	2		2	2
木本花卉	5	4			1

3. 栽培基质酸碱度调节 栽培基质的酸碱度直接影响着栽培基质的理化性质和花卉的生长发育。不同种类的花卉对栽培基质酸碱度要求不相同,大多数花卉在中性至微酸性 (pH5.5~7.0) 的栽培基质上生长发育良好。有些花卉如仙人掌类要求微碱性栽培基质。因此,在配制栽培基质时应根据不同种类的花卉对酸碱度的要求进行调节。土壤酸碱度通常是用 pH 来表示(pH 7 为中性,小于 7 为酸性,大于 7 为碱性)。测定栽培基质酸碱度最简便的方法是用石蕊试纸测定。测定时,取少量栽培基质放在干净的玻璃杯中,按基质与水 1:2 的比例加入中性水,经充分搅拌沉淀后,将石蕊试纸放入溶液内,约 1~2s 后,取出试纸与标准比色板进行比较,找到颜色与之最相近的色板号,即为这种栽培基质的 pH。根据测定结果,对酸碱度不适宜的栽培基质加以调节。如酸性过高,可用少量熟石灰、草木灰等与栽培基质充分混合进行调节;碱性过高,可用少量硫黄粉、硫酸亚铁等加

以调节。

(三) 栽培基质无害化处理

栽培基质含有一定的病菌、害虫、杂草等有害生物，对花卉生产带来隐患。特别是在商品性盆花生产中，由于盆花生产形成了一定规模，一旦发生病害则很容易发生大流行。因此，在使用前应进行严格的无害化处理。无害化处理的方法主要有物理消毒法和化学消毒法两种。

1. 物理消毒法 物理消毒法主要有蒸汽消毒和高温暴晒法

（1）蒸汽消毒。此法简便易行，经济实惠，安全可靠。方法是将基质装入柜内或箱内（体积 1～2m³），用通气管通入蒸汽进行密闭消毒。一般在 70～90℃条件下持续 15～30min 即可。

（2）日光暴晒法。夏季高温烈日时期，将栽培基质摊放在水泥地面上暴晒 10～15d 后，避雨存放备用。

2. 化学药品消毒 所用的化学药品有甲醛、甲基溴（溴甲烷）、威百亩、漂白剂等。

（1）40%甲醛，又称福尔马林，是一种良好的杀菌剂，但对害虫效果较差。使用时一般用水稀释成 40～50 倍液，然后按 20～40L/m³ 水量用喷壶喷洒基质，将基质均匀喷湿。喷洒完毕后，用塑料薄膜覆盖 24h 以上。使用前揭去薄膜两周左右，消除残留药物。

（2）氯化苦（三氯硝基甲烷）。该药剂为液体，能有效地防治线虫、昆虫、一些杂草种子和具有抗性的真菌等。先将基质整齐摊放 30cm 厚，然后每隔 20～30cm 向基质内 15cm 深处注入氯化苦药液 3～5ml，并立即用基质将注入孔堵塞。一层基质放完药后，再在其上铺同样厚度的一层基质打孔放药，如此反复，共铺 2～3 层，最后覆盖塑料薄膜密封，使基质熏蒸 7～10d。基质使用前要通风 7～8d，散发消毒剂，以防止直接使用时危害花卉。

二、上盆、换盆、翻盆

盆栽花卉通过繁殖的小苗，应及时进行上盆栽培养护管理。一般盆花经过 2～3 年栽培后，应进行换盆、翻盆，更换培养土，才能保证盆花良好的生长发育。商品性盆花生产中，上盆时间可根据销售季节和品种特性推算，要求同一批次、同一规格的花苗，应同时上盆，对盆的大小、栽培基质要求进行统一，才能进行标准化生产。

(一) 上盆

上盆就是将通过无性繁殖生根后的小苗或播种苗长到一定大小后，移栽到盆内进行栽培的过程。

1. 选盆 生产用盆一般用瓦盆、泥盆和塑料盆。盆的大小应根据花卉苗木的大小来确定。幼苗长至 3～5 片叶或扦插生根后第一次上盆时，选用直径为 8～10cm 的花盆。以后每次换盆时应选择比原来的盆直径大 3～5cm 的花盆。选用的花盆，其口径与花苗枝叶的冠径要大致相等，或是能保证根系一年内能够正常生长为宜。如果花苗大花盆小，盆土太少，不仅影响根系发育，而且影响成活和生长；若花苗小花盆过大，盆土太多，浇水后盆土长期过于潮湿，容易导致根系缺氧，造成盆花生长不良，甚至死亡。

2. 垫盆孔 盆片覆盖（或瓦片互盖）在排水孔上，使凹面向下，要求既挡住排水孔，又使泥土不致堵塞排水孔，盆内水分能缓慢排出。无土栽培时盆底可用花泥垫底，小盆栽培时可不必垫盆直接加入栽培基质。

3. 上盆过程 垫好瓦片的盆底，先加入粗颗粒基质，以保证排水通畅，其上加一层细栽培基质，然后一手持苗，扶正花苗，花苗立于盆的中央并掌握其深度，种植的深度应适合花苗的大小。另一手加细颗粒培养土，填满根周围的空隙，直至满盆的3/4，然后用手轻轻压实基质，面上再加入一层粗颗粒培养土，使基质面低于盆边1~2cm（图6-1）。上盆后，要立即浇足水，达到水从盆孔渗出的程度，待水被吸干后，再浇水一次。刚上盆的苗要遮荫，一般需一周后，方可恢复生长。

（二）换盆

1. 适期换盆 有下面情况发生均应及时换盆：

（1）苗已过于长大，需要更换大盆。

（2）花苗长大，须根已长满盆，根系无法伸展，穿出排水孔。

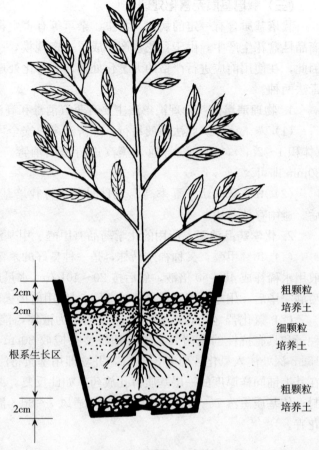

图6-1 盆土位置示意图

（3）盆栽已有2~3年，培养土的营养已消耗完，需要更换培养土。

（4）盆花发生根部病虫危害，需及时换盆。

2. 脱盆 脱盆就是把花苗从原来的花盆中倒出来。脱盆之前要控水，使盆土适当干燥，有利于盆土与盆体分离，泥团容易完整倒出。中小盆脱盆时，一手托盆，一手握拳，轻敲盆边，使盆体与盆土分离，然后将盆倒置，泥团即可自行脱出。如系大盆，可将盆侧倒放在木块上，轻敲盆边，使泥团松动后，用手托住泥团，再行脱出。如系大缸，则需两人操作，先用小铲将盆边泥土挖出，然后一人拉住花木，另一人双手抱住花盆，再行脱盆；脱盆时要扶好植株，动作要轻，避免泥团碎裂。

3. 泥团及根系处理 泥团脱出后，如果根系未长到泥团外，则可直接上盆栽培。如果根系盘结在泥团外时，应用利刀将盘结在外的根带土削去1/3，然后再上盆填新培养土。

4. 上盆栽植 栽植的方法与上盆方法基本相同。

(三) 翻盆

花卉植株已定型，因栽培时间过久，致使盆内土壤养分缺乏，土质变差，也需要更新培养土。脱盆后清除部分旧土和老根，栽入原盆内，填入新的培养土。如花盆过大不便脱盆时，可用小花铲将盆边的旧土取出1/3，修剪根系后直接回填培养土。

三、盆花浇水

商品性盆栽花卉的水分管理是一项重要而细致的日常工作，是保证花卉正常生长的主要措施之一。盆花浇水过多，造成花卉根系生长不良，根系腐烂，地上部分落叶，甚至全株死亡。盆花浇水不足，将造成花卉生长缓慢，失水萎蔫，甚至干枯死亡。生产上浇水时，应根据不同花卉品种及花卉不同生长时期的生长特性进行浇水，同一批次的盆花应定时、定量进行。

(一) 盆花浇水的原则

盆栽花卉由于盆土有限，不像露地花卉水分可以通过土壤不断提供花卉生长所需。盆钵对花卉水分的渗透有一定的保护作用。对大多数盆花来说，总的浇水原则应掌握"不干不浇，浇则浇透，宁干勿湿"。"不干不浇"是指盆花浇水时应在盆土干后才浇水，盆土未干时又浇水，容易使水分过多造成烂根现象。"浇则浇透"是指浇水时一次应浇足，水从盆底渗出，不要浇水过少，表面上看有水分，实际上盆中间及以下的盆土还是干的，形成"拦腰水"。盆花浇水切忌浇水过多，浇水过多造成根系腐烂、落叶，甚至死亡，无法挽救。对于喜湿花卉，其浇水原则应是"宁湿勿干"；而对于旱生花卉，其浇水原则应掌握"宁干勿湿"。

(二) 浇水的依据

1. 看花浇水

(1) 花卉种类不同，需水量不同。蕨类植物、兰科植物、秋海棠类、天南星科植物生长期要求丰富的水分；多肉、多浆植物要求的水分较少；球根、球茎类花卉不宜久湿、过湿。同一类花卉的不同品种对水分的需求也不一样。如同为蕨类植物，肾蕨在光线不强的室内，保持土壤湿润即可；而铁线蕨则要求将花盆放在水盘之中。草本花卉水分消耗大，浇水要多；木本花卉浇水次数少，一次浇足。

(2) 花卉的生长时期不同对水分的需要不同。当花卉进入休眠期时浇水量应减少或停止。从休眠进入生长期，浇水量应逐渐增加；生长旺盛时期，浇水量要充足；开花前浇水量要适当控制，有利于花芽的形成；盛花期适当增加浇水量；结实期适当减少浇水量。

(3) 花卉生长状态。叶片朝上，芽头上翘，说明水分较足；叶片朝下，芽头下垂，呈萎蔫状，说明水分不足。

2. 看天浇水

(1) 季节不同，花卉对水分的要求不同。春季，天气渐暖，盆栽花卉出室之前要逐渐加强通风锻炼，这时应增加浇水量。草花每隔1~2d浇水一次；木本花卉每隔3~4d浇水一次。夏季，大多数盆栽花卉放置在荫棚下养护。因天气炎热，盆土蒸发量和花卉的蒸腾量很大，每天早晚各浇水一次。但夏季休眠的花卉，应控制浇水。秋季，天气转凉，适当减少浇水量，可每2~3d浇水一次。冬季，气温低，生长相对休眠或停止，浇水应少，浇水多易烂根。温室花卉应根据温度及生长状况来浇水。低温温室中的盆花每4~5d浇水一次，中温温室及高温温室的盆花一般1~2d浇水一次。

（2）天气状况不同，浇水量不一样。晴天温度高，蒸腾量大，浇水次数多，水量大。阴天温度低，蒸腾量小，浇水次数减少。雨天可少浇或不浇，盆中积水过多，应及时排除。

3. 看盆浇水

（1）盆的大小。大盆盆土多，水分蒸发慢，一次浇水要多，次数可少；小盆盆土少，水分蒸发快，一次浇水量少，浇水次数应多。

（2）盆的质地。泥盆或瓦盆渗水、透气性强，浇水次数要多，一次水量可少；瓷盆、塑料盆渗水、透气性差，浇水次数要少，一次浇水可多。

（3）盆土颜色。盆土颜色深，表示水分较多；颜色变浅，则说明水分较少。

（4）盆土质地。黏性土浇水次数少，一次应足；砂质土浇水次数应多，浇水量应少。

（三）浇水方法

1. 浇水时间 夏季以早晨和傍晚为好，冬季以上午9~10时至中午为好。选择此时浇水，水温变化小，可减少因浇水对花卉的刺激和伤害。

2. 浇水方法 盆花数量少时，用喷壶喷洒。盆花量多时，一般用水管进行浇灌，浇灌时水管前可加一喷头，减轻水对花卉及盆土的直接冲击。现代盆花生产时，可科学地用喷灌、滴灌进行定时、定量浇灌。

3. 水质要求 生产优质商品花卉，高质量的水源是获得成功的重要因素，水质的主要指标是EC值和pH，生产中应检测生产用水的EC值和pH，根据不同花卉的要求加以调整。

四、盆花施肥

地栽花卉，由于根系在土壤中分布范围较广，有较大的吸收面积，在一段时间内即使不施肥也能从土壤中吸收养分，维持正常生长。盆花则不同，盆中土壤有限，它只能从少量的盆土中吸收有限的养分，而且，盆花要经常浇水，会造成一些肥料的流失，使花卉营养不良，影响观赏价值。所以，商品性盆栽花卉应根据实际情况经常施追肥。

（一）施基肥

采用有土栽培时，施基肥很重要，基肥充足可少施追肥。商品性盆花在配制培养土的过程中，应按原先试验好的最佳配方要求，加入一定的有机肥料，如饼肥、猪粪、鸡粪、厩肥、禽下水和碎骨等，堆沤3~5个月备用。或在配制培养土时加入一定量的腐熟、干燥的有机肥料。基肥供应盆花生长发育基本所需，以后在换盆或翻盆时再加入有机肥料。当年不换盆的花木，也可在花木休眠时沿盆边取出部分盆土，开环形沟，施入腐熟的有机肥料，再覆盖培养土。无土栽培时，其营养来源主要靠生长过程中，营养液地及时加入来补充营养。一般很少在基质中加入农家有机肥料。

（二）施追肥

商品性盆花在生长过程中，需不断提供花卉生长所需要的营养，才能使花卉枝繁叶茂、花色鲜艳，达到商品盆花的品质要求。因此，掌握正确的追肥方法，根据不同花卉种类品种、花卉不同生长时期，做到同一批次、同一规格花卉，进行定时、定量追肥是商品盆花生产的关键技术。

1. 根据季节施肥 一般来说，春、夏季是花卉生长的旺盛期，这期间植株生长迅速，需要较多的养分，故应施用以氮肥为主的"三元素"肥料，促进枝叶生长，有利于开花结果。一般在萌芽前施入。秋季以后植株生长缓慢，需肥量减少，为了提高其抗寒越冬能力，可施少量磷、钾肥料。磷、钾肥除有益于植物的生殖生长外，还可促使植株强健，花色鲜艳。冬季花卉进入休眠期，不要施肥。但温室花卉应根据温室的温度及花卉生长情况，酌情施适量的肥料，以满足生长的需要。

2. 根据花卉长势施肥 健壮植株生理活动旺盛，生长快，吸收能力强，需养分多，宜勤施肥。病弱株生长慢，新陈代谢不旺，吸收能力差，需肥少，可勤施薄施。待根系恢复后进入正常施肥。

3. 根据花卉不同生长期施肥 ①花卉枝叶生长期需大量的营养，尤其是需氮量较多，春季在萌芽前应施以氮肥为主的肥料，促进萌芽和枝叶生长。②花卉花蕾期施肥以磷、钾肥为主，促进花芽分化、着生花蕾多；但开花时不宜施肥，以免过早诱发新梢，迫使花朵早谢，缩短花期。③果实膨大期施肥。观果花木坐果后需大量养分，但在果实稳前，应谨慎施肥，以免引起枝叶生长，造成大量落果；待果实坐稳后，特别是果实膨大期，应施磷、钾肥，促使果实迅速长大。④花卉休眠期不施肥。

4. 根据花卉种类施肥 ①喜酸性花卉如杜鹃花、栀子花、山茶花等切忌施用碱性肥料。②每年需重剪的花卉要增加磷、钾肥的比例，以利萌发新枝条。③以观叶为主的花卉，可偏重施用氮肥。④观花类花卉应多施磷、钾肥。花期施适量的完全肥料，促使开出花大色艳的花朵。⑤观果为主的花卉，在开花期适当控制肥水，壮果期施足完全肥料，以利果实长大。后期控肥有利于着色。⑥香花类花卉进入开花期，应施适量磷、钾肥，适当控水，以利于花香浓郁。⑦草本花卉施肥要勤施薄施，木本花卉一次施肥要足，次数可少。

5. 注意事项 ①有机肥料应充分腐熟后才能施用。②掌握盆土适当的干湿度。盆土稍干时施肥，肥液才会直接渗入土中，被根系吸收；如盆土过于干燥，在土与盆壁间出现缝隙，肥液会从缝隙间流失；若在盆土太潮湿时施肥又易引起植株烂根死亡。③薄肥勤施，勿施浓肥。④应注意肥料的酸碱性。⑤早、晚施肥，中午和高温时不施肥。

五、盆花光照调控

光照是花卉进行光合作用的能源，没有光照，光合作用就不能进行，花卉的生长发育就会受到严重影响。不同种类的花卉对光照的要求是不同的。按照花卉对光照强度不同的要求，大体上可将花卉分为阳性花卉、中性花卉和阴性花卉。阳性花卉，在阳光充足的条件下生长发育良好，大部分一、二年生草花及木本观花、观果花卉都属于阳性花卉，如月季、叶子花、石榴、梅花、紫薇等。在观叶类的花卉中也有少数阳性花卉，如苏铁、变叶木等。多数水生花卉、仙人掌与多肉植物也属阳性花卉。商品盆花生产中，对于阳性花卉应保证充足阳光，避免盆钵过密，枝叶遮挡。阴性花卉，在荫蔽的环境条件下生长发育良好，大多数观叶花卉，如文竹、绿萝、万年青、龟背竹、棕竹等。少数观花类如茶花、杜鹃、大岩桐、秋海棠等也属于此类。阴性花卉如长期处于强光照射下，则枝叶枯黄，生长停滞，甚至死亡。生产上，对于阴性花卉应搭荫棚进行适度遮阳。中性花卉，在阳光充足的条件下生长发育良好，但光照过强时也需要一定的遮阳，如桂花、茉莉、白兰、八仙花等。商品性盆花生产中，同一批盆花，盆距应相同，注意采用转盆、倒盆的方法，使光照均匀一致。花卉需要遮阳时，可将拉幕式遮阳网拉开进行遮阳。

六、盆花花期调控

在商品性盆花生产中，为适应市场、节日和庆典活动等多方面的需要，使盆花周年生产、周年供应，经常有提前开花或延迟开花的需求，即催延花期。花期的调控主要有以下几种方法：

（一）使用生长调节剂调控

生长调节剂的作用是多方面的，赤霉素有助于打破休眠，可以代替低温，诱导开花。乙烯利以及一些生长抑制剂，如矮壮素等，可诱导花卉植物的花芽分化及促进开花，增加花的数目，甚至在一般不开花的环境中也可以诱导开花。在使用植物生长调节剂调控花卉花期时，首先要明确该生长调节剂的使用范围和作用；其次，一定要弄清楚施用浓度，才能施用。浓度掌握不好，不仅不能收到预期的效果，还容易造成生产上的损失。

（二）通过调节温度来控制花期

温度对花卉生长发育影响很大，温度高低不仅对花卉开花速度产生影响，而且对花芽的形成有影响。有的花卉由于温度太低不能开花，有的则要经过一个低温阶段才能开花，否则处于休眠状态，不开花。所以应根据不同情况，采取相应措施来调节花期。

1. 提高温度，促使花卉提前开放　对一些多年生花卉来讲，在入冬前将盆花放入高温或中温温室培养，一般都能提前开花。如金边瑞香、牡丹、迎春、碧桃等一些春季开花的木本花卉，在温室中进行促成栽培，可将花期提前。

2. 降低温度，延长休眠期，推迟开花　一些春季开花的花卉，春暖前将其移入低温冷室，可延迟开花。对一些含苞待放或开始进入初花期的花卉，可采用较低的温度、减少水分、适当遮光等方法来延迟开花，如在月季、天竺葵、菊花、八仙花等花卉上应用。夏季遮阳降温也可使不耐高温的花卉在夏季开花。

（三）通过调节光照来控制花期

有些花卉花芽的形成是由花芽形成前所接受的日照长短来决定的。因此，这类花卉可以通过控制光照时间长短来调节花期。

1. 短日照处理　短日照花卉通过短日照处理后（采用遮光处理）可提前开花。菊花、一品红、蟹爪兰等是典型的短日照花卉，只有在短日照条件下才能进行花芽分化。每天光照时间控制在 10h 以下，促进开花。短日照处理的花卉植株，要有一定的营养生长作为基础，使枝梢生长接近开花时，停止施氮肥，增加磷、钾肥的供应。反之，长日照花卉通过短日照处理则可推迟开花。

2. 长日照处理　一些长日照花卉如唐菖蒲、晚香玉、瓜叶菊、百日草、鸡冠花等，必须在长日照条件下才能进行花芽分化。当采用长日照处理时，可提前开花。处理的方法是在日落之后，用白炽灯、日光灯等照射花卉茎叶 3h 以上，每天保持 15h 的光照条件。

相反，如果对短日照花卉进行长日照处理，可阻止其花芽的形成，推迟花期。如菊花利用这个方法可推迟花期，使之到元旦或春节开花，供应市场。

3. 昼夜颠倒法 昙花总是在夜间开放，开花到凋零只有3～4h。采用昼夜颠倒法可使昙花白天开放。当其花蕾长到5cm以上时，白天放在暗室中遮光，晚上7时到次晨6时用100W强光照射，经4～5h颠倒昼夜处理，就可使其在白天开放。

(四) 通过干旱来控制花期

夏季高温干旱，常迫使一些花卉夏季进入休眠，这时生长充实的部位就加速进行花芽分化，根据这个原理，可人为地进行干旱处理，促使提早休眠，提前进行花芽分化，达到控制花期的目的。如将叶子花、玉兰、丁香、紫荆等花卉，预先在春季精心养护，使植株及早停止营养生长，组织充实健壮。在需其开花前20d左右进行干旱处理，促使落叶或人工摘叶，使被处理的植株提前进入休眠。5～7d后再放到较为凉爽的地方，浇水，就可使植株恢复生长而开花。

(五) 通过整形修剪来调节花期

有些木本花卉能否开花，是由其生长状态所决定的。通常是碳水化合物占优势就开花，氮素占优势就不能开花。即植物生长势太弱时，花芽不能形成，生长势很强时也不能形成花芽。因此，这类花卉可通过整形修剪来控制花期。如月季、叶子花等开花后进行短剪，促使其抽发新梢而不断开花。茉莉开花后加强追肥，并进行摘心，一年可多次开花。一串红经常摘心，花期可长达半年以上。对生长过旺的花卉，可进行环缢、环割、刻伤，促进花芽的形成。对生长过旺、过长的徒长枝可采用圈枝、曲枝的方法促进开花。生长过旺植株可采用断根、控水的方法，促使开花。

(六) 调节播种期和栽植期

1. 调节播种期 一些草本花卉在一定的环境条件下，从播种到开花的时间是相对固定的。因此，根据花卉从播种到开花所需天数和预期开花的时间，就可推算播种的时间。如要使下列花卉在国庆节开花，其播种的时间见表6-3。

表6-3 不同花卉"十一"国庆节开花播种时间表

品　种	播　期	品　种	播　期	品　种	播　期
万寿菊	6月中旬	翠菊	6月中旬	千日红	7月上旬
一串红	4月初	鸡冠花	6月中旬	凤仙花	7月上旬
半支莲	5月初	美女樱	6月中旬	百日草	7月上旬
茑萝	6月中旬	银边翠	6月中旬	孔雀草	7月上旬
大花牵牛花	6月中旬	旱金莲	6月中旬	矮翠菊	7月中旬

2. 调节栽植期 有些花卉可通过调节栽植时期来调节开花时期。如需十一开花，可于3月下旬栽葱兰，5月上旬栽植荷花，7月中旬栽植唐菖蒲。

七、盆花整形与修剪

整形与修剪是商品盆花栽培养护工作中重要的一环，它不仅可以创造和维持良好的形态，使其形态基本一致，还可以调节花卉生长发育，促进开花结果，从而提高观赏价值。整形是根据花卉生长发育的特性及商品盆花对株形的要求，通过对花卉进行剪截、绑扎、蟠曲、支缚等技术措施，培养出人们所需的特定形状。修剪就是对花卉的枝、叶、花、果、根等进行剪截、疏删等技术措施，调节枝叶花果的生长发育，调节树势，延长寿命，维持一定的株形。

（一）盆花整形

整形方法主要有支架法、诱引法、绑扎法、盘扎法、自然与剪截结合法等。支架与诱引法常用于一些攀援性强、枝条柔软的花卉，如常春藤、叶子花、令箭荷花等。通过支架与诱引可使枝叶分布均匀，利于通风透光，也可利用支架诱引造型。绑扎法适用于草本盆花花卉，按人们预先设计的株形，把整株花卉绑扎捏形成为动物、鸟类、字样等各种形态，使整株花卉形成崭新的株形，提高观赏价值。盘扎法适用于木本花卉类，通过铁丝缠绕盘扎造型。有些花卉在自然状态下有较好的形态，通过一般剪截处理，调整枝梢生长方向、枝梢长度及密度即可成形。

（二）盆花修剪方法

盆花修剪方法很多，主要有：

1. **摘心与剪梢** 摘心就是将枝梢嫩芽摘去。剪梢就是枝梢已开始木质化不便摘心时，需用剪刀将其剪去一部分。摘心与剪梢的作用是促使侧枝萌芽，增加枝梢数量，降低分枝部位，开花整齐，株型美观。

2. **抹芽与除萌** 抹去腋芽或刚萌生的嫩枝，其作用是及时除去不必要的枝梢，可节约养分，减少枝梢数量。除萌就是将植株基部萌蘖抹去。

3. **疏蕾、疏花、疏果** 疏去花蕾和幼果，目的是集中养分促使留下的花朵大色艳，果大美观。

4. **疏枝** 疏枝就是将枝条从基部剪去。疏枝可减少枝梢数量，使枝条疏密有致，利于通风透光。疏枝主要对象是剪除枯枝、病虫枝、纤弱枝、徒长枝、密生枝、无用枝等。一般应在休眠期进行。

5. **短截** 剪除枝条的一部分。其目的是为了促使侧芽萌发，降低分枝部位，定向培养枝梢，增强生长势。短截常用于木本花卉，一般宜在休眠期进行。短截时应注意剪口芽的方向，使它朝着较疏的方向发展。

6. **剪根** 剪除根的一部分。剪短过长的主根，促使侧根生长，有利于根系复壮。花卉换盆或翻盆时适度剪根，可抑制枝叶徒长，促使花蕾形成。剪根一般在休眠期进行。

八、盆花包装与运输

（一）盆花包装

花卉是有生命的有机体，受外界环境的影响比较大，尤其是一些名贵花卉，对损伤的抗性小，不耐挤压。随着盆花专业化、规模化、标准化生产的发展，对盆花的包装要求越来越高。近年来，许多花卉生产大国加强了对包装材料及尺寸的研究。可根据花卉品种、贮藏及运输方法的不同，采用各种包装设计和包装方法。通常，包装的目的都是为了花在贮藏及运输过程中尽量减少机械损伤、水分的损失，保持花卉最佳的状态。包装箱的尺寸还应考虑既节省贮运空间，又能保证足够的通风量，防止花卉衰败。

目前，盆花包装材料很多。生产上大多数用纸箱或塑料箱作为包装箱，配以专用套袋、卡板及泡沫填充料等进行包装。产品的规格化是包装的前提。因为包装箱的规格是不变的，因此，花卉的高度、冠幅大小要做到统一，才不会浪费空间。一般来说，包装箱要有足够抗颠簸及抗压的硬度。包装箱的净高度以植株连盆高度再加上 4～6cm 为宜。箱的长和宽以盆径的倍数来计算，但以一个人能方便搬运的尺寸、重量为宜。专用套袋的材料应选用质地柔软的包装纸或塑料薄膜。直径大于盆径 3～4cm，长度应比植株顶叶或顶花高出 3～5cm。卡板的作用是固定花盆，卡板的两边有脚，脚的高度最好离盆口 3～4cm。卡板中每卡孔的直径比花盆在卡板高度位置的直径小 0.5cm 左右为宜。包装箱下方应设标签进行标注，以利于售后服务，如标注生产单位、地址、联系电话、品种名称、质量等级、执行标准号、数量、装箱日期、装运要求等。

（二）盆花运输

国内盆花运输主要是公路和铁路运输。公路运输是目前盆花运输最流行的方式，运输方便，可以使用盆花专用运输车。铁路运输费用较便宜，但货量要求比较大，且装卸损伤也较大。盆花运输应注意：

（1）一般装车前一天应淋透水，土壤中等湿润时套袋、装箱。

（2）盆花包装完后，紧密排列在纸箱内，分层放置在车厢内，包装箱与车厢之间的空隙应尽量小，空隙大的地方要用泡沫或其他材料尽量塞紧。注意不要倒置和挤压。

（3）长途运输注意温、湿度变化。名贵花卉运输可采用空调车。

（4）货到达后须立即除去包装，将植株放入明亮处，注意保温、保湿。

第二节　一、二年生草本花卉

一、二年生花卉都是草本花卉，植株寿命在一二年内结束。可作为花坛、花境的美化材料。亦可作为切花与盆花观赏。

一、三色堇

学名：*Viola tricolor*。

别名：蝴蝶花、鬼脸花、猫儿脸等。

科属：堇菜科，堇菜属。

三色堇品种繁多，色彩鲜艳，花期颇长，是著名的早春花卉。

（一）形态特征

三色堇为多年生花卉，常作二年生栽培。多分枝，稍匍匐状生长。基生叶近心脏形，茎生叶较狭长，边缘浅波状，托叶大而宿存。花大，腋生，蓝、白和黄色。

（二）生态习性

原产欧洲，现广为栽培。较耐寒，喜凉爽，在昼温 15～25℃、夜温 3～5℃ 的条件下发育良好。昼温若连续在 30℃ 以上，则花芽消失，或不形成花瓣。日照长短比光照强度对开花的影响大，日照不良则开花不佳。喜肥沃、排水良好、富含有机质的中性壤土或黏壤土。花期在 4～6 月，果期 5～7 月。

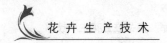

（三）繁殖方法与栽培要点

1. **繁殖方法** 以播种繁殖为主，也可扦插和压条繁殖。7月下旬至9月初播种，播前7～14d对种子进行低温处理有利于萌发。播种基质以腐殖土、沙和田园土等量混合。发芽适温15～20℃，7～10d发芽，一枚真叶时进行移栽，株行距4cm×4cm。

2. **栽培要点** 花坛用苗于10月上旬囤入阳畦，盖塑料薄膜越冬，冬季夜温不得低于5℃。每667m²应施腐熟肥5 000kg，并加施氮、磷、钾肥各7kg左右，其中80%用作基肥，20%为追肥。适时浇水和中耕除草。

病害主要有炭疽病，喷施苯菌灵或福美锌防治；灰霉病，喷施敌菌灵和克菌丹防治；若发生病毒病，应拔除病株，避免连作。

二、矮牵牛

学名：*Petunia×hybrida*。

别名：草牡丹、碧冬茄、番薯花等。

科属：茄科，矮牵牛属。

（一）形态特征

株高40～50cm，全株有黏质柔毛，分枝多，蔓性。叶柔软，互生或上部对生，卵形，全缘。夏季开花，花单生漏斗状，单瓣或重瓣，花瓣边缘皱褶或不皱褶，有白、紫、红、蓝等色，或间有条纹。雄蕊5枚，着生花冠筒部。

（二）生态习性

原产南美，喜温暖，不耐寒，生长适温15～20℃。喜阳光充足。忌水涝，喜排水良好的砂质壤土。花期4～10月。

（三）繁殖方法与栽培要点

1. **繁殖方法** 播种或扦插繁殖。春、秋播种均可，因种子细小，播后可不必覆土，上盖玻璃，以保持温度。

2. **栽培要点** 生长季节应及时浇水和施肥，但需注意施肥不可过多（特别是氮肥），以防徒长、倒伏。要注意随时进行修剪，以保持株形美观，开花繁茂。病虫害较少，易于栽培。

三、金盏菊

学名：*Calendula officinalis*。

别名：长生菊、黄金盏、金盏花等。

科属：菊科，金盏菊属。

（一）形态特征

金盏菊叶互生，长圆形。头状花序，花单生，花色有黄、浅黄、乳白、橙红等，且有单瓣和重瓣之分。

（二）生态习性

原产欧洲南部及地中海沿岸。耐寒，怕热，喜凉爽气候和阳光充足环境。气温超过25℃时对生长发育不利，对土壤要求不严。金盏菊的生长适温为7～20℃，幼苗冬季能耐

−9℃低温，成年植株以 0℃为宜。温度过低需加盖塑料薄膜保护，否则叶片易受冻害。冬季气温 10℃以上，金盏菊易发生徒长。夏季气温升高，茎叶生长旺盛，花朵变小，花瓣显著减少。

（三）繁殖方法与栽培要点

1. 繁殖方法 多用播种法繁殖，也可扦插繁殖。温暖地区秋季播种，寒冷地区可于早春在温室播种。

2. 栽培要点 管理粗放，只要按时浇水和施肥，即可生长良好。易受白粉病危害，可用 70%甲基硫菌灵可湿性粉剂 1 500 倍液，或 75%粉锈宁可湿性粉剂 1 000～1 200 倍液防治。

四、雏菊

学名：*Bellis perennis*。

别名：春菊、延命菊、马头兰花。

科属：菊科，雏菊属。

（一）形态特征

多年生草本植物，常作一、二年生栽培。株高 15～20cm。叶基部簇生，匙形。头状花序单生，花径 3～5cm，舌状花为条形。有白、粉、红等色。通常每株抽花 10 朵左右。花期 3～6 月。

（二）生态习性

雏菊喜冷凉、湿润、阳光充足，较耐寒，但怕严霜和风干。地表不低于 3～4℃的条件下可露地越冬。对土壤要求不严。花期 4～5 月。

（三）繁殖方法与栽培要点

1. 繁殖方法 播种或分株法繁殖。种子发芽适温 22～28℃，华北地区 8～9 月播种，10 月下旬移入阳畦越冬，翌年 4 月上盆或栽入花坛。

2. 栽培要点 生长季节只要保证适当的水肥，即可生长良好。花谢后可分根栽于盆中，置冷凉处越夏，秋凉后移入温室或居室内，加强肥水管理，冬季或翌春可再次开花。雏菊抗逆性强，病虫害较少。

五、瓜叶菊

学名：*Senecio cruentus*。

别名：千日莲、瓜叶莲、千里光。

科属：菊科，瓜叶菊属。

（一）形态特征

多年生草本。常作二年生温室栽培，全株密被绒毛。茎直立。心脏状卵形大叶片，叶缘具波状或多角状齿，形似黄瓜叶片，故名瓜叶菊；茎生叶的叶柄有翼，根出叶叶柄无翼。头状花序簇生呈伞房状，花有紫红、桃红、粉、紫、蓝、白等色，瓣面有绒毛。园艺品种极多。大致可分为大花型、星形、中间型和多花型四类，不同类型中又有不同重瓣和高度不一的品种。

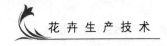

(二) 生态习性

喜凉爽，但惧严寒和高温。可在低温温室或冷床栽培，以夜温不低于5℃，昼温不高于20℃为最适宜。生长适温为10～15℃，温度过高时易徒长。生长期宜阳光充足，并保持适当干燥。暖地可作二年生露地花卉栽培。喜富含腐殖质、排水良好的砂壤土。花期长，由12月可延续至翌年5月。

(三) 繁殖方法与栽培要点

1. 繁殖方法 以播种为主。播种期根据所需花期而定。早花品种播后5～6个月开花；一般品种播后7～8个月开花；而晚花品种需10个月才能开花。

2. 栽培管理 栽培瓜叶菊从播种到开花，需经3～4次移植，定植时应施足基肥。养护过程中注意转盆，使植株不偏向生长，并应随着植株长大调整盆距，使其通风透光。瓜叶菊主要病虫害有白粉病、黄萎病、蚜虫等。

六、波斯菊

学名：*Cosmos bipinnatus*。

别名：扫帚梅、秋缨等。

科属：菊科，秋英属。

(一) 形态特征

茎细直立，分枝较多，光滑茎或具微毛。单叶对生，长约10cm，二回羽状全裂，裂片狭线形，全缘无齿。头状花序着生在细长的花梗上，顶生或腋生，花径5～8cm。总苞片2层，内层边缘膜质。舌状花1轮，花瓣尖端呈齿状，花瓣8枚，有白、粉、深红色。筒状花占据花盘中央部分，黄色。瘦果线形有喙，花期夏秋季。

园艺变种有白花波斯菊、大花波斯菊、紫红花波斯菊，园艺品种分早花型和晚花型两大系统，还有单、重瓣之分。

(二) 生态习性

原产墨西哥，喜光，耐贫瘠土壤，忌炎热，忌积水，对夏季高温不适应，不耐寒。需疏松肥沃和排水良好的壤土。

(三) 繁殖方法与栽培要点

1. 繁殖方法 常以播种繁殖。4月春播，发芽迅速，播后7～10d发芽。也可用嫩枝扦插繁殖，插后15～18d生根。幼苗具4～5片真叶时移植，并摘心，也可直播后间苗。

2. 栽培要点 栽植地如施以基肥，则生长期不需再施肥，土壤若过肥，枝叶易徒长，开花减少。7～8月高温期间开花者不易结种子。种子成熟后易脱落，应于清晨采种。波斯菊为短日照植物，春播苗往往叶茂花少，夏播苗植株矮小、整齐、开花不断。

其主要的病虫害有叶斑病、白粉病危害。可用50%硫菌灵可湿性粉剂500倍液喷洒。虫害有蚜虫、金龟子为害，用10%氯菊酯乳油2 500倍液喷杀。

七、万寿菊

学名：*Tagetes erecta*。

别名：臭芙蓉、万寿灯、蜂窝菊、臭菊花、蝎子菊。

科属：菊科，万寿菊属。

(一) 形态特征

茎直立，粗壮，多分枝，株高约80cm。叶对生或互生，羽状全裂；裂片披针形或长矩圆形，有锯齿，叶缘背面具油腺点，有强臭味。头状花序单生，有时全为舌状花，直径5~10cm；舌状花有长爪，边缘皱曲；花黄色、黄绿色或橘黄色。花期6~10月。瘦果线形，有冠毛。

(二) 生态习性

原产墨西哥，现广泛栽培。喜阳光充足的环境，耐寒、耐干旱，在多湿气候下生长不良。对土壤要求不严，但以肥沃疏松排水良好的土壤为好。

(三) 繁殖方法与栽培要点

1. **繁殖方法** 用播种繁殖或扦插繁殖。3月下旬至4月初播种，发芽适温15~20℃，播后一周出苗，苗具5~7枚真叶时定植。株距30~35cm。扦插宜在5~6月进行，很易成活。

2. **栽培要点** 管理较简单，从定植到开花前每20d施肥一次；摘心促使分枝。病虫害较少。

八、孔雀草

学名：*Tagetes patula*。

别名：小万寿菊、杨梅菊、臭菊、红黄草。

科属：菊科，万寿菊属。

(一) 形态特征

一年生草本花卉，植株较矮，株高30~40cm。羽状复叶，小叶披针形。花梗自叶腋抽出，头状花序顶生，单瓣或重瓣；花色有红褐、黄褐、淡黄、杂紫红色斑点等；花形与万寿菊相似，但花较小，花数较多。

(二) 生态习性

原产墨西哥，适应性强，喜温暖和阳光充足的环境，较耐旱、耐寒，对土壤和肥料要求不严格。在半阴处栽植也能开花。既耐移栽，又生长迅速，栽培管理很容易。撒落在地上的种子在合适的温湿度条件中可自生自长。在我国南方，它的开花期为3~5月及8~12月。

(三) 繁殖方法与栽培要点

1. **繁殖方法** 用播种和扦插繁殖均可。播种11月至翌年3月间进行。冬春播种的3~5月开花。扦插繁殖可于6~8月间剪取长约10cm的嫩枝直接插于庭院或花盆，遮荫覆盖，生长迅速。

2. **栽培要点** 孔雀草的适应性强，能耐旱耐寒，经得起早霜的考验。可自生自长，易于管理。病虫害少。

九、蒲包花

学名：*Calceolaria herbeo-hybrida*。

别名：荷包花。

科属：玄参科，蒲包花属。

(一) 形态特征

多年生，常作一年生栽培，株高约 30cm，全株茎、枝、叶上有细小绒毛，叶片卵形对生。花形别致，花冠二唇状，上唇瓣直立较小，下唇瓣膨大似蒲包状，中间形成空室，柱头着生在两个囊状物之间。花色变化丰富。种子细小多粒。

(二) 生态习性

原产南美地区，现分布世界各地。性喜凉爽湿润、通风的气候环境，怕高热、忌寒冷、喜光照，但栽培时需避免夏季烈日暴晒，需荫蔽，在 7～15℃ 条件下生长良好。对土壤要求严格，以富含腐殖质的砂质土为好。忌土湿，需有良好的通气排水的条件，以微酸性土壤为好。

(三) 繁殖方法与栽培要点

1. 繁殖方法　繁殖一般以播种繁殖为主，少量进行扦插。播种多于 8 月底、9 月初进行，此时气候渐凉。培养土以 6 份腐叶土加 4 份河沙配制而成，于"浅盆"内直接撒播，不覆土，用"盆底浸水法"给水，播后盖上玻璃或塑料布封口，维持 13～15℃，一周后出苗，出苗后及时除去玻璃、塑料布，以利通风，防止猝倒病发生。逐渐见光，使幼苗生长苗壮，室温维持在 20℃ 以下。当幼苗长出两片真叶时分盆。

2. 栽培要点　蒲包花对栽培环境条件要求较高，"娇气"较重，既怕冷、怕热、又怕湿。生长适温为 13～17℃，如高过 25℃ 就不利开花。它经常需要长日照射，在花芽孕育期间，每天要求 16～18h 光照。盆土以腐叶土或混合培养土为好，从播种苗第一次上盆到定植，通常要倒 3 次盆，定植盆径为 13～17cm。生长期内每周追施一次稀释肥，要保持较高的空气湿度，但盆土水分不宜过大，空气过于干燥时宜多喷水，少浇水，浇水掌握间干间湿的原则，防止积水烂根。浇肥勿使肥水沾在叶面上，造成叶片腐烂。冬季室内温度维持在 5～10℃，光线太强要注意遮荫。蒲包花自然授粉能力差，须人工授粉，授粉后去除花冠，避免花冠霉烂，并可提高结实率，5～6 月种子逐渐成熟，在果实未开裂前种子已变褐色时，及时收取。

十、鸡冠花

学名：*Celosia cristata*（*C. argenta* var. *cristata*）。

别名：鸡髻花、老来红。

科属：苋科，青葙属。

(一) 形态特征

一年生草本，株高 40～90cm，茎直立粗壮。叶卵状披针形，全缘。花序顶生及腋生，扁平鸡冠形。花有白、淡黄、金黄、淡红、火红、紫红、棕红、橙红等色。胞果卵形，种子黑色有光泽。

(二) 生态习性

原产东亚及南亚亚热带和热带地区，喜阳光充足、湿热，不耐霜冻。不耐瘠薄，喜疏松肥沃和排水良好的土壤。花期为夏、秋季直至霜降。生长期喜高温、全光照且空气干燥的环境，较耐旱，不耐寒。

（三）繁殖方法与栽培要点

1. **繁殖方法** 常用种子繁殖，繁殖能力强。早春温室播种，发芽适温20℃，7～10d发芽。

2. **栽培要点** 大球鸡冠应注意除去侧芽，保持一株一花。盆土以一般培养土即可，日照需充足，土壤要保持湿润，定植成活后，每隔15～20d施肥1次，氮肥不宜过多，以免植株徒长而延迟开花。

十一、羽衣甘蓝

学名：*Brassica oleracea* var. *acephala* cv. *Tricolor*。

别名：花包菜、叶牡丹。

科属：十字花科，甘蓝属。

（一）形态特征

二年生草本植物。叶大，叶缘细皱，嫩时聚成球状，成长后心叶不结球，色彩鲜艳，有紫红、白、黄等色。分高性和矮性两个品种。是食用甘蓝包菜的园艺变种，其观赏品种较多，有皱叶、不皱叶和深裂叶；有叶缘呈翠绿、灰绿、深绿色的，还有叶中呈白、黄、玫瑰红、紫红色等，都是适于观赏的各有特色的品种。

（二）生态习性

原产欧洲，喜凉爽湿润气候，耐寒，可经得起短时间－10℃的低温，在旬平均温度10℃左右就可缓慢生长，其最适合的生长温度为17～20℃。喜肥，生长早期氮肥需求多，在疏松肥沃的土壤中生长最为适宜。

（三）繁殖方法与栽培要点

1. **繁殖方法** 采用播种法，发芽适温20～25℃，生长适温15～25℃。作花坛或盆花宜在7月中旬播种，播种前应用呋喃丹等对播种苗床进行杀虫灭菌处理。小苗期间，为避免晴天烈日暴晒，中午前后要进行遮荫，同时要积极进行追肥、除草、间苗，当苗长到有4片叶时，应分栽一次，当长至6～7片叶时，再定植或上盆。

2. **栽培要点** 8月底完成分栽工作。分栽的苗床要施足基肥，盆栽的也一样，成活后即可薄肥勤施。进入9～10月，天气渐渐凉爽，花包菜生长加快，此时应供应充足的水肥，促进植株旺盛生长，早日显现鲜艳的色彩。若进行地栽，可结合松土、除草，每月施粪肥2～3次，盆栽的7～10d施肥一次。在此期间，要特别注意蚜虫及菜青虫的防治工作，11月上旬羽衣甘蓝变色，可分栽上花坛，也可分栽上盆供家庭观赏。当叶子生长茂盛时，可适当摘除下部叶片，以保持美观。

十二、千日红

学名：*Gomphrena globosa*。

别名：万年红、杨梅花、千年红、火球花。

科属：苋科，千日红属。

(一) 形态特征

一年生直立草木，株高 30～80cm。全株密被灰白色柔毛。茎粗壮，有沟纹，节膨大，多分枝，单叶互生，椭圆或倒卵形，全缘，有柄；头状花序单生或 2～3 个着生枝顶，花小，每朵小花外有两个蜡质苞片，并具有光泽，颜色有粉红、红、白等色，观赏期 8～11 月，胞果近球形，种子细小。

(二) 生态习性

原产亚洲热带。喜光，喜炎热干燥气候和疏松肥沃土壤，不耐寒。

(三) 繁殖方法与栽培要点

1. **繁殖方法** 可播种繁殖，也可扦插繁殖。发芽适温 16～23℃，7～10d 出苗。

2. **栽培管理** 3 月份保护地育苗，5 月份定植露地，花期 7～10 月；5 月露地播种，初秋始花。栽培管理粗放，浇水施肥不可过多，花后应及时修剪，以便重新抽枝开花。

病害有千日红病毒病，可从防虫与汁液传毒两个方面预防；虫害有红缘灯蛾，可用黑光灯诱杀成虫，人工采摘有卵叶片集中处理。

十三、向日葵

学名：*Helianthus annus*。

别名：葵花、朝阳花、太阳花等。

科属：菊科，向日葵属。

(一) 形态特征

一年生草本，高 100～300cm。茎直立，粗壮，圆形多棱角，被白色粗硬毛。叶通常互生，心状卵形或卵圆形，先端锐突或渐尖，边缘具粗锯齿，两面粗糙，被毛，有长柄。头状花序，直径 10～30cm，单生于茎顶或枝端，常下倾。总苞片多层，叶质，覆瓦状排列，被长硬毛。夏季开花，花序边缘为黄色的舌状花，不结实。花序中部为两性的管状花，棕色或紫色，结实。瘦果，倒卵形或卵状长圆形，稍扁平，果皮木质化，灰色或黑色，俗称葵花子。性喜温暖，耐旱。原产北美洲，世界各地均有栽培。

(二) 生态习性

喜温暖，要求阳光充足，耐旱，耐瘠薄，盐碱地也能生长。

(三) 繁殖方法与栽培要点

1. **繁殖方法** 播种繁殖。早春露地直播，在 4～5℃可发芽，7d 后发芽。幼苗生长迅速，应及时间苗。

2. **栽培管理** 株行距一般 40～60cm，管理粗放，易于栽培。

常见的病害有白粉病和黑斑病。发病时可以清除残株，同时喷洒 75%百菌清可湿性粉剂 500 倍液或 70%甲基硫菌灵可湿性粉剂 800 倍液进行防治。虫害主要有盲蝽和红蜘蛛为害，可用 40%乐果乳油 800 倍液或 73%炔螨特乳油 1 500 倍液进行喷雾防治。

十四、茑萝

学名：*Quamoclit pennata*。

别名：五角星花、羽叶茑萝、绕龙草、锦屏封、小牵牛。

科属：旋花科，茑萝属。

(一) 形态特征

一年生缠绕草本。叶互生，羽状深裂，裂片线形。茎细长，光滑，长达 6～7m，聚伞花序腋生，花冠红色，呈五角星形，径约 2cm，有白色及粉红色变种。蒴果卵圆形，种子黑色，长卵形，有棕色细毛。花期 7～10 月，果期 8～11 月。

(二) 生态习性

原产美洲热带。生长喜温暖向阳环境，不耐寒，能耐干旱和瘠薄，以在湿润肥沃、排水良好的土壤生长最佳，易自播。为短日照植物，在 20℃经短日照处理，很快花芽分化而开花。花朵通常清晨开放，不到中午即行凋谢。

(三) 繁殖方法与栽培要点

1. **繁殖方法** 播种繁殖，多直播。当小苗长出 3～4 片真叶时定植，若待苗很大时再移植就不容易成活。居住楼房的可用浅盆播种。

2. **栽培要点** 随着幼苗生长，及时用细线绳牵引，或用细竹片扎成各式支架，做成各式花架盆景。生长季节，适当给予水肥。盆栽茑萝每 1～2d 浇水一次，开花前追肥一次上盆时盆底放少量蹄片作底肥，以后每月追施液肥一次，经常保持盆土湿润。

十五、福禄考

学名：*Phlox drummondii*。

别名：草夹竹桃、洋梅花、桔梗石竹。

科属：花葱科，福禄考属。

(一) 形态特征

一年生草本，株高 15～45cm。茎直立多分枝，有腺毛。基部叶对生，上部叶有时互生，叶宽卵形、长圆形至披针形，长 2.5～4cm，先端尖，基部渐狭，稍抱茎。聚伞花序顶生，花冠高脚碟状，直径 2～2.5cm，裂片 5 枚，平展，圆形，花筒部细长，有软毛，原种红色。园艺栽培种有淡红、紫、白等色。花期 5～6 月。蒴果椭圆形或近圆形，成熟时 3 裂，种子倒卵形或椭圆形，背面隆起，腹面较平。

(二) 生态习性

原产北美南部，性喜温暖，稍耐寒，忌酷暑。在华北一带可冷床越冬。适宜排水良好、疏松的壤土，不耐旱，忌涝。

(三) 繁殖方法与栽培要点

1. **繁殖方法** 常用播种繁殖，暖地秋播，寒地春播，发芽适温为 15～20℃。种子生活力可保持 1～2 年。秋季播种，幼苗经一次移植。

2. **栽培要点** 10 月上、中旬可移栽至冷床越冬，早春再移至地畦，及时施肥，4 月中旬可定植。花期较长。蒴果成熟期不一，为防种子散落，可在大部分蒴果发黄时将花序剪下，晾干脱粒。

十六、一串红

学名：*Salvia splendens*。

别名：草象牙红、撒尔维亚、西洋红、墙下红、爆竹红、炮仗红等。

科属：唇形科，鼠尾草属。

(一) 形态特征

多年生草本，常作一年生栽培。茎四棱形，基部木质化，株高达90cm。叶对生，三角形卵形。轮伞状花序具2~6朵花，顶生密集，像一串鞭炮。花筒长，鲜红色，还有白、粉、紫、黄等类型。花期长，从夏到秋，花开不绝。

(二) 生态习性

原产巴西地区。喜温暖湿润的气候和光照充足的环境。忌强光直射，可耐半阴。不耐干旱及霜冻，最适生长温度为20~25℃。温度在15℃以下，叶逐渐变黄以至脱落。对土壤肥力要求不严格，但在疏松肥沃、排水良好的土壤上生长健壮。

(三) 繁殖方法与栽培要点

1. **繁殖方法** 播种繁殖，也可扦插繁殖。幼苗具2片真叶、已生根、叶腋间长出新叶，应及时盆栽。

2. **栽培要点** 常用盆径10~12cm盆移栽，移栽后15~20d，用0.1% B_9 水溶液喷洒叶面，控制植株高度。同时，施用"卉友"20-20-20通用肥。这样，正常生长30~40d即可开花。传统栽培中用摘心来控制花期、株高和增加开花数。幼苗盆栽后，待6片真叶时进行第一次摘心，促使分枝。生长过程中需进行2~3次摘心，使植株矮壮，茎叶密集，花序增多。但最后一次摘心必须离盆花上市前25d结束。每次摘心后应施肥，见花蕾后增施两次磷、钾肥。一串红种子易脱落，待萼筒由红转白时采收种子，充分干燥后置于室内贮藏。

十七、观赏辣椒

学名：*Capsicum frutescens* var. *cerasiforme*。

别名：朝天椒、五色椒、佛手椒、樱桃椒、珍珠椒。

科属：茄科，辣椒属。

(一) 形态特征

草本，茎半木质化，常作一年生栽培。茎直立，半木质化，黄绿色，多分枝，株高40~60cm。单叶互生，卵状披针形或矩圆形、全缘，先端尖，叶面光滑。花较小、白色，单生于叶腋，或簇生枝顶，浆果直立，斜垂或下垂，指形、圆锥形或球形，幼果绿色，熟后红色、黄色或带紫色。

(二) 生态习性

原产于南美。喜阳光充足、温暖的环境，喜湿润、肥沃的土壤，耐肥，不耐寒，能自播。苗期适宜温度20℃，开花期15~20℃，果实成熟时期25℃以上，低于10℃或高于35℃发育不良。要求湿润肥沃的土壤。

(三) 繁殖方法与栽培要点

1. **繁殖方法** 春季4月播于室内苗床或进行盆播。

2. **栽培要点** 幼苗2叶展开后移植一次，待苗高10cm时即可上盆。生长期间要多施肥料，促使大量分枝，增多结果部位。

主要病害有病毒病、炭疽病和疫病等。虫害主要有蚜虫、螨类和白粉虱等。观赏辣椒的病虫害可按常规方法进行防治。

十八、四季报春

学名：*Primula obconica*。

别名：樱草、鄂报春、仙鹤莲。

科属：报春花科，报春花属。

(一) 形态特征

株高约30cm，叶长圆形至卵圆形。伞形花序较大，花漏斗状，花多且色彩鲜艳，有白、洋红、紫红、蓝、淡红或淡紫色等。

(二) 生态习性

原产我国西部。喜光，但怕强光，较耐寒，耐阴，怕高温。适宜肥沃、排水良好的酸性腐叶土。

(三) 繁殖方法与栽培要点

1. **繁殖方法**　常用播种和分株繁殖。①播种繁殖，种子细小，寿命短，采种后即播，发芽适温23～25℃，播后10～15d发芽；②分株繁殖，在夏、秋季进行，将子株分别盆栽。

2. **栽培要点**　幼苗具2片真叶时移入盆径6cm盆，具6～7片真叶时定植于10cm盆。生长期室温不宜过高，以13℃为最好。每半月施肥一次，并保持土壤湿润。秋冬时增施一次磷肥，花期切忌日晒，花后剪去花茎和摘除枯叶，可延长花期。

十九、紫罗兰

学名：*Matthiola incana*。

别名：草桂花、四桃克、香瓜对。

科属：十字花科，紫罗兰属。

(一) 形态特征

二年生或多年生草本花卉，一般在前一年秋季播种，翌年春季开花，株高30～60cm，全株被灰色星状柔毛，茎直立，基部稍木质化。叶面宽大，长椭圆形或倒披针形，先端圆钝。总状花序顶生和腋生，花梗粗壮，花有紫红、淡红、淡黄、白等颜色。单瓣花能结实，重瓣花不能结。果实为长角果圆柱形，种子有翅。花期3～5月，果熟期6～7月。

(二) 生态习性

原产地中海沿岸。喜冷凉气候，冬季能耐-5℃低温，忌燥热。要求肥沃湿润及深厚的壤土。喜阳光充足，但也稍耐半阴。施肥不宜过多。除一年生品种外，均需用低温处理以通过春化阶段而开花，因而露地常作二年生栽培。生长适温白天15～18℃，夜间10℃左右，但在花芽分化时需5～8℃的低温诱导。

(三) 繁殖方法与栽培要点

1. **繁殖方法**　播种繁殖。播种适期因各品种开花的时期、生产方式和栽培形式有差异而不同。播种后经过30～40d，在真叶6～7片时定植。

2. **栽培要点** 紫罗兰为直根系，不要挖断根苗，应很小心地带土移栽。通常无需摘心。在10月中旬，植株30～40cm高时，要张网。主要病害有枯萎病、黄萎病、白锈病及花叶病。

二十、长春花

学名：*Catharanthus roseus*。
别名：雁来红、日日新、四时春、人面桃花。
科属：夹竹桃科，长春花属。

（一）形态特征

多年生草本，在南方呈亚灌木状，高达60cm；北方多作一年生栽培，高约40cm。幼枝绿色或红褐色，它和叶背、花萼、花冠筒及果均被白色柔毛。单叶对生，长圆形或倒卵形，全缘，光滑，长4～7cm，宽2～3cm，先端中脉伸出成短尖。花1～2朵腋生；花萼绿色，5裂；花冠高脚碟状，粉红色或紫红色，长2.5～3cm，裂片5；蓇葖果2枚，圆柱形，长2～3cm，有种子数颗，成熟后果实易开裂，种子掉落。花期：热带、南亚热带近全年；长江流域及其以北7～9月，果熟期9～10月。

（二）生态习性

性喜高温高湿，耐半阴，生长最适温度为20～33℃。阳光充足和稍干燥环境。怕严寒，忌水湿。对土壤要求不严。花期7～10月。喜光性植物，生长期必须有充足阳光，叶片苍翠有光泽，花色鲜艳。若长期生长在荫蔽处，叶片发黄落叶。

（三）繁殖方法与栽培要点

1. **繁殖方法** 播种繁殖，长江流域及其以北通常4月中旬播种，发芽适温20～25℃，苗有3对真叶时移植。
2. **栽培要点** 管理简单，无特殊要求，但应避免积水。生长期可进行1～3次摘心。病虫害较少，常有叶腐病、锈病和根疣线虫危害。

第三节　多年生宿根草本花卉

一、四季秋海棠

学名：*Begonia semperflorens*。
别名：四季海棠、瓜子海棠等。
科属：秋海棠科，秋海棠属。

（一）形态特征

多年生常绿草本植物，株高15～40cm，茎直立，多分枝，肉质，光滑。叶互生，有光泽，卵形，边缘有锯齿，绿色或带淡红色。花为聚伞花序，腋生，花色有红、粉红、白色等，花期夏秋季。

（二）生态习性

喜温暖、湿润、半阴环境，不耐寒，生长适温10～30℃，低于10℃生长缓慢。在适宜的温度下，可四季开花，花期长，连续开花性强，具有边开花边生长的特性。温度较高时生长不良，会引起叶片的灼伤、焦枯。适宜空气湿度较大、土壤湿润的环境，不耐干燥，忌积水。

(三) 繁殖方法与栽培要点

1. **繁殖方法** 用播种和扦插繁殖。

（1）播种繁殖。播种前先将培养土准备好，装入播种容器中，用手轻轻压平，洒水使之湿润，为确保播种的均匀度，种子应与干净的细沙拌后进行播种。因种子极为细小，播种后不要覆土，发芽温度保持在18～22℃之间，空气相对湿度为90%以上，经6～7d后种子陆续发芽。

（2）扦插繁殖。扦插时间以春、秋季进行最好。剪取长10cm的顶端嫩枝作插穗，扦插基质用细沙或珍珠岩，扦插时插穗一半插入基质中。基质保持湿润，避免过湿。保持较高的空气湿度和20～25℃的温度，插后16～20d生根。

2. **栽培要点** 四季秋海棠根系发达，生长快，每年春季需换盆，加入肥沃疏松的腐叶土。生长期保持盆土湿润，浇水要充足，但不可过湿，冬季应减少浇水量。每半月施肥一次，花芽形成期，增施1～2次磷、钾肥。开花期应保持有充足的光照，光照不足时，花色显得暗淡，缺乏光泽，茎叶易徒长、柔弱。苗高10cm时应打顶摘心，压低株形，促使侧枝萌发，使株形整齐。

二、丽格海棠

学名：*Begonia hiemalis*。

别名：玫瑰海棠。

科属：秋海棠科，秋海棠属。

丽格海棠是球根海棠和野生海棠的杂交品系，是国际上十分流行的盆花品种。因其花期正逢春节，是重要的年宵花卉。

(一) 形态特征

宿根草本花卉。茎肉质多汁，易折断。单叶互生，心形，叶色多为绿色，叶缘为锯齿状，叶柄及叶面有纤毛，具光泽。腋生聚伞花序，花形多样，多为重瓣，花色有红、橙、黄、白等，颜色鲜艳，11月现蕾，花期长达半年以上，具有很高的观赏价值。

(二) 生态习性

喜温暖、湿润、通风良好的栽培环境，对光照、温度、水分及肥料要求比较严格。最适宜的生长温度为15～22℃，忌高温；低于5℃时会受冻害；超过28℃，逐渐进入半休眠或休眠状态。夏季高温高湿，易腐烂死亡。喜散射光，忌强光直射。短日照植物，长日照延迟花期。要求富含腐殖质、疏松、湿润、排水良好的微酸性砂壤土。

(三) 繁殖方法与栽培要点

1. **繁殖方法** 常用扦插法。扦插最适宜的时间是天气凉爽的秋季。选取粗壮的嫩枝作插穗，每个插穗含2～3个芽，用刀片将枝条下部切成楔形，插于蛭石或河沙中，插后浇透水，注意不要沾湿叶片。约经20d发根，待根系多时移植上盆。

2. **栽培要点** 盆土可用腐叶土、泥炭土、沙按2∶1∶1配制，适当加入基肥。上盆后浇透水。生长初期要控制浇水，防止徒长。生长期需经常浇水，保持盆土湿润。夏季高温时，控制水分，停止施肥，表土发白时再浇水，以防烂根。冬春季应减少浇水。浇水时不要浇到叶片上，以免烂叶。生长期每10d追施一次含磷、钾的稀薄液肥，注意避免肥浇到叶面上。株高约6cm时摘除顶芽，促进分枝。现蕾时应疏除过多的花蕾，使花大色艳。夏季高温时，可通过遮阳、喷雾、通风调节，控制气温在28℃以下，冬季最低温度保持在10℃以上。

三、天竺葵

学名：*Pelargonium hortorum*。

别名：洋绣球、石蜡红。

科属：牻牛儿苗科，天竺葵属。

（一）形态特征

幼苗呈草本，肉质多汁，老株半木质化，髓心中空。全株具一种特有的气味。单叶互生，圆形、肾形或扇形，具掌状浅裂。伞形花序生于嫩枝的顶部，总梗较长，总苞内含小花数朵至数十朵，花色有白色、粉红、桃红、大红、淡紫及复色等，有单瓣和重瓣品种。还有彩叶变种，叶面嵌合着黄、白、紫红等斑纹。

天竺葵种类很多，常见的有马蹄纹天竺葵（洋绣球，叶面中部常带有一圈紫褐色晕环）、蔓性天竺葵（爬蔓绣球）、大花天竺葵（洋蝴蝶，杂交一代花品种）、香叶天竺葵（叶有香气，茎叶含香叶醇和香草醇）、芳香天竺葵（麝香天竺葵，花小白色，含芳香油，手触叶片即发出香气）、菊叶天竺葵（茎有长毛，叶近三角形，二回羽状深裂，花期夏季）。

（二）生态习性

原产非洲南部。性喜气候温和，冬怕严寒干燥，夏怕酷暑湿热，适宜生长温度15～20℃。冬季不应低于5℃，夏季25℃以上植株处于休眠或半休眠状态。高温时期需放半阴环境养护，生长期需光照充足，开花艳丽。要求含腐殖质疏松肥沃、通透性强的中性培养土。

（三）繁殖方法与栽培要点

1. 繁殖方法 天竺葵通常用扦插繁殖，春、秋季扦插容易成活。3月上旬结合修剪在室内盆插，成活率高，当年秋季即可开花。秋插的翌春开花。5月以后高温伴随多湿，扦插成活率低，往往容易腐烂。新老枝条扦插都能成活。选一年生健壮枝自基部分枝点剪取，伤口小，愈伤快，易成活。插穗长7～8cm，保留顶部1～2片小叶，将基部节下用利刀削平，插入洁净的细沙土中，深度3cm。插后浇透水，以后保持盆土湿润，不可过干或过湿。室温20℃左右，约一个月即可发根。

2. 栽培要点 天竺葵生长快，每年需换盆土加基肥1次，通常在早春2月至3月上旬进行，先重修剪，每枝只留基部3个侧芽，然后脱盆，将周围老根切掉，换新的培养土并施入基肥。4月上旬发出新梢后，每周追施一次稀薄有机液肥。浇水时应见干见湿，防止浇水过多。7～8月高温时要注意遮荫，经常喷水降温，保持周围环境湿润，盆中不可积水。冬季早霜到来前移入温室，室温不低于12℃，光照充足，空气清新，可连续开花。

四、石竹

学名：*Dianthus chinensis*。

别名：洛阳花、中国石竹、绣竹。

科属：石竹科，石竹属。

(一) 形态特征

株高 30～40cm，直立簇生。茎直立，有节，膨大似竹，多分枝。叶对生，条形或线状披针形。花萼圆形，花单生或簇生于茎顶，形成聚伞花序，花径 2～3cm，花色有红色、紫红、粉红、纯白、杂色，单瓣 5 枚或重瓣，先端锯齿状，具微香气。花期 4～10 月。蒴果长圆形，种子扁圆形，黑褐色。

常见栽培的品种有须苞石竹（又名美国石竹、五彩石竹，花色丰富，花小而多，聚伞花序，花期在春夏两季）、锦团石竹（又名繁花石竹，矮生，花大，有重瓣）、常夏石竹（花顶生 2～3 朵，芳香）、瞿麦（花顶生，呈疏圆锥花序，淡粉色，芳香）。

(二) 生态习性

原产中国。喜凉爽、湿润、光照充足的气候，性耐寒而不耐酷暑，耐旱忌水涝。喜高燥、通风和排水良好的含石灰质肥沃壤土。

(三) 繁殖方法与栽培要点

1. 繁殖方法 采用播种、扦插和分株繁殖。

(1) 播种繁殖。种子发芽最适温度为 21～22℃。播种繁殖一般在 9 月进行。播后，保持盆土湿润，10d 左右即出苗。当苗长至 4～5 片叶时可移植。

(2) 扦插繁殖。在 10 月至翌年 2 月下旬进行为好。枝叶茂盛期剪取嫩枝作插穗，插穗长 5～6cm，插后浇水保持湿润，插后 15～20d 发根。

(3) 分株繁殖。在秋季或早春进行。

2. 栽培要点 栽培石竹要求施足基肥，每盆种 2～3 株。苗高 15cm 时摘心，促其分枝，以后注意适当疏除腋芽，适当控制分枝，使养分集中于花。生长期间宜放置在向阳、通风良好处养护，保持盆土湿润，每隔 10d 左右施一次腐熟的稀薄有机液肥。夏季雨水过多，注意排水。开花前应及时去掉一些叶腋花蕾，保证顶花蕾开花。

五、火鹤

学名：*Anthurium scherzerianum*。

别名：席氏花烛。

科属：天南星科，花烛属。

(一) 形态特征

多年生草本。株高一般为 50～80cm。具肉质根，无茎，叶从根茎抽出，具长柄，单生，心形，鲜绿色，叶脉凹陷。花腋生，花朵由佛焰苞和肉穗花序组成，花序螺旋状卷曲，佛焰苞正圆形至卵圆形，鲜红色、橙红色、白色。肉穗花序，黄色，圆柱状，直立。

(二) 生态习性

原产于南美洲的热带雨林地区。现在荷兰、巴西和哥伦比亚种植较多。喜温暖畏寒，生长适温为 18~25℃，临界低温为 15℃。喜湿润，怕干旱。喜半阴、怕强光暴晒。喜疏松、排水良好的土壤。

（三）繁殖方法与栽培要点

1. 繁殖方法 一般采用分株繁殖。春季 2~3 月进行。将母株从花盆中脱出，抖去盆土，剪去盘结的根，用利刀将子株分开，移栽在盆中。刚分株的小苗，根系受损，应注意不要浇过多的水，以免烂根。约 20~30d 即可长新根。

2. 栽培要点 盆栽基质选用腐叶土（或泥炭土）、苔藓加少量园土和木炭等混合。定植后要浇足水分，放在阴凉的地方，待生根后放在半阴位置，使它接受散射光照，以增强光合作用。生长期间每月施 1~2 次薄肥。生长季节浇水要充足，但要注意浇水见干见湿，切忌盆内积水，否则易引起烂根。从 10 月至翌年 3 月应控制浇水。夏秋季应保持较高的空气湿度，每天要向叶面喷水 2~3 次，同时向地面上洒水。火鹤花怕寒冷，越冬期间室温以保持在 15℃ 以上为宜。火鹤花喜半阴，怕强光，故春、夏、秋季应适当遮阳。冬季不需遮阳。一般每隔 1~2 年于早春 3~4 月换一次盆。

六、君子兰

学名：*Clivia miniata*。
别名：剑叶石蒜、宽叶君子兰、达木兰。
科属：石蒜科，君子兰属。

（一）形态特征

多年生草本花卉。叶剑形，互生，排列整齐，叶基部套叠成鳞片状，长 30~50cm，有光泽。肉质根粗壮，茎分根茎和假鳞茎两部分。花茎从叶丛中抽出，直立生长；花瓣 6 裂，花朵橙红色；聚伞花序，可着生小花 10~60 朵；冬春开花，尤以冬季为多；小花可开 15~20d，先后轮番开放；花期 2~3 个月。每个果实中含种子一粒至多粒。

君子兰的品种一般分为狭叶君子兰、大花君子兰和垂笑君子兰。是重要的盆栽花卉。

（二）生态习性

原产非洲南部。怕炎热、不耐寒，喜欢半阴而湿润的环境，畏强烈的直射阳光，生长的最适温度在 18~22℃ 之间，低于 5℃ 或高于 30℃ 生长受抑制。君子兰喜欢通风的环境。喜深厚、肥沃、疏松、略带酸性的土壤。

（三）繁殖方法与栽培要点

1. 繁殖方法 主要采用播种法和分株法。

（1）播种繁殖。大花君子兰用种子繁殖比较普遍。先要进行人工异株授粉，异株授粉结种子率高，健壮的植株经异株繁殖后一般可结种子 10 粒；同株授粉只能结种子几粒。当果皮由绿色逐渐变为黑紫色时，即可将果穗剪下，经 10~20d 后把种子剥出。播种前，将种子放入 35℃ 的温水中浸泡 30min 后取出，晾 1~2h，即可播入培养土中，在室温 20~25℃ 环境中，湿度保持在 90% 左右，1~2 周即萌发出胚根。

（2）分株繁殖。先将君子兰母株从盆中脱出，去掉宿土，找到可以分株的腋芽。如果子株生在母株外沿，株体较小，可以一手握住鳞茎部分，另一手捏住子株基部，掰一下，就能把子株掰离母体；如果子株粗壮，不易掰下，就要用已消毒的锋利小刀把它割下来。

不可强掰，以免损伤幼株。子株割下后，应立即用干木炭粉、草木灰涂抹伤口，以吸干流汁，防止腐烂。接着，将子株上盆种植。种植深度以埋住子株的基部假鳞茎为度，并盖上一层经过消毒的培养土。随即浇一次透水，待到两周后伤口愈合时，加盖一层培养土。一般经1~2个月长新根，1~2年后开花。

2. **栽培要点** 君子兰适宜含腐殖质丰富的微酸性的土壤。在腐殖土中加入的20%沙土粒，有利于根系生长。君子兰具有较发达的肉质根，根内贮存着一定的水分，所以比较耐旱。不能浇水过多，否则会烂根。但在夏季高温、空气干燥的天气情况下也应及时浇水，否则，花卉的根、叶都会受到损伤，导致新叶萌发困难，叶片焦枯，不仅影响开花，甚至会引起植株死亡。浇水时应经常注意盆土干湿情况，盆土见干就要浇一次水，保持盆土湿润。君子兰换盆时应施基肥。常用腐熟的厩肥、堆肥、豆饼肥等作基肥。追肥可用浸泡沤制好的有机肥对清水浇施。浇液肥后隔1~2d要浇一次清水。

七、广东万年青

学名：*Aglaonema modestum*。
别名：亮丝草、竹节万年青、大叶万年青。
科属：天南星科，亮丝草属。

(一) 形态特征

茎直立，株高多在50~60cm以下。节部明显似竹。叶椭圆形至卵形，深绿色，有光泽。光照强时呈银白色，叶柄带鞘。花序生于茎顶，由肉穗花序和佛焰苞组成。

同属常见的还有：波叶亮丝草（叶表具灰白色的斑纹）、爪哇万年青（茎很短，在基部分枝，叶厚，暗绿色，有光泽，叶面具白色星状斑点）、斑叶万年青（叶色暗绿，有光泽，具灰绿色的大型花斑）。

(二) 生态习性

原产菲律宾和我国广东。性喜高温多湿环境。耐阴性强，忌强光直射。耐湿性能好，水中可养，忌干旱。生长温度为25~30℃，越冬低温应高于5℃。要求疏松肥沃、排水良好的微酸性土壤。

(三) 繁殖方法与栽培要点

1. **繁殖方法** 常用扦插繁殖和分株繁殖。

(1) 扦插繁殖。可用嫩枝扦插和老枝扦插。嫩枝扦插在6~7月梅雨季节进行；老枝扦插可在第二年3~4月间进行。选择健壮枝条剪取插穗，穗长10~15cm，下部切口应在节下0.5cm处切断。切口要平滑，剪掉下部叶，保留顶叶。扦插生根的温度为25~30℃为宜，保持空气相对湿度为80%左右，放在阴凉处，约一个月生根。

(2) 分株繁殖。可结合每年春季换盆时进行，分株时，将植株从盆中脱出，并从基部分成几个株丛切开，然后上盆。分株后第一次水要浇透，并放在阴凉处，经常保持湿润。

2. **栽培要点** 盆栽用土选用腐殖土、园土、粗沙按3:1:1的比例混合，加入适量基肥。生长期供水应充足，盛夏每天早晚还应向叶面喷水，提高空气湿度，冬季枝叶生长缓慢，应控制水分，盆土不宜过湿。夏季应放在半阴处养护。生长期间枝叶生长旺盛，每半月施一次液体肥料，液肥可使用腐熟稀薄的饼肥水或复合化肥溶液。

八、观赏凤梨

凤梨属于凤梨科,约有 60 个属,1 400 余种。在凤梨家族中,有观赏性并不高却能结果食用的品种,称为食用凤梨(菠萝);有花叶奇特、花色鲜艳,观赏价值高,但不能结果的品种,人们把它称为观赏凤梨或菠萝花。目前,在我国栽培量较大的观赏凤梨,主要有水塔花属、姬凤梨属、果子蔓属、彩叶凤梨属、铁兰属、光萼荷属、立穗凤梨属等。

(一) 形态特征

多年生草本植物。株形秀美,叶色光亮,质地厚实,有的品种叶片有纵向或横向条纹或彩带。叶片簇生于短缩茎上,莲座状叶丛,形成叶杯,主要以观花、观苞片为主;也有观叶的种类;还有不少种类花叶并貌,既可观花又可观叶。

1. **水塔花** 又称火焰凤梨、红笔凤梨、红藻凤梨,为凤梨科水塔花属。茎甚短,叶阔披针形,急尖,长 30~50cm、宽 4~5cm,鲜绿色,革质。边缘有细锯齿,叶基部抱合成筒状,使中心部分形成杯状,可以贮水而不漏,故名水塔花。穗状花序紧密而高出叶丛,苞片粉红色,纸质,花冠朱红色;盛开时如一团火焰,但花期不长,仅一周左右。

2. **姬凤梨** 又称小凤梨,为凤梨科姬凤梨属。其叶片坚而细长,具波浪边缘,有乳黄、红或紫红色等,叶面有纵长条纹放射如蟹状。花白或浅绿色,生于叶簇群中,形成一圆盘。

3. **美叶光萼荷** 又称蜻蜓凤梨、斑粉菠萝、粉凤梨,为凤梨科光萼荷属。植株由 10~20 片叶构成莲座状叶丛,基部杯状。叶尖端为钝圆形外翻,两面被白粉,有银白色横纹,边缘有黑色刺状细锯齿,先端弯垂。密集的小花初开为蓝色,后变为玫瑰红色,有如一只振翅飞翔的蜻蜓,苞片粉红色,观赏期可持续几个月。

4. **彩苞凤梨** 又称火炬、大剑凤梨,是个杂交种。为凤梨科立穗凤梨属。叶片边缘光滑且没有锯齿。从中央抽出直立的花茎,长达 35~40cm,顶端着生穗状花序,花苞深红色,肥厚有光泽,整个花序像熊熊燃烧的火炬,花期可达 3 个月,也是观赏凤梨中的宠儿。

5. **紫花铁兰** 又称深蓝铁兰、紫花木柄凤梨、紫花凤梨、粉掌铁兰等,为凤梨科铁兰属。叶片呈莲座状丛生,开展,无茎。花序椭圆形,呈羽毛状,苞片 2 列,对称互叠,似令箭,粉红色或红色,苞片间开出蓝紫色的小花,花期甚长。

6. **果子蔓** 又称擎天凤梨、西洋凤梨,为凤梨科果子蔓属。品种很多,如小红星、大红星、丹尼斯、紫擎天、橙擎天等。果子蔓叶片长,翠绿,光亮。穗状花序高出叶丛,花茎、苞片和基部的数枚叶片呈鲜红色,色彩艳丽持久。

(二) 生态习性

原产中、南美洲的热带、亚热带地区。性喜温暖,不耐低温,冬季温度不低于 10~12℃。喜湿润,耐干旱,怕积水。喜半阴环境,夏季怕强光直射。要求基质疏松、透气、排水良好的泥炭土或腐叶土为好,土壤呈酸性或微酸性。

(三) 繁殖方法与栽培要点

1. **繁殖方法** 一般采用蘖芽扦插。母株开花前后基部叶腋处产生多个蘖芽,待蘖芽长到 10cm 左右,有 3~5 片叶时,用利刀在贴近母株的部位连短缩茎切下,伤口用杀菌剂消毒后稍晾干，扦插于珍珠岩或粗沙中，保持基质和空气湿润，并适当遮荫，1~2个月后即有新根长出，可上盆栽植。

2. 栽培要点　培养土宜选泥炭、腐叶土、河沙等量混合而成，上盆后要浇透水。生长期注意浇水，保持湿润，常喷叶面水。冬季盆土干些为宜。在5~9月，每10d施肥一次，花前适当增施磷、钾肥，以促花大色艳。夏季注意遮荫。

九、龟背竹

学名：*Monstera deliciosa* Liebm。

别名：蓬莱蕉、铁丝兰、穿孔喜林芋。

科属：天南星科，龟背竹属。

（一）形态特征

多年生常绿草本植物。龟背竹为半蔓型，茎粗壮，节多似竹，叶脉附近孔裂，如龟甲图案，故名龟背竹。茎上着生有长而下垂的褐色气生根，可攀附他物上生长。叶厚革质，互生，暗绿色或绿色；幼叶心脏形，没有穿孔，长大后叶呈矩圆形，具不规则羽状深裂，自叶缘至叶脉附近孔裂，叶柄长，有叶痕，叶痕处有苞片。花状如佛焰，淡黄色。果实可食用。在栽培中还有斑叶变种，在浓绿色的叶片上带有大面积不规则的白斑。

（二）生态习性

原产墨西哥热带雨林中。性喜温暖湿润的环境，忌阳光直射和干燥，喜半阴，耐寒性较强。生长适温为20~25℃，越冬温度为3℃，对土壤要求不甚严格，在肥沃、富含腐殖质的砂质壤土中生长良好。

（三）繁殖方法与栽培要点

1. 繁殖方法　极易扦插繁殖。扦插时间可于春季4月气温回升之后进行。剪取带有两个节的茎段作为插穗（如茎段较粗大也可剪成一节一段），剪去叶片，横卧在苗床或盆中，覆盖培养土，仅露出茎段上的芽眼，放在半阴处，保持湿润。约一个月左右即可生根发芽。也可把整段茎切下，去除叶片，横卧于苗床，覆土一半，露出芽眼，待生根萌芽后再分切带有根与芽的小段，然后上盆种植。

2. 栽培要点　龟背竹盆栽通常用腐叶土、园土和河沙等量混合作为基质。种植时加少量骨粉、干牛粪作基肥。生长期间需要充足的水分，经常保持盆土湿润，天气干燥时向叶面喷水，提高空气湿度，以利枝叶生长，保持叶片光泽鲜艳。冬季减少浇水量。龟背竹为较喜肥的花卉，4~9月每月施两次稀薄液肥。生长季注意遮荫，忌强光直射，否则易造成叶片枯焦、灼伤。

十、绿萝

学名：*Scindapsus aureus*。

别名：黄金葛、黄金藤。

科属：天南星科，藤芋属。

（一）形态特征

多年生攀缘草本花卉。茎蔓长达数米，茎黄绿色，茎上生有气生根。叶互生，心脏形，有光泽，嫩绿色，叶上具有不规则的黄色斑块或条纹，全缘，叶柄黄绿色。

(二) 生态习性

原产所罗门群岛。性喜温暖、凉爽气候。喜湿润，较耐干旱。喜半阴环境，夏季怕烈日暴晒。

(三) 繁殖方法与栽培要点

1. **繁殖方法** 以扦插繁殖为主。插穗选择健壮的当年生带叶枝蔓，长度10～15cm。扦插基质可用河沙。插后保持湿润。一个月后生根。

2. **栽培要点** 绿萝生长快，易于栽培管理。生长期应注意浇水，夏季要进行叶面喷水，保持较高的空气湿度，使叶片翠绿。每月追肥一次，也可进行根外追肥。及时清理枯黄脚叶。

十一、春羽

学名：*Philodendron selloum*。

别名：春芋、羽裂喜林芋、喜树蕉、小天使蔓绿绒。

科属：天南星科，喜林芋属。

(一) 形态特征

多年生常绿草本观叶植物。植株高大，茎为直立性，呈木质化，生有很多气生根。叶簇生型，着生于茎端，叶为广心脏形，全叶羽状深裂似手掌状，革质，浓绿色有光泽。

(二) 生态习性

原产南美巴西的热带雨林中。性喜高温多湿的环境，耐阴而怕强光直射。生长适温为15～28℃，耐寒力稍强，越冬温度为2℃左右。适宜疏松、有机质丰富的砂质土壤。

(三) 繁殖方法与栽培要点

1. **繁殖方法** 以分株繁殖为主，也可扦插或播种繁殖。分株繁殖宜在5～7月间进行，待植株基部小芽长大并出现不定根时，将其切割下来，另行上盆栽植。大量育苗时多用种子播种繁殖。种子用浅盆播种，土壤可用消过毒的疏松砂质腐叶土，播后保持湿润。在温度25℃左右时经两周即可发芽。

2. **栽培要点** 春羽盆栽可用腐叶土或泥炭土、园土和河沙等量混合作为基质。春季换盆时应施足基肥。每隔两年左右换一次盆。生长期适当施一些稀薄液肥，肥料不能施得太多，否则易造成叶柄细长，弯曲下垂，降低观赏价值。生长期需水量较大，要求高湿度，冬季则需水较少。春、秋季多见阳光，夏季需置于荫棚下生长。

十二、斑叶竹芋

学名：*Calathea zebrina*。

别名：天鹅绒竹芋、斑马竹芋、绒叶竹芋。

科属：竹芋科，肖竹芋属。

(一) 形态特征

多年生常绿草本观叶植物。株高50～60cm，是竹芋科中大叶种之一。叶长椭圆形，长30～60cm，宽10～20cm，叶片有光泽，呈天鹅绒般的深绿并微带紫色，具浅绿色带状斑块,叶背为深紫红色。花紫色。植株具地下根茎。

(二)生态习性

原产于美洲巴西热带雨林地区。性喜温暖湿润和半阴的环境。正常生长温度在16℃以上,生长适温为18~25℃,越冬温度为13℃。

(三)繁殖方法与栽培要点

1. **繁殖方法** 以分株繁殖为主。生长良好的植株每年可分株1~2次。分株宜于春季气温回升时及秋季进行。分株时先将植株从盆中脱出,去除部分陈土,将横向生长的根茎分切成数丛,然后分别上盆种植。分株时要注意:①温度太低时不宜分株,否则易伤根,恢复慢,并导致腐烂;②分株不宜太小,每丛须含有3~4个小株,并且尽量保留宿土,以免影响植株生长及成形;③上盆后置于阴凉处,并适当控制浇水量,待发新根后才充分浇水。

2. **栽培要点** 斑叶竹芋盆栽一般用腐叶土或泥炭土加1/3河沙及少量基肥混合作为基质,不宜用黏重的园土作盆栽基质。每年春季新芽抽生前换盆或换土。换盆时去掉部分旧培养土,补充疏松透气的培养土。生长季每两周施一次液肥,施肥后应立即用少量水淋洗叶片,以免产生肥害;秋后应喷施0.2%~0.3%的磷酸二氢钾,提高冬季抗寒力。斑叶竹芋对水分的缺乏反应比较敏感,尤其空气干燥时叶片容易卷缩、枯萎。生长期间应给予充足的水分,经常向叶面和植株周围喷水,以保持较高的空气湿度。但不宜使盆土过于潮湿,以免肉质根腐烂。斑叶竹芋在较荫蔽处生长良好,忌阳光直射,短时间的阳光暴晒就可能造成日灼病。

十三、文竹

学名:*Asparagus plumosus*。

别名:云片竹、山草、芦笋山草。

科属:百合科,天门冬属。

(一)形态特征

多年生蔓生性常绿草本植物。根稍肉质。茎柔软细长,丛生而多分枝,其上有节,茎绿色,老茎半木质化。叶状枝纤细,6~12枚簇生在一起平展,形如羽毛云片状。主茎上鳞片叶多呈刺状。花小,两性,白色,花期6月。浆果球形,成熟后呈紫黑色,种子1~3粒,果熟期在10月。

(二)生态习性

原产于非洲南部。性喜温暖、湿润、半阴的环境,不耐强光,忌霜冻,怕干旱。生长适温为20~25℃。要求肥沃、疏松、排水良好的砂性土壤条件。

(三)繁殖方法与栽培要点

1. **繁殖方法** 采用分株法和播种法繁殖。

(1)分株繁殖。选取生长3年左右的健壮植株,在早春结合换盆进行分株繁殖。分株时,株丛不能过小,尽量少伤根,栽后要加强水肥管理。

(2)播种繁殖。种子采后即可播种或进行沙藏,播种前去除种皮,多用点播,播于盆中,播后遮荫,保持一定的湿度。温度20℃时,3~4周即可发芽。苗高的5cm时,即可移栽上盆。

2. **栽培要点** 盆土用园土、腐叶土、河沙等混合配置,并适当增加腐熟的有机肥。夏季将其放于遮荫处,冬季则不遮荫。生长期保证水分供应,经常向周围地面喷水。春、秋季可每两周施一次稀薄的液肥或复合肥,夏季高温期停止施肥。冬季控肥控水,在室温10℃以上即可越冬。每年春季换盆一次,去除部分陈土换新土,剪去枯枝败叶,适当整形。

十四、吊兰

学名:*Chlorophytum comosum*。

别名:垂盆草、钩兰、桂兰、折鹤兰。

科属:百合科,吊兰属。

(一) 形态特征

宿根草本植物。具簇生的圆柱状须根和根状茎。叶基生,基部抱茎,着生于短茎上,条形至条状披针形,狭长,柔韧似兰。主要特征是成熟的植株会不时长出走茎,走茎先端会长出小植株,向下垂吊。花葶细长,弯垂,总状花序单一或分枝,有时还在花序上部节上簇生叶丛小株,花白色,数朵一簇。

目前吊兰的园艺变种除了纯绿叶之外,还有大叶吊兰(株型较大,叶片较宽大,叶色柔和)、金心吊兰(叶的中间为黄白色)和金边吊兰(边缘两侧镶有黄白色的条纹)3 种。

(二) 生态习性

原产非洲南部。喜温暖、湿润、半阴的环境,适应性强,较耐旱。生长适温为 15~25℃,越冬温度为 5℃。对土壤要求不高,在疏松的砂质壤土中生长较佳。

(三) 繁殖方法与栽培要点

1. **繁殖方法** 主要用分株繁殖。除冬季气温过低不适宜分株外,其他季节均可进行。盆栽 2~3 年的植株,在春季换盆时将密集的盆苗去除培养土,分成数丛,分别上盆成为新株。也可利用走茎上的小植株繁殖。

2. **栽培要点** 吊兰盆栽常用腐叶土或泥炭土、园土、河沙和少量基肥混合作为基质。每 2~3 年换盆一次。肉质根贮水组织发达,抗旱力较强,但 3~9 月生长旺盛期需水量较大,要经常浇水、喷雾,以增加湿度,秋后逐渐减少浇水量,以提高植株的抗寒能力。生长旺盛期每月施 1~2 次稀薄液肥。肥料以氮肥为主,但金心和金边类型不宜施氮肥过量,否则叶片的黄线斑会变得不明显。吊兰喜半阴环境,忌强光直射。

十五、鹿角蕨

学名:*Platycerium bifurcatum*。

别名:鹿角羊齿、蝙蝠蕨。

科属:角蕨科,鹿角蕨属。

(一) 形态特征

株高 40cm。根状茎短粗肥壮,有分枝。叶异形,不育叶又称"裸叶",圆形纸质,叶缘波状,偶具浅齿,紧贴于根茎上,新叶绿白色,老叶棕色;可育叶又称"实叶",丛生下垂，幼叶灰绿色，成熟叶深绿色，基部直立楔形，叶端具 2～3 回叉状分歧，形似鹿角。孢子囊群生于叶背。

（二）生态习性

原产澳大利亚。喜温暖、阴湿环境，怕强光直射，以散射光为好。生长温度为 15～25℃，忌炎热，冬季温度不低于 5℃。土壤以疏松的腐叶土为宜。

（三）繁殖方法与栽培要点

1. **繁殖方法**　主要用分株繁殖。以 6～7 月分株最适宜。从母株上选择健壮的鹿角蕨子株，用利刀沿盾状的营养叶底部轻轻切开，带上吸根栽入盆中，盖上苔藓，喷水保湿。生长期需维持较高的空气湿度，但勿使叶面积水，以免叶面腐烂。

2. **栽培要点**　盆土以疏松的腐叶土为宜。每年春季需补充腐叶土和苔藓。夏季生长旺盛期需多喷水，保持高湿环境。放在半阴处，避免强光暴晒。生长期每半月施肥一次。冬季低温时，应控制浇水。当鹿角蕨的营养叶生长过密时，结合分株繁殖加以调整。

常见叶斑病危害，可用 65％代森锌可湿性粉剂 600 倍液喷施防治。

十六、鸟巢蕨

学名：*Nettopteris nidus*。

别名：巢蕨、王冠蕨、山苏花。

科属：铁角蕨科，巢蕨属。

（一）形态特征

多年生阴生草本观叶植物。鸟巢蕨为中型附生蕨，株高 60～120cm，根状茎粗短而直立，顶部密生鳞片。单叶，辐射状丛生于根状茎顶端，中空如鸟巢，故名鸟巢蕨。叶片阔披针形，长达 90～100cm，宽达 10～20cm，亮绿色。孢子囊群长条形，生于侧脉上侧。

（二）生态习性

原产于热带亚热带地区。喜温暖阴湿环境，常附生于大树或岩石上，在高温多湿条件下，终年可以生长。不耐寒，生长适温为 20～22℃，冬季温度不低于 5℃。

（三）繁殖方法与栽培要点

1. **繁殖方法**　用孢子播种和分株繁殖。一般用分株繁殖。植株生长较大时，往往会出现小型的分株，可在春末夏初新芽生出前，用利刀慢慢地把需要分出的子株切离，再上盆栽植即可。上盆后放在温度 20℃以上、半阴和空气湿度较高的地方养护。

2. **栽培要点**　鸟巢蕨是附生型蕨类，所以，栽培时一般不能用普通的培养土，而要用蕨根、树皮块、木屑、苔藓、椰子糠、碎砖块等配制而成。鸟巢蕨喜温暖、潮湿和较强散射光的半阴环境。春季、夏季的生长盛期需多浇水，并经常向叶面喷水，以保持叶面光洁。生长季每两周施腐熟液肥一次，以保证植株生长及叶色浓绿。

第四节　球根花卉

一、仙客来

学名：*Cyclamen persicum*。

别名：兔耳花、一品冠、萝卜海棠、篝火花。

科属：报春花科，仙客来属。

（一）形态特征

多年生草本植物。块茎扁球形，深褐色。叶心脏形，叶面绿色，有白色斑纹，叶背紫红色，叶缘锯齿状。花单生，花顶生下垂，花梗细长，花瓣向上翻卷似兔耳，花色有白、橙红、橙黄、红、紫以及红边白心、深红斑点、花边、皱边和重瓣状等品种，有的还带芳香。果实球形，种子褐色。

同属观赏种有非洲仙客来、小花仙客来、地中海仙客来和欧洲仙客来等。最近，迷你型系列的仙客来发展很快。

（二）生态习性

原产希腊、突尼斯一带。喜凉爽气候，不耐炎热。生长适温为12~20℃。夏季温度在30℃以上，球茎被迫休眠；超过35℃，易受热腐烂死亡。冬季温度低于10℃，花朵易凋谢，花色暗淡；5℃以下，球茎易遭冻害。喜湿润，怕积水。喜光，但忌强光直射，若光照不足，叶片徒长，花色不正常。适宜腐殖质丰富的砂质土壤，酸碱度要求中性。

（三）繁殖方法与栽培要点

1. 繁殖方法 用播种和球茎分割法繁殖。

（1）播种繁殖。播种时间以9月上旬为宜。仙客来种子较大，可用浅盆或播种箱点播。用35℃温水浸种4h，然后播种，在18~20℃的适温下，30~60d发芽。发芽后以半阴环境养护。幼苗出现第一片真叶、球茎约黄豆大时，进行第一次分苗，株行距3cm×3cm，球茎顶部略高于土面，不宜深埋。6~7片真叶时，可分栽于6cm盆中。幼苗生长适温为5~18℃，以半阴环境为宜，早晚多见阳光。盛夏要遮荫并喷雾降温，有利于球茎发芽和叶片生长。一般品种从播种至开花需6~8个月，迷你品种需6~7个月。

（2）球茎分割法繁殖。5~6月，选4~5年生球茎，切去球茎顶部1/3，随后在切面上纵横交叉将球茎分割成1cm²的小块，经分割的球茎放在30℃和相对湿度高的条件下，5~12d后伤口愈合。接着保持20℃，促使不定芽形成。土壤保持适当干燥，以免伤口感染细菌，引起腐烂。一般分割后75d形成不定芽，9个月后有10余片叶时可用12~16cm直径盆上盆栽植，养护2~3个月后开花。

近年来，已用幼苗子叶、叶柄、块茎和根为材料，进行组织培养和规模化生产。

2. 栽培要点

（1）适时换盆。一般9月中旬休眠球茎开始萌芽，此时应换盆或上盆，球茎应露出土面，刚换盆的仙客来球茎发新根时，浇水不宜过多，盆土以稍干为好，以防烂球。

（2）加强肥水管理。生长期每两周左右施肥一次。当花梗抽出花苞时，增施一次骨粉或过磷酸钙。花期控肥控水。花后再施一次骨粉，以利果实发育和种子成熟。生长期注意浇水，水不能浇在花芽和嫩叶上，否则容易腐烂，影响正常开花。

（3）注意通风与遮荫。生长期随时注意室内通风和遮荫，根据生长情况，注意调整盆距，以免拥挤造成叶片发黄腐烂。盛花期，应注意通风，避免湿度过大，造成花朵凋萎。休眠球茎应放在通风条件好、阴凉的场所，并保持适当的湿度。

二、大丽花

学名：*Dahlia pinnata*。

别名：大理花、西番莲、天竺牡丹、地瓜花。

科属：菊科，大丽花属。

品种繁多，花形多样，色彩丰富。目前在东北、西北、华北等地栽培较广泛，其中甘肃矮种大丽花较为著名，一些地区矮生盆栽大丽花已开始规模化生产。

（一）形态特征

多年生球根花卉。具地下肉质块根，茎光滑直立，中空。单叶对生，多羽状深裂，极少数为单叶。头状花顶生，直径5～35cm，最大可达40cm，由中心的管状花和外围的舌状花组成。舌状花色有红、紫、白、黄、橙等色，管状花常为黄色。花期6～10月。

（二）生态习性

原产墨西哥高原地带。喜温暖、湿润环境。生长适温为10～25℃，高于30℃则生长不良。温度低于0℃，易发生冻害。块根贮藏以3～5℃为宜。不耐干旱，怕积水。喜充足阳光，忌强光直射，夏季需适当遮荫。以疏松肥沃的基质为好。

（三）繁殖方法与栽培要点

1. 繁殖方法　一般采用分株繁殖和扦插繁殖。

（1）分株繁殖。发芽前将贮藏的块根分割，每个块根应带1～2个芽眼，操作时勿伤幼芽。

（2）扦插繁殖。春、秋季扦插为好。扦插时从健壮母株上剪取嫩枝，保留2节，穗长约7cm，顶有一个健壮腋芽或顶芽。以蛭石或粗沙作插床基质，插后注意喷水、遮荫，插后约30d可生根，40d上盆，上盆后90～110d可开花。

2. 栽培要点　基质用腐叶土、河沙、有机肥按3∶1∶1配制。以基肥为主，生长期适当追肥。大丽花喜光，充足阳光可使其茎叶生长健壮，开花多而色彩鲜艳，但炎热夏季应进行遮荫，强光直射会使叶片粗糙并失去光泽。大丽花喜凉爽环境，生长适温为10～25℃，若温度高于30℃，则生长不正常，花少而小。大丽花对水分敏感，不耐干旱，怕积水，水多易烂根死亡。夏季每天向叶面喷水1～2次，以保持较高的空气湿度。

三、矮生美人蕉

学名：*Canna×generalis*。

别名：大花美人蕉、法国美人蕉、昙花。

科属：美人蕉科，美人蕉属。

（一）形态特征

多年生草本。株高40～60cm，根茎肥大；茎叶具白粉，叶片阔椭圆形。总状花序顶生，花大，花瓣直伸，具4枚瓣化雄蕊，花色有红、白、玫瑰红、黄和鲜红色等颜色。花期夏季至秋季。

（二）生态习性

原产美洲热带和亚热带。喜温暖和充足的阳光,不耐寒。要求土壤疏松、肥沃、排水良好。

(三) 繁殖方法与栽培要点

1. 繁殖方法

(1) 播种繁殖。2~5月将种子坚硬的种皮用利具割口，温水浸种一昼夜后露地播种，播后2~3周发芽，长出2~3片叶时移栽一次，当年或翌年即可开花。

(2) 分株繁殖。在4~5月间芽眼开始萌动时进行，将根茎带2~3个芽为一段切割分栽。

2. 栽培要点 盆土用有机质含量丰富的壤土，加少量河沙混合。春季晚霜后种植，每盆栽1~2株，栽后浇足水，并保持盆土湿润。生长期每10d追施一次液肥，直至开花。花后及时剪掉残花，促使其不断萌发新枝开花。秋季霜冻前及时移至室内越冬。

四、花叶芋

学名：*Caladium bicolor*。

别名：彩叶芋、二色花叶芋、变色花叶芋。

科属：天南星科，花叶芋属。

(一) 形态特征

多年生块茎花卉。花叶芋地下部形成扁圆块茎，株高30~50cm。叶片从块茎生出，呈盾状卵形至心形，叶柄细长，叶片上有绿色、紫色、粉红色、白色等彩色的斑纹、斑块，绚丽多彩。色彩和斑纹的变化常因品种而不同。目前栽培的花叶芋大多数为园艺杂交的品种。

(二) 生态习性

原产热带美洲的圭亚那、秘鲁以及亚马逊河流域等地。花叶芋喜温暖、湿润环境，忌阳光直晒。适宜温度为18~30℃，低于12℃时地上部叶片开始枯萎。适宜在疏松、肥沃的砂壤土中生长。

(三) 繁殖方法与栽培要点

1. 繁殖方法 用分球繁殖。秋末气温低时地上部叶片枯萎，地下部块茎进入休眠状态，此时将盆移至温暖处贮存，如盆土过干应稍喷一些水；贮存期盆土过湿或温度过低，都易引起块茎腐烂死亡。第二年春季气温回升新芽萌发前，将每块茎周围着生的子球切下，也可把大块茎用利刀分切为几个小块，每小块上必须有1~2个芽眼，切口用草木灰涂抹，放在阴凉处，待切口干燥后即可上盆种植。

2. 栽培要点 栽培基质应疏松、排水良好、富含腐殖质，可用园土2份、腐叶土2份和河沙1份混合作为基质。花叶芋生长期为4~10月，每半个月应施用一次稀薄肥水，如豆饼、花生饼浸出液，也可施用少量复合肥。施肥后要立即浇水，否则肥料容易烧伤根系。生长期浇水保持湿润，立秋后，进入休眠期要减少浇水，并停止施肥。越冬温度保持10℃以上，温度过低，块茎容易腐烂。花叶芋生长要求较好的光照，但炎热夏季要注意遮荫。

第五节 多肉、多浆花卉

一、仙人掌

学名：*Opuntia dillenii*。

别名：仙桃、仙人扇、刺梨。
科属：仙人掌科，仙人掌属。

（一）形态特征

多年生肉质植物。茎为椭圆形，绿色，扁平，肥厚肉质，茎节相连，茎上具有刺丛。叶已退化成针状、刺状或毛状。花生于茎上，夏季开花，鲜黄色。

（二）生态习性

原产美洲热带和亚洲热带的干旱沙漠地区，以拉丁美洲的墨西哥最多。喜温暖忌寒冷，耐高温干旱，在低温高湿的环境下易腐烂，在0℃时会冻死。仙人掌喜阳光充足，忌强光。要求排水良好、微碱性的砂质壤土，对土壤肥力要求不严。

（三）繁殖方法与栽培要点

1. 繁殖方法　一般用扦插繁殖，扦插极易生根。插穗选用生长充实的茎节，切后先在阴凉处干燥2~3d，待其切口生成一层薄膜时才行扦插。扦插基质宜用经过消毒的素沙土，扦插深度2cm。不宜浇水过多，使沙稍潮湿即可。约一个月左右生根。

2. 栽培要点　盆土用8份沙土加2份腐叶土或少量腐熟堆肥混合拌匀后装盆。盆底应垫碎砖以利排水。浇水量宜少不宜多，切忌盆内积水。生长期要浇水，休眠期少浇水甚至不浇水。生长期施肥2~3次。每1~2年换盆一次。

二、令箭荷花

学名：*Epiphyllum achermannii*。
别名：孔雀仙人掌。
科属：仙人掌科，令箭荷花属。

（一）形态习性

多肉植物。株高50~100cm，茎直立，分枝多，叶状枝较宽，上面节较多，幼枝呈三棱形，边缘和新生茎片顶部略带红色，边缘具疏锯齿，嫩枝上有短刺。老枝基部木质化，并具气生根。花着生于茎先端的两侧，花较大，花冠筒上具附属物，花有红、白、紫等颜色。花期5~7月。

（二）生态习性

原产中美洲墨西哥的干热地带。喜温暖、湿润环境。不耐寒，冬季需保持室温为10℃左右。生长期需阳光充足，但夏季强光时，应置于半阴处。喜肥沃、疏松、排水良好、较干燥的微酸性腐叶土，并保持较高的空气湿度。

（三）繁殖方法与栽培要点

1. 繁殖方法　常用扦插繁殖，以5~9月扦插最好，温室内一年四季均可进行。选取二年生叶状枝，可剪取整个枝节作插穗，也可以将一个枝节剪成几段作插穗，插穗剪下后放阴凉处晾2d，使插穗内水分稍干后扦插。扦插基质可用6份腐叶土、4份粗沙混合。插后置半阴处，避免基质过湿，保持空气湿润，20~30d即可生根。

2. 栽培要点　盆土宜用透水性好的砂质壤土，可用腐叶土、园土、细河沙按4∶4∶2的比例混合后配制成培养土。春、秋季每隔5~6d浇一次透水。夏季要少浇水，保持盆土半干即可，特别要避免盆内积水和遭雨淋，防止因水分过多而导致烂根。冬季要控制浇水，使盆土保持在略干状态。令箭荷花喜肥，但忌施浓肥和未腐熟的肥料，生长期每半月施一次经腐熟发酵的枯饼水。现蕾后应多施一些磷、钾肥，不施氮肥，否则会影响开花。令箭荷花喜光，春、秋季在温室外摆放在背风向阳的地方。夏季需遮荫，避免强光直射。令箭荷花喜温暖环境，不耐低温，冬季温室内温度要保持在10℃以上。

三、蟹爪兰

学名：*Zygocactus truncatus*。
别名：仙人花、蟹爪莲。
科属：仙人掌科，蟹爪兰属。

(一) 形态特征

多浆植物。蟹爪兰的茎丛生、扁平而多分枝，呈杯状散开，外观似蟹爪；花生于茎的顶端，花瓣向外反卷，花色有深红、粉红、紫红色等，色彩艳丽有光泽，十分诱人。花期自10月至翌年3月。

(二) 生态习性

原产巴西，生于阴湿的山谷石缝中，因此较喜欢庇荫的环境，忌烈日直射。喜湿润，但怕涝。喜温暖，不耐寒。温度低于15℃时生长缓慢，25℃时生长最好；冬季室温应保持10℃为宜，不得低于5℃。蟹爪兰属短日照植物。

(三) 繁殖方法与栽培要点

1. 繁殖方法 蟹爪兰多采用嫁接繁殖。嫁接时间全年均可，以春、秋两季最佳。嫁接方法：以仙人掌作砧木，从顶端纵切一条深约3cm的缝，以蟹爪兰的茎4～5节作为接穗，将接穗基部削成楔形插入砧木顶端，用大头针固定即可。接后不马上浇水，3d后再浇水，温度保持在20～25℃易于愈合，约10d接穗不萎蔫即为成活。

2. 栽培要点 盆土以富含腐殖质的微酸性土壤为好。要保持盆土微湿，但不能积水，6～8月每周浇一次透水，9月每2～3d浇一次水。夏季应遮荫，冬季要求阳光充足。生长季每两周施一次肥。开花前增施1～2次速效磷肥，有利于花蕾的形成。蟹爪兰为短日照花卉，花芽形成期每天日照时间不应超过10h，否则影响花芽形成。1～2年生幼株应注意调整方向和整形。可按两种方式整形：一是用各种形式的支架支撑，二是令其自然下垂。蟹爪兰不耐寒，晚秋后要移置室内养护。

四、芦荟

学名：*Aloe vera* var. *chinensis*。
别名：油葱、龙角、草芦荟、狼牙掌。
科属：百合科，芦荟属。

(一) 形态特征

芦荟为多年生草本肉质植物，根据品种的不同，形态差异很大。它们都具有肥厚多汁的剑形或长三角形叶片，叶色有绿、蓝绿、灰绿色等，多数品种叶面上有斑点或斑纹，叶缘或叶面上有刺或齿。幼苗时叶片两侧互生，成株后多为轮生。花为总状花序，小花筒形，花色有红、橙、黄色，花期冬、春季节，花朵虽然不大，但往往数朵同时成串开放，色彩也很鲜艳。

（二）生态习性

原产印度。喜温暖、干燥和阳光充足的环境。不耐寒，冬季温度不低于5℃。耐干旱，怕水涝。喜肥沃排水良好的砂壤土。

（三）繁殖方法与栽培要点

1. **繁殖方法**　常用分株和扦插繁殖。

（1）分株繁殖。3～4月换盆时，将母株周围密生的幼株取下后上盆栽植。如幼株带根少，可先插于沙床，待生根后再上盆。

（2）扦插繁殖。5～6月开花后进行，剪取顶端短茎10～15cm，晾干后插于沙床中。一般插后半月左右即能生根。

2. **栽培要点**　春、秋季节是芦荟类植物的生长旺盛期，每半月施一次腐熟的稀薄液肥或复合肥，生长盛期必须充分浇水。夏季有较短的休眠期，应控制浇水，保持干燥为好。秋后搬入温室内养护，放在阳光充足和通风的场所，控制浇水。

五、金琥

学名：*Echinocactus grusonii*。

别名：黄刺金琥、象牙球。

科属：仙人掌科，金琥属。

（一）形态特征

多浆植物。茎球状，球体深绿，密生黄色硬刺，球顶部密生金黄色的绵毛。花黄色，顶生于绵毛丛中。果被鳞片及绵毛，种子黑色光滑。还有几个主要变种，如白刺金琥、狂刺金琥、短刺金琥、金琥锦、金琥冠等。

（二）生态习性

原产墨西哥沙漠地区。喜阳光充足，但夏季高温炎热期应适当遮荫，以防球体被强光灼伤。耐干旱，怕水涝，夏季防雨淋。越冬温度保持8～10℃，并保持盆土干燥。温度太低时，球体会产生黄斑。喜透水性好含石灰质的砂壤土。

（三）繁殖方法与栽培要点

1. **繁殖方法**　主要采用分球繁殖。在生长季从母球上切割子球，置阴凉处3～5d后，扦插在湿润的沙床中，少浇水。一个月后可生根。

2. **栽培要点**　栽培基质用等量的粗沙、园土、腐叶土及少量陈墙灰混合配制。每年应进行一次翻盆换土和剪除老根。夏季是金琥的生长旺季，需水量增加。冬季应少浇水，保持盆土略干燥。春秋生长期内，每半月左右施一次含氮、磷、钾等成分的稀薄腐熟有机肥。

六、龙舌兰

学名：*Agave americana*。

别名：龙舌掌、番麻。

科属：龙舌兰科，龙舌兰属。

（一）形态特征

多年生常绿大型草本。茎极短，肉质。叶丛生，肥厚，披针形，灰绿色带白粉，先端具硬刺尖，叶缘有钩刺。花葶粗壮，圆锥花序顶生。花淡黄绿色。蒴果椭圆形或球形。

常见变种有：金边龙舌兰（叶片边缘有金黄色条斑）、金心龙舌兰（叶片中间有金黄色条斑）、银边龙舌兰（叶片边缘有银白色条斑）和狭叶龙舌兰（叶片狭长）等。

（二）生态习性

原产墨西哥。生长强健，喜阳光，不耐阴。较耐寒，在5℃以上的气温下可露地栽培，成年龙舌兰在－5℃的低温下叶片仅受轻度冻害。耐旱力强，怕积水。喜排水良好、肥沃而湿润的砂质壤土。

（三）繁殖方法与栽培要点

1. 繁殖方法　常用分株繁殖。于春季3～4月将根际萌生的萌蘖苗，带根挖掘上盆栽植。如根蘖苗没有根系，可扦插在沙土中发根后再上盆。

2. 栽培要点　龙舌兰栽培管理较简便。盆土要求不高。生长季节应保持盆土湿润，浇水时不可将水洒在叶片上，以防发生褐斑病。但切记浇水不能过多。冬季要放入低温温室保温过冬。夏季要适当遮荫。及时将下部枯黄的老叶剪除。

第六节　常见木本盆栽花卉

一、一品红

学名：*Euphorbia pulcherrima*。
别名：圣诞花、象牙花、猩猩木。
科属：大戟科，大戟属植物。

目前，一品红在欧美及日本与我国均已成为商品化生产的重要盆花。

（一）形态特征

直立灌木，株高可达数米，现有矮化种，株高50cm。嫩茎绿色，老茎灰褐色，光滑，茎中空，含白色乳汁。叶互生，卵状椭圆形，叶缘具钝齿、浅裂，叶脉明显。枝顶生花序，花序下的叶片呈苞片状向四周平展，开花时呈红色，是主要的观赏器官。自然花期12月至翌年2月。花期易人工控制。

常见品种有一品白（苞片乳白色）、一品粉（苞片粉红色）、一品黄（苞片淡黄色）、深红一品红（苞片大，深红色）、重瓣一品红（叶灰绿色，苞片红色、重瓣）、球状一品红（苞片血红色，重瓣、苞片上下卷曲成球形）、斑叶一品红（叶淡灰绿色、具白色斑纹，苞片鲜红色）。

（二）生态习性

原产墨西哥。喜温暖、湿润和阳光充足环境。生长适温为18～25℃，冬季温度低于10℃，基部叶片易变黄脱落。生长期要求水分供应充足，茎叶生长迅速。相反，盆土水分缺乏会引起叶黄脱落。一品红为短日照花卉。要使苞片提前变红，每天将光照控制在12h以内，促使花芽分化。土壤以疏松肥沃、排水良好的砂质壤土为好。

(三) 繁殖方法与栽培要点

1. 繁殖方法 常用扦插繁殖和组培繁殖。

(1) 扦插繁殖。4～5月选取上年健壮枝条，穗长10cm，插条洗净切口流出的乳汁，晾干后扦插，在室温25℃条件下，插后15～30d愈合生根。如用0.1%～0.3%的吲哚丁酸粉剂处理插穗，生根快而根系发达。

(2) 组培繁殖。采用花轴、枝顶嫩芽为外植体，经常规消毒后，接种在添加6-苄氨基腺嘌呤0.2mg/L和吲哚乙酸0.2mg/L的MS培养基上，45～50d后将不定芽转移在添加吲哚乙酸0.2mg/L的1/2MS培养基上，10～14d生根，形成小植株。

2. 栽培要点 春季发芽前换盆，并换新的培养土。生长期需有充足阳光和适当的水分。光照不足时易徒长。生长期经1～3次摘心促使多分枝，通过绑扎弯曲操作，使枝条高矮一致，分布均匀美观。一品红喜肥，生长期需氮肥较多，每月可施腐熟液肥2～3次，最好是薄肥勤施。10月上旬移入室内，保持20℃左右，注意通风，保持较稳定的温度和充足的阳光。

二、西洋杜鹃

学名：*Phododendron hybrid*。

别名：杂种杜鹃、比利时杜鹃。

科属：杜鹃花科，杜鹃花属。

分布于荷兰、比利时，丹麦、德国等，因目前市场上由比利时进口品种最多，常将其统称为比利时杜鹃。其株形矮壮，花形、花色变化大，色彩丰富，是杜鹃花中最美的一类，是世界盆栽花卉生产的主要种类之一。我国已广泛栽培。

(一) 形态特征

常绿小灌木。枝条节间短，分枝多。叶互生，深绿色，革质，多而密，长椭圆形，叶有褐色柔毛。花通常2～6朵簇生于枝顶，漏斗状，花形似牡丹，多为重瓣，花瓣颜色较多，有鲜红、桃红、橙红、纯白、乳白和红白混色等。有的品种还有皱边。冬春开花，花期可人工调节，花期长达2～3个月。

(二) 生态习性

性喜凉爽，忌高温炎热。喜半阴，忌烈日。根细弱而浅生，怕干又怕涝。忌浓肥，易伤根。喜弱酸性土壤，忌盐碱。宜选择疏松、通透性良好的土壤，以林下腐殖质土为最佳。

(三) 繁殖方法与栽培要点

1. 繁殖方法 以无性繁殖为主，扦插是最常用的方法。扦插时间一般在5月下旬至6月上旬或8月下旬至9月中旬。插床底部垫培养土，上铺一层过筛后的细黄泥土。插穗选当年生长健壮、木质化或半木质化枝条，长5～6cm，顶留3～5片叶。扦插深度在1～2cm，过深易造成插穗基部积水腐烂，影响生根；过浅易失水萎蔫。扦插后浇透水，用薄膜密封覆盖，上盖一层遮阳网（夏天扦插时遮两层），保持床内高温高湿的环境条件，每隔15d用手压苗床检查湿度情况，如湿度不够时应及时浇水，浇水后即密封覆盖。一般在20～30d长出新根，45～50d后便可移苗上盆。

2. 栽培要点 栽培技术比较复杂,对肥水要求严格。一般要做到盆土消毒、雨季避水,夏季遮荫、冬季防寒。一般通过4~5℃的低温处理后,再将其放在15℃环境中,50~60d才能开花。

(1) 土壤消毒。西洋杜鹃生长除要求疏松、弱酸性土壤外,也可用无土基质材料,如泥炭、椰糠、珍珠岩、蛭石等按一定的比例混合。种植前用蒸汽熏杀或用高锰酸钾消毒,使土壤洁净、卫生、无病虫害。

(2) 肥水管理。西洋杜鹃生长快、枝叶多,生长期长,需肥水充足。因其须根细弱,应淡肥勤施,并配合叶面追肥。施叶面肥时结合杀菌进行。根据天气情况及时浇水,保持盆土湿润。

(3) 遮荫与避雨。西洋杜鹃属半阴性花卉,室外种植,夏季一定要有遮阳设施,遮光度在75%左右。雨季应作避雨管理,长期淋雨,会导致根部积水,出现叶黄、落叶,甚至植株烂根死亡。

三、八仙花

学名:*Hydrangea macrophylla*。

别名:绣球花、紫阳花、粉团花。

科属:虎耳草科,八仙花属。

(一) 形态特征

落叶灌木。叶大而稍厚,对生,倒卵形、椭圆形至宽卵形,具粗锯齿,叶柄粗壮。花大型,直径可达20cm,枝顶由许多小花组成伞房花序,花白色、粉红色或蓝色。花期6~7月。

栽培变种和品种很多,常见的有:蓝边八仙花(花两性,深蓝色,边缘花为蓝色或白色)、银边八仙花(叶缘为白色,花序具可孕性及不孕性花)、紫茎八仙花(茎暗紫色或近于黑色,近于全不孕性花)。

(二) 生态习性

原产我国长江流域以南地区。喜温暖阴湿,不耐严寒。喜湿润、肥沃、排水良好的壤土,土壤酸碱度对花色影响很大,酸性土条件下花多呈蓝色,碱性土则为红色。

(三) 繁殖方法与栽培要点

1. 繁殖方法 分株、压条、扦插繁殖均可。分株宜在早春萌发前进行,将已生根的枝条与母株分离。压条可在梅雨期前进行,一个月后可生根,翌春与母株切断分栽。扦插除冬季外都可以进行。5~6月用嫩枝插更易生根。插穗长10~12cm,摘除下部叶片,留一顶叶。插后遮阳,并保持较高的空气湿度。

2. 栽培要点 八仙花喜肥,生长季节每半月施一次腐熟的稀薄液肥。为使盆土保持酸性,每50kg液肥中加入100g硫酸亚铁进行浇灌。八仙花叶片肥大,需水量较多,保持盆土湿润,夏季需要充足的水分。高温时每天应向叶面喷水两次。由于八仙花为肉质根,水分过多易烂根,雨后要及时倒掉盆内积水。秋季后要逐渐减少浇水量,使枝条生长健壮。霜降前移入室内,室温保持在5℃左右,促其休眠。

四、倒挂金钟

学名：*Fuchsia hybrida*。

别名：吊钟海棠、灯笼海棠、灯笼花、吊灯花。

科属：柳叶菜科，倒挂金钟属。

(一) 形态特征

半灌木或小灌木。株高30～150cm。茎近光滑，枝细长稍下垂，常带粉红或紫红色，老枝木质化明显。叶对生或3叶轮生，卵形至卵状披针形，边缘具锯齿。花单生于枝上部叶腋，具长梗而下垂。萼筒长圆形，萼片4裂，翻卷。萼筒有红、白、紫等颜色。花瓣4枚，自萼筒伸出，常抱合状或略开展，有重瓣或单瓣，花色有淡红、粉红、紫白、白、青、紫、橘黄等色。雄蕊8个，从花瓣中伸出。花期4～7月。

(二) 生态习性

原产秘鲁、智利、墨西哥等中、南美洲国家。喜温暖、湿润、半阴的环境。忌酷暑闷热、雨淋日晒、冬季不耐低温。气温达30℃时，呈半休眠状态；35℃以上，枝叶枯萎。冬季温室最低温度应保持10℃，在5℃低温下，易受冻害。夏季遮荫，冬季阳光充足。以肥沃、疏松的微酸性土壤为宜。

(三) 繁殖方法与栽培要点

1. 繁殖方法 以扦插繁殖为主，除炎热的夏季外，周年均可进行，以春插生根最快。剪取长5～8 cm，生长充实的顶梢作插穗。插于沙床中，保持湿润。温度20℃时，嫩枝插后两周便可生根，生根后及时上盆。

2. 栽培要点 盆栽应选疏松、肥沃和排水良好的土壤。春、秋季生长迅速，每半月施肥一次。夏季高温，停止施肥。生长季经常浇水，增加空气湿度。放置通风阴凉处，盛夏避免强光直射。夏季要防止雨淋，控制浇水，浇水过多易使植株烂根。倒挂金钟枝条细弱下垂，需摘心整形，促使分枝，花期少搬动，防止落蕾落花。

五、五色梅

学名：*Lantana camara*。

别名：马缨丹、三星梅。

科属：马鞭草科，马缨丹属。

在我国广东、福建、台湾和广西等地栽培甚广。

(一) 形态特征

常绿小灌木。枝条稠密而细弱，常向下呈半藤本状，株高1m左右。老枝暗褐色，嫩枝四棱形，布满细小的毛刺。叶对生，卵形，暗绿色，如遇低温即变成褐色，叶缘有齿，叶面粗糙，叶背疏生柔毛，全株有一种特殊的气味。头状花序顶生或腋生，具总梗，其上簇生多数小花，花色丰富多变，有黄、杏黄、粉红、橘红和鲜红色，中间还夹杂有蓝色。小浆果蓝黑色，成熟后有光泽。

五色梅变种有橙红五色梅（外轮花黄色转枯黄或砖红色，内轮花由黄转枯黄色）、杂种五色梅（花黄色）、黄花五色梅（花黄色转橙黄色）、白花五色梅（花白色）。

（二）生态习性

原产于美洲热带地区。喜阳光充足和温暖湿润的气候条件，不耐阴。生长适温 25～30℃，开花适温 20～25℃，不耐霜冻，冬季需保持 5℃以上，否则叶片大量脱落。对土壤要求不严，极易栽培管理，盆栽用富含腐殖质、疏松肥沃的培养土生长良好。

（三）繁殖方法与栽培要点

1. 繁殖方法 五色梅通常用扦插繁殖，也可用播种繁殖。扦插繁殖在 5 月进行，选当年生充实的枝条作插穗，每两节剪成一段，保留上部一节的两枚叶片，将其剪去一半。将下部一节插入素沙土或素沙土与充分腐熟的腐殖土各半掺匀的基质中，插后注意遮荫、罩膜保湿、保温，约一个月可发根，萌发新枝，移栽上盆。播种繁殖，可采成熟的果实，进行秋播或春播。

2. 栽培要点 因其生长快，盆钵应大些。生长期间应注意浇水，保持盆土湿润。生长期追肥 3～4 次，使其花繁叶茂。五色梅分枝能力强，耐修剪，易造型。怕低温和霜冻，10 月后移入中温温室越冬，注意控肥控水，盆土稍干。第二年早春翻盆换土加适量底肥，剪去老根，再修整株形。5 月后即可陆续开花，一直可开到 9 月下旬。

六、金边瑞香

学名：*Daphne odora* var. *aureo*。

科属：瑞香科，瑞香属。

因叶边缘金黄，故名金边瑞香。花密集，花瓣淡紫红色，香味浓烈，花期 2～3 月，正值新春佳节期间开花，集赏叶观花闻香于一树，实为名贵的年宵花卉。近年来，江西大余县、崇义县等地大力发展金边瑞香。

（一）形态特征

叶片密集轮生，叶椭圆形，叶面光亮而厚、革质，叶缘金黄色。花数朵簇生于枝顶，花被筒状，花内白色外紫色，香味浓烈。2～3 月开花，盛花期在春节期间，花期长达 2～3 个月。根系肉质化。萌发力强，耐修剪，易造形。

（二）生态习性

喜温暖、湿润、凉爽的气候环境。不耐严寒，忌暑热。喜半阴，忌阳光直射。喜湿润，怕积水。喜质地疏松、排水良好的微酸性壤土，忌黏重土及干旱贫瘠土。喜薄肥，忌浓肥、生肥。

（三）繁殖方法与栽培要点

1. 繁殖方法 一般采用扦插繁殖。春插在 3～4 月植株萌芽前，选择生长健壮、发育良好、无病虫害、芽饱满的一年生粗壮枝。夏季嫩枝扦插在 6～7 月进行，这时气温 25～30℃，新梢已半木质化，扦插生根快。插穗长度为 10～12cm，只保留枝条顶端 2～3 片叶，其余全部剪去。扦插的基质用炭化谷壳，插入基质深度为插穗长的 1/3。插后注意遮荫、浇水，保持基质湿润，避免水分过多，插后 20d 左右开始生根。

2. 栽培要点

（1）上盆与翻盆。花后上盆，上盆时选用肥沃疏松、排水良好、富含有机质的酸性培养土作基质。培养土可选用腐叶土或泥炭加适量河沙、腐熟饼肥拌匀使用。1～2 年翻盆一次，翻盆时底部可施饼肥、复合肥或腐熟厩肥作基肥。

（2）遮荫与避雨。其喜半阴，忌烈日，每年5～9月都要遮荫降温，保持50%的光照即可。夏季要放在通风良好的阴凉处，特别要防雨淋，覆盖防雨棚（遮阳网加薄膜）。夏季如温度超过30℃以上时，要喷水降温。

（3）水肥管理。生长季每半月施一次稀薄腐熟液肥。夏季休眠后要控水、控肥、控光、控梢，盆土要偏干，不干不浇，干则浇透。追肥时停施氮肥，只施磷、钾肥，可用0.1%磷酸二氢钾喷雾。

七、叶子花

学名：*Bougainvillea spectabilis*。
别名：三角梅、九重葛、毛宝巾。
科属：紫茉莉科，叶子花属。

（一）形态特征

攀援灌木。茎长达数米。枝具刺，拱形下垂。单叶互生，卵形或卵状披针形，全缘。花小，淡红色或黄色，3朵聚生，有3枚大型叶状苞片呈三角状排列，小花聚生其中，苞片颜色有紫、红、橙、白等色，为该花的主要观赏部位。自然花期很长，可从10月开始到翌年6月。花期极易人工调节。

（二）生态习性

喜温暖湿润气候，不耐寒，在3℃以上才可安全越冬，15℃以上方可开花。喜充足光照，不耐阴。对土壤要求不严，但盆栽以疏松、肥沃土壤为宜。喜大水、大肥，不耐旱，生长期水分供应不足，易出现落叶。

（三）繁殖方法与栽培要点

1. 繁殖方法 以扦插繁殖为主。扦插以3～6月为宜。取充实成熟枝条，穗长10～15cm，穗顶保留一叶，插入沙床中，遮荫保湿，温度25～30℃，20～30d可生根。

2. 栽培要点 用园土、腐叶土、沙与腐熟基肥混合配制成培养土。要使叶子花多开花，必须保证充足的养分。一般4～7月为生长旺期，每隔7～10d施液肥一次，以促进植株生长健壮，肥料可施用10%腐熟饼肥水。8月开始，为促使孕蕾，施以磷肥为主的肥料。叶子花生长期枝梢生长很快，应及时清理整形，及时短截或疏剪过密的内膛枝、老枝、病枝，促发更多的健壮枝条，以保证开花繁盛。放置在阳光充足的地方，夏季花期要及时浇水，花后适当减少浇水量。

八、朱砂根

学名：*Ardisia crenata*。
别名：富贵子、铁凉伞、大罗伞、凉伞遮金珠。
科属：紫金牛科，紫金牛属。
分布在浙江、湖南、江西、四川、云南、广东等地，现已成为重要的观果年宵花卉。

（一）形态特征

常绿小灌木。株高0.3～1.0m，叶互生，质厚，有光泽，边缘具钝齿。夏季开花结果，花白色或粉红色，排列成伞形花序。果实球形，似豌豆大小，成熟时果实鲜红、晶亮，环绕于枝头，上年结的果尚未脱落，下一年又开花结果，故一株树上可以终年赏果，其中红果期可达9个多月。整个植株红绿相间，亭亭玉立，十分高雅，是一种不可多得的观果年宵花卉。

（二）生态习性

喜阴凉，怕强阳光直射。喜湿润，怕渍水。喜温暖，畏严寒，气温下降到-3℃时应注意保温、防冻。喜肥沃、排水良好的微酸性土壤，喜薄肥勤施，忌浓肥。

（三）繁殖方法与栽培要点

1. 繁殖方法 主要采用播种繁殖，也可用扦插繁殖。

（1）播种繁殖。10～12月果实成熟时，将果实采下，置于清水中搓去果皮，种子采后即播，不可干燥。播种前用25～30℃的温水浸种24h，然后点播或撒播在土壤疏松的苗床或盆内。覆土2cm，播后浇水，苗床上搭盖遮阳网，保持土壤湿润。约20d即可生根出苗，发芽率可达85%以上。当幼苗有3片真叶时，停水蹲苗数天，即可移栽上盆。播种苗一般两年以上才能开花挂果。

（2）扦插繁殖。选择健壮、无病虫害的当年生半木质化和上年生有叶片的枝条作插穗，插穗长10～12cm，顶留3～5片叶，插穗削好后可适度蘸一些生根粉。扦插的深度一般应以插穗长的1/3为好，插稳就行。采取全日照喷雾法，叶片越多越好，边晒太阳边喷水，叶片不会萎蔫，叶片多，光合作用越强，愈合生根越快。

2. 栽培要点 盆土用4份腐叶土、4份园土和2份河沙混合配制。上盆后浇足定根水，放在荫棚下养护。新梢长至8cm长时去顶摘心，促进分枝。夏秋要勤浇水，保持盆土湿润状态，增加空气湿度。冬季果实转为红色，浇水量宜减少，越冬温度不低于5℃即可。4～10月每隔20d施一次氮、磷、钾复合肥。开花期要停止施氮肥，果实变红后就不必再施肥了。如发生褐斑病，可用50%多菌灵可湿性粉剂800倍液喷洒防治。

九、变叶木

学名：*Codiaeum variegatum* var. *pictum*。

别名：洒金榕。

科属：大戟科，变叶木属。

变叶木叶形千变万化，叶色五彩缤纷，是观叶植物中叶色、叶形变化最丰富的盆栽植物之一。

（一）形态特征

单叶互生，有柄，革质。叶片形状和颜色变异很大，叶形有线形、披针形、卵形、椭圆形，有全缘、分裂、波浪起伏状、扭曲状等；叶色有绿、白、红、淡红、深红、紫、黄、黄红色等，不同色彩的叶片上点缀各色斑点和斑纹。全株具乳状液体。花单性，不明显，总状花序，雄花白色，雌花绿色。

（二）生态习性

原产太平洋岛屿和澳大利亚。喜高温、不耐寒。生长适温为20～30℃，冬季温度不低于10℃。温度在4～5℃时，叶片受冻害，造成大量落叶。喜湿润怕干旱。生长期应给

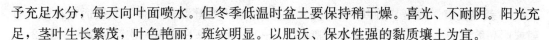

予充足水分，每天向叶面喷水。但冬季低温时盆土要保持稍干燥。喜光、不耐阴。阳光充足，茎叶生长繁茂，叶色艳丽，斑纹明显。以肥沃、保水性强的黏质壤土为宜。

(三) 繁殖方法与栽培要点

1. **繁殖方法** 常用扦插、压条和播种繁殖。

(1) 扦插繁殖。于 4～5 月，选择顶端新梢，长 10cm，切口有乳汁，晾干后再插入沙床，插后保持湿润和 25～28℃室温，20～25d 可生根，35～40d 后移栽上盆。

(2) 压条繁殖。以 7 月高温季节为好。选择顶端枝条，长 15～25cm，用利刀将茎进行环状剥皮，宽 1cm，再用泥炭包上，并以薄膜包扎固定，保持湿润，约一个月开始愈合生根，60～70d 后从母株上剪下盆栽。

(3) 播种繁殖。7～8 月种子成熟，进行秋播，温度保持 25～28℃，播后 14～21d 发芽，翌年春季幼苗移栽上盆。

2. **栽培要点** 培养土以腐叶土、园土、沙各 1 份混合而成。生长期要多浇水，每天向叶面喷水 2～3 次，增加空气湿度，保持叶面清洁鲜艳。每半月施一次复合液肥，尽量少施氮肥，以免叶色变绿，减少色彩斑点。春、秋、冬三季给予充足阳光，夏季烈日下需遮荫，冬季保温。

十、苏铁

学名：*Cycas revoluta*。

别名：铁树、凤尾蕉、避火蕉。

科属：苏铁科，苏铁属。

(一) 形态特征

常绿木本植物。茎干圆柱状，没有分枝，有粗大的叶痕，形成鱼鳞状。叶簇生于茎顶，为大型羽状复叶，小叶线形，革质，尖端坚硬，浓绿色具光泽，叶缘反卷。花顶生，雌雄异株，雄球花长圆柱形，雌球花略呈扁球形。花期 6～8 月份。种子卵形而微扁，红色，长 2～4cm，种子成熟期为 10 月。

(二) 生态习性

性喜光、也能耐半阴。喜温暖，有一定的耐寒性。耐干旱，在适量的砂质壤土中生长最适宜。

(三) 繁殖方法与栽培要点

1. **繁殖方法** 以播种或分株繁殖。

(1) 播种。在种子成熟后，随采随播，或沙藏后翌春再播，由于种粒大而皮厚，用 50℃左右温水浸泡 24h，再用稀盐酸或稀硫酸浸泡 10～15min，然后用清水冲洗干净，播种覆土深约 3cm。在 30～33℃高温下，约两周即可发芽。

(2) 分株。于冬季停止生长时进行，亦可于春季进行。从母株旁生的蘖芽处切下，切割时尽量少伤茎皮，切口稍干后，栽于粗沙含量多的腐殖质土的盆钵内，放于半阴处养护，温度保持在 27～30℃，易于成活；用锋利的砍刀将茎干切成 10～15cm 的厚片，浅埋于湿润的素沙土中，放在疏荫下养护，始终保持 60%左右的沙层含水量。半年后其周围发生新芽，再行分栽培养。

2. 栽培要点 栽培基质以有机质土、泥炭和细沙等量混合为宜。苏铁适宜在阳光直射或明亮散射光下生长，夏季最好半遮荫。3～9月间，每月应施一次液体肥料。每2～3年换一次盆土。施液肥时加入硫酸亚铁溶液，能使叶色更加浓绿。

十一、富贵竹

学名：*Dracaena sanderiana* var. *vires*。

别名：开运竹、叶仙龙血树、万年竹。

科属：百合科，龙血树属。

（一）形态特征

观叶植物。富贵竹属常绿小乔木，茎干直立、粗壮、有节，茎干似竹，高达2m以上，叶长披针形，叶片浓绿，水栽易活。其品种有绿叶、绿叶白边（称银边）、绿叶黄边（称金边）、绿叶银心（称银心）。

（二）生态习性

原产加利群岛及非洲和亚洲热带地区。性喜半阴的环境，耐阴、耐水湿、耐肥力强，喜温、抗寒力较强，可耐2～3℃低温，适宜于排水良好的砂质土中。

（三）繁殖方法与栽培要点

1. 繁殖方法 富贵竹长势旺、发根力强，常采用扦插繁殖，只要气温适宜全年都可进行。一般剪取不带叶的茎段作插穗，穗长5～10cm，插于沙床中。春、秋季一般25～30d可生根、发芽，35d可上盆栽培。水插也极易生根，还可进行无土栽培。

2. 栽培要点 用腐叶土、园土和河沙等混合作栽培基质，也可用椰糠和腐叶土、煤渣灰加少量鸡粪、花生枯、复合肥混合作培养土。每盆栽3～6株为宜。生长期应保持盆土湿润，切忌让盆土干燥，盛夏季节应经常向叶面喷水，过于干燥会使叶尖、叶片焦枯。冬季盆土不宜太湿，但要经常向叶面喷水，并注意做好防冻措施，以免叶片发黄萎缩而脱落。盆栽富贵竹每2～3年换盆、换土。

十二、马拉巴栗

学名：*Pachira macrocarpa*。

别名：发财树、瓜栗、中美木棉。

科属：木棉科，瓜栗属。

（一）形态特征

多年生常绿乔木。树高可达8m以上，枝条多轮生，掌状复叶，小叶5～7片。花大，花瓣条裂，花色有红、白或淡黄色，色泽艳丽。4～5月开花，9～10月果熟。

（二）生态习性

喜高温高湿气候，幼苗忌霜冻，成年树可耐轻霜，可耐5～6℃低温。对光照适应能力强，喜光又耐半阴环境。喜肥沃疏松、透气保水的酸性砂壤土，忌碱性土或黏重土壤。喜湿润，也稍耐旱。

（三）繁殖方法与栽培要点

1. 繁殖方法 一般用扦插繁殖和种子播种繁殖。以扦插繁殖为主。春、秋两季里扦插最佳时期,选取生长健壮的母株上木质化的枝条,插穗剪成长 15~30cm 即可。插入基质中或直接插入盆栽土中。浇透水,放置在阴凉通风处,保持基质湿润。

2. 栽培要点　　马拉巴栗对基质的适应能力较强,耐瘠薄土壤,但以含有机质的砂质壤土为好。浇水原则:春秋两季可 2~3d 浇水一次,夏季则可每天浇水 1~2 次,冬季宜减少浇水量。以腐熟的有机肥料或缓效型肥料为基肥混合在栽培基质中即可。生长期间每月追施一次速效肥料。马拉巴栗枝条长而软,可以通过编织、盘扎等修剪方法造成各种形状。

第七节　组合盆栽花卉

一、花卉组合盆栽的意义

花卉组合盆栽是通过艺术配置的手法,将几种不同种类的花卉种植在同一容器里的盆花。组合盆栽花卉与插花相似,都是通过组合设计,都属于艺术作品。但与插花相比,具有更强的生命活力,具有更持久、更富动态的观赏效果,同时,还具有一定的实用性,如净化空气,调节空气湿度。组合盆花可以大大提升花卉的附加值。近年来在欧美和日本等国相当风行,在花卉王国——荷兰被称为"活的花卉、动的雕塑"。我国还处于起步阶段,有专家分析,随着社会的发展,人们生活水平的提高,传统单一品种的盆栽花卉,因为色彩、形式的单调,已经满足不了市场的需求,而组合盆栽因其色彩组合较为丰富,有望成为今后花卉业的主流产品,成为重要的年宵花卉。

二、花卉组合盆栽的原则

花卉组合盆栽不是简单地将几种花卉随意拼凑种植在一起,一方面,要按照艺术构图手法,达到较好的艺术观赏性;另一方面,要考虑花卉本身的生态特性及生长发育规律,进行合理组合与栽培。应注意以下几个原则:

1. 花卉生态习性要接近　　组合盆栽中的花卉,由于栽在同一容器里形成一个整体进行管理,因此,需要选择对光照、温度、水分、基质、养分等要求相近似的花卉进行组合,便于养护管理。

2. 器皿与栽植的花卉要协调　　器皿的形状、颜色、质地和风格都应与花卉色彩、姿态和周围的环境条件协调统一,使整个组合盆栽花卉构成统一整体。

3. 主题突出　　任何一个艺术作品,要表达一定的寓意,都有其一定的主题。主体花卉放在最吸引眼球的地方,通过独特的花色、花形及花卉姿态进行表达。

4. 花卉之间要有色彩对比　　花卉的色彩相当丰富,从花色到叶片颜色,都呈现出不同风貌,在组合盆栽设计时,花卉颜色的配置,确定主色调,考虑其空间色彩的协调、对比及渐层的变化,还要配合季节、场地背景及所用器皿,选择适宜的栽植材料,以达到预期的效果。

5. 整体平衡,层次分明,体例适宜　　组合盆栽的结构和造型要求平衡与稳重。上下平衡,高低错落,层次感强。器皿的高矮、大小与所配置的花卉相协调。

6. 富有节奏与韵律　　组合盆栽与其他艺术作品一样有节奏与韵律,不至于呆板。通过植物高低错落起伏，色彩由浓渐淡或由淡渐浓的变化，体积由大到小或由小到大的变化来产生动感，空间虚实变化等。让作品产生节奏与韵律之美。

7. **空间疏密有致**　组合盆花花卉种植数量不宜过多，应根据容器的大小来确定花卉数量，一般小盆2～3种配合，中盆3～5种配合，大盆花5～7种配合。在花卉组合盆栽时，应使花卉之间保留适当的空间，以保证日后花卉长大时有充分的生长环境。同时，整体作品不宜有拥塞之感，必须有适当的空间，让欣赏者发挥自由想像的余地。

三、组合盆栽的制作

1. **构思创意**　组合盆栽在种植前应进行构思创意，构思创意有多种途径：①根据花卉品性、寓意构思；②根据物体图案构思；③根据环境色彩构思；④根据器皿涵义构思。组合盆栽中创意巧妙，常能达到意境深邃、耐人寻味的境地，从而给人以美的享受。首先要确定主题品种。一个组合盆栽要用到多种花卉，突出的只有1～2种，其他材料都是用来衬托这个主题品种的，主花的颜色也奠定了整个作品的色彩基调，选择主题品种和制作目的、用途以及所摆放的位置密不可分的。其次，植物的生长特性也是制约选择花卉品种的一个重要因素，这对作品的整体外观、养护管理等都是十分重要的。其他如容器种类、样式、大小的选择、色彩等，应与所选花卉相协调。

2. **栽培器皿及装饰品的准备**　栽培器皿要求美观、有特色，艺术观赏价值高。主要有紫砂盆、瓷盆、玻璃盆器、纤维盆、木质器皿类、藤质器皿类、工艺造型盆类及卡通盆类等。装饰品类有很多，如小动物、小石块、小蘑菇、小灯笼、小鞭炮、树枝、松球等。

3. **栽培基质**　组合盆栽所用基质既要考虑花卉的生长特性，又要考虑其观赏所处的环境。基质总的要求是通气、排水、疏松、保水、保肥、质轻、无毒、清洁无污染。主要有泥炭、蛭石、珍珠岩、河沙、水苔、树皮、陶粒、彩石、石米等。

4. **花卉的选择**　根据作品创意来选择花卉。花卉种类很多，有花形美观、花色艳丽、花感强烈的焦点类花卉；有生长直立，突出线条的直立类花卉；有枝叶细密，植株低矮的填充类花卉；有枝蔓柔软下垂的悬垂类花卉。

5. **盆花的组合**　先对栽培基质、器皿、工具等进行消毒。取器皿在底部垫防水材料、装饰纸等，再加少许泡沫、陶粒作垫层。先放入主题花卉调整好位置和方向；再放入其他衬托和填充类花卉，加入少量的基质进行固定，观察花卉整体布局是否符合构思创意要求，调整恰当位置和方向；再填充基质，压实固定；盆面遮盖装饰材料。最后对花卉枝叶作适当修剪，剪除残枝败叶，调整枝叶密度。作品完成后应浇透水，放在阴凉处培养。浇透水后根据作品要求可适当配置其他小饰物。

四、组合盆栽花卉的养护管理

组合盆栽的花卉是有生命的植株，要通过栽培养护管理，才能使其健康生长，延长观赏寿命。不同的花卉品种，其生长特性不同，其栽培养护管理要求不一样。应根据不同的花卉类型，采取相应的栽培管理措施。一般来说其养护管理措施主要是浇水、施肥、病虫害防治、整枝修剪等。

1. **浇水**　花卉的生长发育离不开水分，组合盆栽也需要不断地补充水分来满足花卉生长所需。盆花浇水应根据不同种类的花卉及花卉需水状况,根据不同的季节及所处的环境来确定浇水时间及浇水数量,遵循"不干不浇,浇则浇透"的原则。同时应考虑组合盆栽由于所用的盆器大多为美观、不易透水的瓷器、玻璃器皿等,花卉多摆放在室内观赏,且多为观叶植物。因此,浇水宜少不宜多。一般观叶、观花类在春、夏、秋季每2~3d浇水一次,冬季3~5d浇水一次;多肉植物15~30d浇水一次。多进行叶面喷雾,以增加空气湿度。有些高档花卉,花较娇嫩,浇水时,水不能喷到花瓣上,否则花瓣极易凋谢。

2. 施肥　盆花生长需要一定的营养来维持生长,保证花卉较长的观赏效果。组合盆栽由于装饰性强,一般摆放在室内,肥料应无毒、无污染、无异味。一般的有机肥料不能施用。通常要用专门的控释肥料加入到基质中去供应花卉生长基本所需。平时应少施肥料,控制枝叶徒长,以免影响造型,降低观赏价值。可用速效性磷、钾肥料进行叶面追肥。

3. 病虫害防治　组合盆花由于摆放在室内,喷药防病虫,不仅造成环境污染,还影响美观。因此,组合盆栽要以预防为主,避免病虫害的发生。通过选择健壮无病虫害的花卉进行盆栽;盆器、基质、工具等进行消毒;少浇水防止根系腐烂,注意通风换气,控制空气湿度;适当增加光照,增强抵抗力;及时用人工方法,清除病枝、病叶及害虫。不宜在室内喷药防病虫。确实需喷药时,应将花放到室外,选择低毒、低残留的农药,建议使用植物性物质,防治病虫,如大蒜汁、辣椒汁、醋等喷施。

4. 整枝修剪　组合盆栽造型优美,但在室内摆放时间长了,会出现一些枯枝、枯黄叶、残花,出现徒长枝、萌蘖枝等扰乱组合盆花的造型,降低观赏性。因此,应进行一定的修剪,及时清除枯枝、枯黄叶、残花,新枝摘心、短截控制徒长,萌蘖枝注意合理选留,老枝短截促新枝等措施,维持良好造型。

研究性教学提示

1. 教师应准备好各种有土基质和无土基质样本,使学生认识和了解各种基质的理化特性。

2. 基质配制与无害化处理主要应让学生明确不同类型花卉基质配制(基质配比、有机肥料加入、酸碱度调节);应知道为什么基质要进行无害化处理,掌握无害化处理的方法。

3. 盆花上盆、换盆、翻盆部分的教学,教师可先进行课堂教学。主要还是通过教师现场演示后由学生个人操作。

4. 各种盆栽花卉的讲授和学习可采用:①到学校附近的花圃、花店及花卉生产企业进行现场参观学习、生产实习等方式。②通过多媒体课件展示花卉图片及其栽培特性。③上网查找图片等多种形式接触花卉、认识花卉。

5. 各种盆花介绍时,各校可根据本地情况重点讲授本地特色的盆栽花卉。不要限于书中所介绍的内容,通过重点花卉介绍起到举一反三的作用。

探究性学习与问题思考

1. 如何认识盆栽基质的理化特性与花卉生长发育的关系?

2. 试述花卉生态习性与栽培管理技术的关系。
3. 如何掌握盆栽花卉的整套基本技术？
4. 盆栽花卉种类多，如何在短期内认识更多的花卉及掌握其栽培要点？
5. 简述盆花基肥对花卉生长的作用和追肥的适宜时机。
6. 花卉组合盆栽应掌握哪些原则？

考证提示

1. 掌握常见盆花基质的特点及基质配制的基本要求。
2. 明确盆花浇水、施肥的基本原则。
3. 常见盆栽花卉的主要繁殖方法及管理要点。
4. 掌握盆花基质配置及无害化处理方法。
5. 掌握盆花上盆、换盆、翻盆的方法。
6. 常见盆花的识别、掌握其栽培技术要点。
7. 掌握组合盆花的制作要领。

综合实训

实训一　盆栽基质的配制及无害化处理

一、目的与要求

通过本项实训使学生认识常见栽培基质，特别是无土基质的认识。掌握盆栽基质配制的方法及如何进行无害化处理。

二、材料与用具

1. 栽培基质准备　园土、塘泥、山泥、腐殖土、泥炭、椰糠、蛭石、珍珠岩、沙等栽培基质（有些基质仅作样品让学生认识）；有机肥、磷肥等。
2. 场地准备　清理好场地。
3. 工具准备　铁锹、花盆、桶等。

三、方法与步骤

1. 认识栽培基质　认识事先准备的各种栽培基质样品并掌握其理化特性。

（1）有土基质。有土基质包括园土、塘泥、堆肥土、腐叶土等

①园土：指经过人们多年精耕细作熟化的土壤，如水稻土、菜园土等，经去除杂草、碎石等杂物，再经过堆积、暴晒、粉碎、过筛后备用。

②塘泥：塘泥是指鱼塘、湖泊等，沉积在塘底的一层泥土。

③堆肥土：用各类植物的残枝枯叶、人畜粪尿等堆积在一起形成的。良好的堆肥土要经过2~3年的堆制，出堆时遇空气便呈灰白色的粉末。

④腐叶土：又称腐殖土，是植物枝叶在土壤中经2~3年的时间自然堆积，通过微生物分解发酵后形成的营养土。

（2）无土无机基质。一般由天然矿物质组成，或天然矿物经人工加工而成，如蛭石、

珍珠岩、岩棉、陶粒、炉渣、沙等。

①蛭石：蛭石为云母类硅质矿物。经高温膨胀后的蛭石其体积是原来的16倍，容重很小，孔隙度较大。

②珍珠岩：珍珠岩是由一种灰色火山岩加热至1 000℃时，岩石颗粒膨胀而成。

③陶粒：由页岩物质在1 100℃的陶窑中烧制而成的多孔粒状物。

④岩棉：岩棉是由60%的辉绿岩、20%的石灰石和20%的焦炭混合，先在1 500～2 000℃之间的高温炉中溶化，将熔融物喷成直径为0.5mm的细丝，再将其压成密度为80～100kg/m³的片，然后冷却至200℃左右时加入一种酚醛树脂以减小表面张力而成。

⑤沙。

(3) 无土有机基质　不含土壤，全部为一些植物材料经自然堆腐或人工加工而成，如泥炭、椰糠、树皮、锯木屑、炭化谷壳等。

①泥炭：泥炭是古代低湿湖泽地带的植物被埋藏在地下，在淹水或缺少空气的条件下，分解不完全而形成的特殊有机物，多呈黑色或者是深褐色。

②椰糠：椰子壳粉碎加工后的材料。

③炭化谷壳：谷壳未完全燃烧时形成的。

④锯木屑：锯木材时形成的木屑，具有保水、保肥性能。

2. 按比例配制各种类型的培养土

(1) 有土基质的配制。有土基质通常称为培养土。不同的花卉种类、花卉不同的生长发育阶段、花卉不同年龄对培养土的要求不同。花卉有土基质配比参考表6-1花卉有土基质配比表。

(2) 无土基质的配制。可用无土有机基质和无土无机基质按一定的比例配制而成，可参考表6-2花卉无土基质配比表。

(3) 栽培基质酸碱度调节。栽培基质的酸碱度直接影响着栽培基质的理化性质和花卉的生长发育，对酸碱度不适宜的栽培基质要加以调节。如酸性过高，可用少量熟石灰、草木灰等与栽培基质充分混合进行调节；碱性过高，可用少量硫黄粉、硫酸亚铁等加以调节。

3. 培养土无害化处理　根据各校及各地情况采取物理、化学方法进行无害化处理。

(1) 物理消毒法。

①蒸汽消毒法：将基质装入柜内或箱内（体积1～2m³），用通气管通入蒸汽进行密闭消毒。一般在70～90℃条件下持续15～30min即可。

②日光暴晒法：夏季高温烈日时期，将栽培基质摊放在水泥地面上暴晒10～15d后，避雨存放备用。

(2) 化学药品消毒。

①40%甲醛：又称福尔马林，使用时一般用水稀释成40～50倍液，然后用喷壶20～40L/m³水量喷洒基质，将基质均匀喷湿。喷洒完毕后，用塑料薄膜覆盖24h以上。使用前揭去薄膜两周左右，消除残留药物。

②氯化苦（三氯硝基甲烷）：先将基质整齐摊放30cm厚，然后每隔20～30cm向基质

内 15cm 深度处注入氯化苦药液 3~5ml，并立即用基质将注入孔堵塞。一层基质放完药后，再在其上铺同样厚度的一层基质打孔放药，如此反复，共铺 2~3 层，最后覆盖塑料薄膜密封，使基质熏蒸 7~10d。基质使用前要有 7~8d 的通风，散发消毒剂，以防止直接使用时危害花卉。

四、效果检查与评价

1. 是否认识常用的栽培基质，明确其理化特性。把常用的几种基质摆出来，让学生进行分类，并说出它们的特点和用途。

2. 是否清楚配制各种不同类型的花卉基质选择及其大致比例。按步骤选择配制球根类、木本类等花卉的栽培有土基质，并观察花卉的生长情况，比较后做出合理的判断。

3. 是否掌握栽培基质常用的无害化处理方法。任选一种方法进行消毒处理，观看花卉的杂草生长情况和病虫害发生情况，比较后判断出消毒效果与操作简便程度。

五、作业与注意事项

记录花卉的栽培有土基质的配制方法和过程。

注意：选择的各种材料既要筛去过粗的颗粒，有时也要筛去过细的颗粒。

实训二　盆花上盆、换盆、翻盆

一、目的与要求

通过本项实训使学生掌握盆花上盆、脱盆、换盆、翻盆等方法。

二、材料与用具

1. 材料　各种花盆、花苗、栽培时间不一的盆花（一年、二年、多年）。

先配制好培养土并进行无害化处理后备用。碎瓦片、粗颗粒土。

2. 用具　铁锹、小花铲、水桶、喷壶等。

三、方法步骤

1. 上盆

（1）垫盆。盆片覆盖（或瓦片互盖）在排水孔上，使凹面向下，要求既挡住排水孔，又使泥土不致堵塞排水孔，盆内水分能缓慢排出。

（2）上盆过程。①盆底加入粗颗粒基质；②其上加一层细栽培基质；③放苗、栽植与填培养土；④最上面加粗颗粒培养土。

（3）上盆后，要立即浇足水，达到水从盆孔排出的程度，待水被吸干后，再浇水一次。刚上盆的苗要遮荫，一般需一周后方可恢复生长。

2. 换盆

（1）脱盆。①脱盆之前不要浇水，使盆土适当干燥，有利于盆土与盆泥分离，泥团容易完整倒出；②小盆脱盆可用一只手托住盆，拍拍侧边几下，再将盆倒置，另一只手按排水孔，土球即可脱落；③中花盆脱盆可用双手把盆斜翻过来，将盆沿的一侧轻轻的连磕数下，即可将土团脱出；④大盆脱盆较困难，可将它们放倒后在地上滚动几圈，然后一人把住盆沿，一人握住树冠的主枝向外拉拽。

(2) 根系处理　根系盘结在泥团外时，应用利刀将盘结在外的根带土削去 1/3，然后再上盆添土。

(3) 上盆栽植　栽植的方法与上盆方法基本相同。

3. 翻盆　是只换掉大部分旧培养土，而不换掉盆的操作。

四、效果检查与评价

1. 上盆情况检查　花盆选择是否适合，是否垫盆及垫盆厚度，花苗放置位置是否正确，回填培养土是否压实，盆面是否加粗颗粒厚度及位置是否正确，上盆后是否及时浇透定根水。

2. 换盆情况检查　各种不同大小的花盆脱盆方法是否掌握，脱盆泥团及根系处理是否正确，其他按上盆方法检查。

3. 翻盆　脱盆泥团及根系处理是否正确，其他按上盆方法检查。

实训三　盆花的养护管理

一、目的与要求

通过对一些盆栽花卉进行栽培养护管理，使学生掌握盆栽花卉的浇水、施肥及病虫害防治的技术。

二、材料与用具

1. 材料　盆栽花卉植物、药品、肥料等。

2. 用具　栽培工具、浇水工具、软水管、喷灌和滴灌设备、各种园艺、植保器械。

三、方法与步骤

1. 根据各校具体情况选择某些花卉。

2. 采取分小组，任务到个人等形式进行盆栽花卉养护管理全过程。

3. 选择多种花对应不同基质及配制，按上盆及盆花管理的全过程操作。

4. 在教师或基地技术人员的指导下进行盆花的浇水、施肥和病虫害防治工作。

四、效果检查与评价

1. 系统记录实习过程。

2. 将记录整理成实习报告。

3. 教师应根据各阶段、各程序进行考核评分，讲评管理情况，解决管理过程中遇到的问题，最后根据盆花生长状况及管理程序是否到位，给予综合考核评分。

附

盆花产品等级标准（节选）

标准号：GB/T 18247.2—2000

1. 范围

本标准规定了盆花产品质量与等级划分技术要求、检测方法等。

本标准适用于经规范生产管理的整批盆花销售时评价。

本标准适用于陆地和保护地栽培的盆花。

未列入的植物种类参照其中同类植物的分级原则。

2. 引用标准

下列标准所包含的条文，通过在本标准中引用而构成为本标准的条文。本标准出版时，所示版本均为有效。所有标准都会被修订，使用本标准的各方应探讨使用下列标准最新版本的可能性。

GB/T2828—1987 逐批检查计数抽样程序及抽样表（适用于连续批的检查）。

3. 定义

本标准采用下列定义。

3.1 盆花 flowering pot plants

栽培于花盆、花槽等容器中以观花为目的的植物。

3.2 基质 media

无土栽培中用来固定植株的材料。常采用的基质有椰糠、草炭、苔藓、珍珠岩、蛭石、岩棉等。

3.3 品种形态特征 morphological character of cultivar

各品种所具有的茎、叶、花、果等外部形状、色泽、质地等特性。

3.4 冠幅 crown diameter

植物冠部投影直径的平均值。

3.5 植株高度（简称株高）height

以栽培容器的沿口边为基准线，从基准线到株丛的最高点之间的直线距离。

3.6 花朵 flowers

花的总称，是种子植物有性繁殖的器官，形态上实为一短枝。典型花朵由花托、花萼、花瓣、雄蕊、雌蕊组成，具各种颜色。

3.7 花序 inflorescence

许多小花按一定顺序排列在仅有苞片的花枝上，此花枝称为花序。

3.8 花枝（花茎）flowering shoots

着生花的枝，其上有节、节间和叶片或分枝。

3.9 花葶 scapes

由植物基部抽生出来无叶、无节的花茎，或无叶的总花梗。

3.10 花梗 pediceles

花的柄，是茎的分枝，结构与茎相同，但无节、无叶片。

3.11 花形 flower forms

花冠的形态，即花瓣在花托上组合排列的状况，因植物的种类而不同，是植物分类的重要形态特征之一，如金鱼草的花形呈唇形，牵牛花的花形呈漏斗形等。

3.12 花型 flower types

花的姿态在空间的造型。如菊花有平瓣型、莲座型、管球型、托桂型等。

3.13 花被 perianth

花萼和花冠的总称，常位于花的外轮。

3.14 花径 flower diameter

花朵的大小，以花冠或整朵花的横向或竖向直径表示。

3.15 花盖度 coverage percent

花朵（或花序）数量占冠幅面积的百分数。

3.16 茎 stems

植物生长枝叶的部分，有一年生、二年生和多年生的。

3.17 块茎 tubes

肥大的地下变态茎，形状不规则，可以顶端抽芽，如大岩桐、球根秋海棠等。

3.18 球茎 corms

地下变态茎呈球形或锥形，坚硬而实心，顶部有肥大的顶芽，侧芽不发达，如仙客来、小苍兰等。

3.19 叶 leaves

为一扁平的绿色器官，着生在茎枝的节上，是植物进行光合作用制造养分的重要部分。

3.20 病害 disease

植物的各部位因病原微生物（包括真菌、细菌、类菌质体、病毒）的侵染或因生理的原因导致的各种病斑、组织溃烂、环死、穿孔、褪色等伤害。

3.21 虫害 insect pest

植物各部位因害虫危害造成的穿孔、缺损、褪色、斑点等伤害。

3.22 破损 breakage

植物因人为或机械原因造成的撕裂、折损、穿孔、缺损等伤害。

4. 质量分级

4.1 评价原则

4.1.1 盆花产品标准的划分，采用规格等级和形质等级相结合的分级方法。

4.1.2 规格等级：以所规定的花盖度、株高、冠幅/株高、株高/花盆、叶片或花朵等数量指标进行分级。

4.1.3 形质等级：根据盆花产品的整体效果、花部状况、茎叶状况、病虫害或破损四个指标进行分级。

4.1.4 等级划分中的某一项指标，同时满足两个等级的评价指标时，要根据该项指标在这两个等级中的评价指标是否相同来决定归属哪一级。如果该项指标在这两个等级中不同，则应归属下一个等级，否则，应归属上一个等级。

4.1.5 各主要种产品等级的划分，依据本标准表1盆花产品质量等级划分公共标准和主要盆花产品等级划分标准进行。

4.2 盆花产品质量等级划分公共标准见表1。

表1　盆花产品质量等级划分公共标准

评级内容 \ 等级	一级	二级	三级
整体效果	外观新鲜，花朵大小和数量正常；生长正常，无衰老症状；符合该品种特性。植株大小与盆的大小相称	外观较新鲜，花朵大小和数量较正常；生长正常，无衰老症状；符合该品种特性。植株大小与盆的大小相称	外观较新鲜；生长较正常；符合该品种特性。植株大小与盆的大小基本相称
花部状况	含苞欲放的花蕾者≥90%；初花者10%~15%。花色纯正，无褪色或杂色斑点，花形完好整齐；花枝（花梗、花序梗或花葶）健壮	盛花者30%~50%。花色纯正，无褪色，花形完好较整齐；花枝（花梗、花序梗或花葶）较健壮	盛花者60%。花色纯正，无褪色，花形完好较整齐；花枝（花梗、花序梗或花葶）较健壮
茎叶状况	茎、枝（干）健壮，分布均匀；叶片排列整齐、匀称，形状大小完好，色泽正常，无褪色	茎、枝（干）健壮，分布较均匀；叶片排列整齐、匀称，形状大小好，色泽正常、无褪色	茎、枝（干）较健壮，分布较稀疏；叶片排列较整齐，色泽正常，略有褪色、落叶
病虫害或破损状况	无病虫害、折损、擦伤、压伤、冷害、水渍、药害、灼伤、斑点、褪色	无病虫害、折损、擦伤、压伤、冷害、水渍、药害、灼伤、斑点、褪色	有不明显的病害斑迹或微小的虫孔，有轻微折损、擦伤、压伤、冷害、水渍、药害、灼伤、斑点或褪色
栽培基质	必须使用经过消毒的无土基质		

4.3　主要盆花产品质量等级划分

4.3.1　金鱼草（*Antirrhinum majus*）盆花质量等级划分标准见表2（以下略）

4.3.2　四季海棠（*Begonia semperflorens*）盆花质量等级划分标准

4.3.3　蒲包花（*Calceolaria herbeohybrida*）盆花质量等级划分标准

4.3.4　温室凤仙（*Impatiens hybrida*）盆花质量等级划分标准

4.3.5　矮牵牛（*Petunia hybrida*）盆花质量等级划分标准

4.3.6　半支莲（*Portulaca grandiflora*）盆花质量等级划分标准

4.3.7　四季报春（*Primula obconica*）盆花质量等级划分标准

4.3.8　一串红（*Salvia splendens*）盆花质量等级划分标准

4.3.9　瓜叶菊（*Senecio cruentus*）盆花质量等级划分标准

4.3.10　长春花（*Catheranthus rosea*）盆花质量等级划分标准

4.3.11　国兰（*Cymbidium* spp.）盆花质量等级划分标准

4.3.12　菊花（大中型）（*Dendranthema×grandiflorum*）盆花质量等级划分标准

4.3.13　小菊（*Dendranthema×grandiflorum*）盆花质量等级划分标准

4.3.14　仙客来（1年生）（*Cyclamen persicum*）盆花质量等级划分标准

4.3.15　大岩桐（*Sinningia speciosa*）盆花质量等级划分标准

4.3.16　四季米兰（3~4年生）（*Aglaia dupereana*）盆花质量等级划分标准

4.3.17　山茶花（3~4年生）（*Camellia japonica*）盆花质量等级划分标准

4.3.18 一品红（2 年生）（*Euphorbia pulcherrima*）盆花质量等级划分标准

4.3.19 茉莉花（3～4 年生）（*Jasminum sambac*）盆花质量等级划分标准

4.3.20 杜鹃花（西鹃）（*Rhododendron* spp.）盆花质量等级划分标准

4.3.21 大花君子兰（*Clivia miniata*）盆花质量等级划分标准

5. 检测方法

5.1 抽样

5.1.1 同一产地、同一品种、同一批次的产品作为一个检测批次。

5.1.2 样本应从提交的检查批中随机抽取，单位产品以盆计。

5.1.3 对成批的盆花产品进行检测时，整体效果、花部状况、茎叶状况、花色、冠幅、株高、花径、盆径、盆高、病虫害、缺损分别按 5.2.1～5.2.5 的规定，其检验样本数和每批次合格与否的判定，均执行 GB/T2828—1987 中的一般检查水平Ⅰ，按正常检查一次抽样方案执行，其合格质量水平（AQL）为 15。

5.2 检测

5.2.1 整体效果、花部状况、茎叶状况通过目测检验。

5.2.2 花色按照英国皇家园艺学会色谱标准（Colour Chart, the Royal Horticulural Society, London）检验纯正度。

5.2.3 冠幅、株高、花径、盆径、盆高用直尺测量，单位厘米。

5.2.4 病虫害：检查植株上是否有销往地区或国家规定的危险性病虫害的病状，并进一步检查是否带有该病的病原菌或虫体和虫卵，必要时可作培养检查。

5.2.5 缺损：通过目测判定。

第七章

水生冰培花卉生产技术

【学习目标】 通过本章学习,要求了解水生花卉的概念及分类,掌握主要水生花卉的栽培与管理技术。理解水生、水培花卉的差异性。掌握花卉水培的技术与养护管理方法。

水生花卉是指生长在水中或潮湿土壤中的植物,包括草本植物和木本植物。水生花卉种类繁多,是园林、庭园水景观赏植物的重要组成部分。水生花卉不仅具有较高的观赏价值,更重要的是它还能吸收水中的污染物,对水体起净化作用,是水体天然的净化器。在水生植物生境的进化过程中,它们由沉水植物→浮水植物→挺水植物→湿生植物→陆生植物的进化方向演化,而其演变过程是和湖泊水体的沼泽进化相吻合。

第一节 水生花卉生产技术

一、水生花卉的分类

根据水生花卉的生态习性与形态特征,将水生花卉分为以下4类:

1. **挺水型水生花卉** 这类花卉茎叶挺出水面,根和地下茎埋在泥里,常见的有荷花、黄花鸢尾、菖蒲、芦苇、泽泻等。

2. **浮水型水生花卉** 这类花卉根生长在水下泥土之中,叶柄细长,叶片自然漂浮在水面上,常见的有王莲、睡莲、满江红、红三角芋等。

3. **沉水型水生花卉** 这类花卉根扎于水下泥土之中,全株沉没于水面之下,常见的有卵圆皇冠、水车前、大水芹、黑藻、竹叶眼子菜、狐尾藻、水筛等。沉水型水生花卉各器官的形态、构造都是典型的水生性。它们不具有抑制水分蒸发的结构。植物体比较柔软,细胞含水量多,渗透压比较低,在水分不足时,细胞很快就会出现脱水现象。因此,一般不能离开水,否则就会因失水而干枯死亡。

4. **漂浮型水生花卉** 这类花卉茎叶或叶状体漂浮于水面,根系悬垂于水中漂浮不定,常见的有凤眼莲、浮萍、萍蓬草等。

二、主要水生花卉的生产技术

(一) 荷花

睡莲科，莲属。别名出水芙蓉、莲、水芙蓉。供观赏的为花莲，供食用地下茎的为藕莲，供食用莲子的为子莲。观赏型荷花按株型大小可分为碗莲、缸（盆）荷、池荷。大型荷花既可栽在缸中，也可植于池塘中；有些品种可塑性大，既可栽于小盆中，也可栽于缸中。荷花婀娜多姿，高雅脱俗，既可观花又可观叶，是中国十大名花之一。

1. 形态特征 多年生水生草本花卉。地下茎长而肥厚，有长节，横生于水底泥中。叶盾状圆形，表面深绿色被蜡质白粉，背面灰绿色，全缘并呈波状，叶柄圆柱形。花单生于花梗顶端，高出水面之上，有单瓣、复瓣、重瓣及重台等花型。花色有深红、粉、白、淡紫色或间色等变化。雄蕊多数，雌蕊离生，埋藏于倒圆锥状海绵质花托内，花托表面具多数散生蜂窝状孔洞，受精后逐渐膨大称为莲蓬，每一孔洞内生一小坚果（莲子）。花期6~9月。坚果椭圆形，种子卵形，每日晨开暮闭。果熟期9~10月。

2. 生态习性 荷花属强阳性花卉，集中成片种植时要保持一定的距离，不要互相遮光。盆栽荷花要放在每天能接受7~8h光照的地方，能促其花蕾多，开花不断。盆土最好用河塘泥或稻田土。但切忌用工业污染土。土壤pH要控制在6~8之间，最佳pH为6.5~7。荷花是喜温花卉，一般8~10℃开始萌芽，14℃根茎开始伸长。栽植时要求温度在13℃以上，否则，幼苗生长缓慢或造成烂苗。18~21℃时荷花开始抽新叶，开花则需22℃以上。荷花非常耐高温，能耐40℃以上高温。

3. 繁殖与栽种 荷花的繁殖可分为播种和根茎繁殖两种。播种繁殖较难保持原有品种的性状。根茎繁殖，可保持品种的优良性状，达到观花效果。

（1）播种繁殖。

①采种。莲子的寿命很长，几百年及上千年的种子也能发芽。莲子的萌芽能力很强，有时为了加快繁殖速度，在7月中旬，当莲子的种皮由青色转为黄褐色时，当即采收播种，也能发芽。但如果是次年以后播种，则应等到莲子充分成熟，种皮呈现黑色且变硬时进行采收，收后晾干并放入室内干燥、通风处保存。应选用成熟和饱满的种子进行繁殖。

②播种时间。莲子播种在日气温20℃左右较为适宜，花莲在4月上旬到7月中旬播种，当年一般都能开花。7月下旬到9月上旬亦能播种，但因后期气温较低，只能形成植株，不能达到开花的目的。

③催芽。催芽的方法是将莲尾端凹平一端用剪刀剪破硬壳，使种皮外露并注意不能弄伤胚芽。将破壳的莲子放入催芽盆中，用清水浸种，水深一般保持在10cm，每天换水一次，4~6d后，胚芽即可显露。夏天高温时，播种应适当遮阳，每天早晚换水一次，2d就能显露胚芽。

④育苗。有盆育和床育两种。盆育即在盆中加入稀疏塘泥播种育苗，盆土占盆的2/3。床育，一般先选用宽100cm、高25cm的苗床。再加入稀塘泥15~20cm整平，最后将催好芽的种子以15cm的间距排列，依次播入泥中，并保持3~5cm的水分。

⑤移栽。当幼苗长到3~4片浮叶时，就可以进行移栽。每盆栽植幼苗一株，应随移随栽，带土移植以提高成活率。

(2) 根茎繁殖。

①种藕选择。种藕必须是藕身健壮，无病虫害，具有顶芽、侧芽和叶芽的完整藕。根据观赏和生产的要求进行选择。在湖塘栽种，一般都选用主藕作为藕种。缸盆栽植的花莲、子莲基本上都可以作为种藕使用。至于碗莲，即使是孙藕，甚至是走茎也能作为种源栽植。

②分栽时间。在气温相对稳定，藕苫开始萌发的情况下进行。根据我国气温特点，华南地区一般在3月中旬，华东地区、长江流域在4月上旬（即清明前后）较为适宜，而华北、东北地区在4月下旬到5月上旬进行。

③分栽方法。缸栽荷花应选用含有鸡毛、豆饼等基肥，经过充分搅拌的糊状塘泥作栽植土，用泥量为缸容量的3/4。每缸栽植1～2支种藕。栽植时应将藕苫朝下，埋入土中，藕尾则应微露泥外。为使缸栽荷花有充足的光照和便于栽培管理，缸的间距一般为80cm，行距120cm，碗莲盆距也应保持40cm左右，缸栽荷花摆放最好是南北排列，盆栽碗莲还应搭建高80cm的几架。

4. 养护管理

(1) 栽培环境。荷花宜静水栽植，要求湖塘的土层深厚，水流缓慢，水位稳定，水质无严重污染，水深在150cm以内。荷花易被草鱼等吞食，因此，在种植前，应先清除湖塘中的有害鱼类，并用围栏加以围护，以免鱼类侵入。

(2) 水位调控。荷花对水分的要求在各个生长阶段各不相同。一般生长期只需浅水，中期满水，后期少水。

(3) 合理施肥。缸盆栽植荷花，一般用豆饼、鸡毛等作基肥，制作基肥应将有机肥与土壤充分搅拌，土壤和有机肥的含量为2∶1，基肥用量为整个栽植土的1/5，将基肥放入缸盆的最底层。在荷花的开花生长期，如发现叶色发黄，则要用尿素、复合肥等进行追肥。

(4) 中耕除草。杂草对荷花的生长不利，因此，要及时清除。在荷花栽培园地应每月喷施一次除草剂，以控制杂草生长。对于缸盆中的杂草、水苔、藻类应及时人工清除。

(5) 病虫防治。参见第四章第三节。

(6) 越冬管理。入冬以后，将盆放入室内或埋入冻土层下即可，黄河以北地区除埋入冻土层以下的，还要覆盖农膜，整个冬季要保持盆土湿润。南方可露天越冬。

(二) 睡莲

睡莲科睡莲属，别名水浮莲、子午莲。

1. 形态特征 多年生水生花卉。根状茎粗短。叶丛生，具细长叶柄，叶浮于水面，纸质或近革质，近圆形或卵状椭圆形，直径6～11cm，全缘，无毛，叶面浓绿，幼叶有褐色斑纹，下面暗紫色。花单生于细长的花柄顶端，多白色，露出水面，直径3～6cm，萼片4枚，宽披针形或窄卵形。聚合果球形，内含多数椭圆形黑色小坚果。长江流域花期为5月中旬至9月，果期7～10月。

2. 生态习性 睡莲喜强光，大肥，高温。对土壤要求不严，耐寒睡莲在池塘深泥中－20℃低温下不致冻死。热带睡莲不耐寒，在生长中水温至少要保持在15℃以上，否则停止生长，当泥中温度低于10℃时，往往发生冻害。耐寒睡莲在3月上旬开始萌芽，3月中旬至下旬展叶，5月上旬开花，10月下旬为终花期，以后逐渐形成枯叶，进入休眠期。

3. **繁殖与栽种** 耐寒睡莲以切分地下根茎繁殖为主。3月上旬从盆中或泥中掘取带有芽眼的地下根茎进行移栽。将原有睡莲根茎用花铲切成几块，保证每块带3个以上新芽。栽插入土时微露顶芽。

（1）盆栽。盆栽睡莲要选小型品种，如海尔芙拉、红花小睡莲、白子午莲等。盆直径宜30~40cm。

（2）缸栽。缸栽睡莲可选中型品种，如大主教、查兰娜斯创、霞纪等，选用缸直径50~60cm、高约50cm的大口缸。

栽植方法：首先在盆或缸内加入约15cm的培养土及腐熟的基肥，然后将原有睡莲的根茎，带新芽切分成几段植入土中，再覆土5cm，初栽时水位宜浅，盆栽约10cm的水层即可。置于阳光充足的地方。发芽后随叶柄的生长，逐步增加水的深度，水加到与盆或缸口平。一般5月即可开花。霜降前后睡莲枝叶枯萎，可将其带盆或磕出后放入室内，室温在0℃左右，保持湿润，来年春季再分段种植。

（3）庭园水池种植。庭园水池种植，选用大口花盆或箩筐，下部装一些带有基肥的培养土，将分好的睡莲放入，四周用水池或河塘中湿泥填补，用铁丝捆扎几道，以防入水后浮出，将花盆放入水池中。如池塘水位过深，则可在池内筑台搭架子，将盆摆在架子上，半月后即可展叶生长。池塘栽植水层在20~30cm，以后可逐步加深水位。大型的睡莲可耐60~80cm的深水，而小型睡莲，水深不应超过20cm。中型睡莲，水深要控制在20~40cm。

4. **养护管理**

（1）水位的控制。不论采用何种栽培方式，初期水位都不宜过深，以后随植株的生长逐步加深水位。池栽睡莲雨季要注意排水，不能被大水淹没。

（2）追肥。睡莲需较多的肥料。生长期中，如叶黄质薄、长势瘦弱，则要追肥。盆栽的可用尿素、磷酸二氢钾等作追肥。池塘栽植可用饼肥、农家肥、尿素等作追肥。

（3）病虫害防治。为害睡莲的害虫主要有螺类，可用治螺类药剂杀灭，也可人工捕杀。病害防治可参照荷花。

（4）越冬管理。耐寒睡莲在池塘中可自然越冬。但整个冬季不脱水，要保持一定的水量。盆栽睡莲如放在室外，冬季气温在-8℃以下要用杂草或农膜覆盖，防止冻坏块根，放入室内可安全越冬。热带睡莲要移入不低于15℃的温室中贮藏。到翌年5月再将其移出栽培。

第二节 水培花卉生产技术

花卉水培无需土壤或基质，主要采用新颖透明的容器栽植花卉，直接从营养液里吸收营养而进行良好生长发育的一种栽培方式。由于人们在欣赏到花卉的枝叶、花果的同时，还可以观赏到以往栽培方式藏而不露、形态各异的根系。格调高雅，既可美化环境、净化空气，让人赏心悦目，又能满足人们观察植物生长的好奇心。因此，近年来家庭水培花卉逐步普及，大中城市的水培花卉店、水族花店也越来越多，成为现代都市室内绿化的最佳选择。

一、容器与工具

(一) 容器

水培花卉具有观赏花卉地下根系的特点,因此,对容器的首要要求是清晰透明。现在市场上透明的玻璃花瓶、塑料花瓶、有机玻璃花瓶种类越来越多,造型千姿百态,艺术性、观赏性均很高(图7-1)。花瓶本身就是艺术品,与美丽的花卉相互配合,更具有观赏性和装饰性。水培花卉的容器与土栽的花盆相比,更为高雅,更能与居室环境相配合。容器的选择应与植物相匹配,植物修长挺拔向上的,可选用长柱高挑形容器,如富贵竹、朱蕉等;植株较矮而丰满的,可选用短圆柱状的容器,如太阳神、秋海棠等。部分球根花卉需要比较特殊造型的一些容器来重点突出其根和球茎的观赏特性,如水仙、郁金香、风信子等。

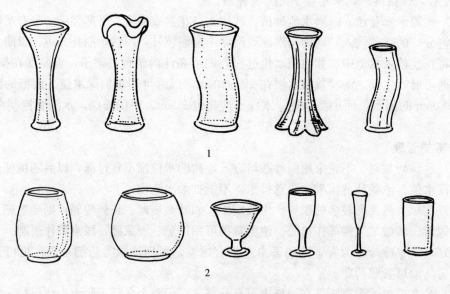

图 7-1 水培容器
1. 高挑型容器　2. 低矮型容器

容器的选择还要考虑与摆放处的室内环境相协调,增加观赏性和装饰性。在花店中容易购到自己满意的水培花卉容器,同时也可以将家中现有的一些用具,如桶、盆、杯、饮料瓶等改制成为造型各异的水培花卉容器。这不仅是废物再利用,同时也是充分发挥想像力的艺术创造,其乐趣并不亚于种花本身。

容器的规格要与花卉的大小相一致。小型轻盈的花卉选用小巧别致的花器,如宝石花等。大型植株应当选择大型厚重的花器,如春羽等。

(二) 工具

水培花卉的栽培除了容器外,常用的工具还有:用来冲洗花卉根系的喷壶,修剪枝叶、根系的各式枝剪,清洗器皿的各式刷子,还有量杯、加液水壶、镊子、工作手套、加氧泵、小铲、酸碱度 pH 试纸，溶液浓度测定计（图 7-2、图 7-3）等。

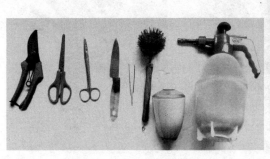
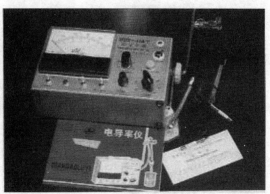

图 7-2　常用水培工具　　　　　　　　图 7-3　电导率仪

二、水培植株的选择与取材方法

获得水培植株有两种方法：第一，直接从土栽状态的花卉洗根后水培，称为洗根法；第二，剪取枝条，在水中扦插生根后水培，称为水插法。

（一）洗根法

洗根法适用于比较容易水培的花卉，它的根系水培后很容易适应水生环境，不会腐烂，如朱顶红、佛手蔓绿绒、吊兰等。

1. 洗根植物的选择　在选择洗根植株时，应注意以下两点：①作水培的植株应株形美观，有良好的装饰效果，太小的植株观赏效果较差，不宜作洗根材料；②健壮的植株容易恢复，容易适应水培环境，可选生长健壮、无病虫害的植株。有些刚分株，根系较差的植株也不宜作洗根材料，可在固体基质中养护，等到根系发达后再洗根利用。

2. 洗根水培的季节　洗根水培在温暖季节容易成活。若温度低，植株长势弱，不利于发根；若温度高，水中含氧量低，易导致烂根。

3. 洗根的技术要点

（1）选好水培花卉后进行脱盆，去除泥土（图 7-4）。

（2）冲洗根部周围的泥土或基质。洗根时不要过度伤害根系，以免造成伤口引起腐烂（图 7-5）。

（3）对根系进行适当修剪，剪去老根、伤根、烂根。有些花卉根系过多，应修剪 1/3～1/2，以减少氧气消耗，促进水生新根的发生。在修剪根系的同时，地上枝叶可略作修剪（图 7-6）。

（4）进行消毒处理，以免伤口感染。消毒液可用多菌灵、百菌清溶液。洗根后放入干净的器皿中用清水养育。前期应摆放在阴凉没有强光照射的地方，以利于植株恢复。因为水培花卉从土壤基质中洗根进入水环境后，植株有个适应和恢复过程，这时阳光太强会出现植株萎蔫、叶片发黄等现象，从而影响植株的恢复和观赏性。经常进行叶面喷水，每 1～2d 换水一次。

（5）长出新根后，植株就会恢复生长，进入正常养护管理。水培时根系要舒展，不宜

图7-4 脱盆去泥　　　　图7-5 冲洗根系　　　　图7-6 修剪根系

挤作一团塞入营养液中，这样不但容易导致烂根，影响植株恢复，而且不美观，降低观赏价值。

（二）水插法

水插法适用于原有土栽根系不太适应水生环境的花卉，这些花卉即使洗根水培，老根也会腐烂，必须再长新根才能适应水生环境，如朱蕉、马尾铁等。水插时应注意以下几点：

1. 水插的季节　水插的季节主要考虑温度因素，如果能将水温控制在20℃左右，任何季节都适合水插。在自然条件下以春秋两季比较适宜，此时植物生长旺盛，水插也容易成功。晚秋、冬季和初春温度低不利于生根，夏季温度高，插穗剪口容易腐烂。

2. 插条选择

（1）选择容易生根的花卉，枝条观赏性好。

（2）枝条生长健壮，无病虫害。

（3）木本植物应剪二年生或一年生老熟枝条，这样就比较容易生根；草本应选粗壮枝条。

3. 插条剪取

（1）插穗的长度。插穗的长度因不同种类和不同目的而异。由于水插的目的是获得具有观赏价值的植株，所以，插穗可适当长些。藤本植物水插插穗应长些，如黄金葛、常春藤等；短小的花卉水插插穗可短些，如紫鹅绒、天竺葵等。同种植物插穗也可以长短不一，同种植物不同枝条形态也应选择，生根后可以组合形成长势丰满的株型或高低错落、变化丰富的造型。

（2）剪口位置应在节的下部0.5cm处，此处容易发根（图7-7）。剪口要平，剪刀要锋利，不要压伤剪口。入水的下部叶片要除去，以防腐烂。可用生根粉处理切口，促进生根。

4. 剪好后的插条放入水中诱导生根　保证水质清洁、氧气充足，换水时注意清洁器皿和冲洗插穗，尤其要注意清洗剪口。前期应及时换水，保持切口、水质及容器清洁。生根后进入正常管理（图 7-8）。

图 7-7 插枝的剪取

图 7-8 插条水养

三、水质要求

水培植物生长在水生环境中，水的状况对水培花卉栽培成功就显得至关重要。首先应保持水质清洁卫生。水中氧气含量要高。其二，不同的花卉要求营养液的酸碱度不同。营养液的酸碱度可以用 pH 试纸或 pH 计检测（图 7-9）。根据不同花卉对酸碱度的要求加以调整（表 7-1）。

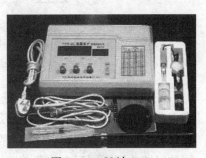

图 7-9 pH 计

表 7-1 不同水培花卉适宜的 pH

花卉名称	pH	花卉名称	pH
君子兰	6.7～6.8	铁线蕨	4.0～6.0
红掌	5.5～6.5	袖珍椰子	5.5～6.5
龟背竹	5.5～6.5	文竹	6.0～7.0

四、植株固定

在专业性水培过程中，常采用在水培瓶口用专制的塑料固定套（定植篮）或泡沫盖外加海绵来固定植株，固定部位一般应使植物根颈部位不会被水淹而引起腐烂。有些怕水湿花卉如仙人掌类，应固定在更高的位置，使根系少部分浸在水中。固定植物的材料还可用彩石、水晶泥、石米、卵石、陶粒等。简便型的水培花卉则可不固定。

五、养护管理

1. 补水与换水 水培的花卉前期应每天换水，保证水质清洁，氧气充足。大多数植物从土生环境到水生环境有一个适应过程，不同的种类适应能力不同。容易适应的种类迅速在老根上长出新根适应水生环境，如富贵竹、红掌、绿霸皇、绿巨人、吊兰等。水培的花卉适应水生环境后，其换水频率可以减少。一般情况下，夏季可隔3～5d换水一次，春、秋季隔6d换水，冬天10～15d换水一次。长势好的花卉换水间隔时间可长一些，相反要求短一些。水分蒸发水位下降，而水质又还好时，可不必换水，只需补充部分水量即可。不同花卉水培水位线见图7-10。

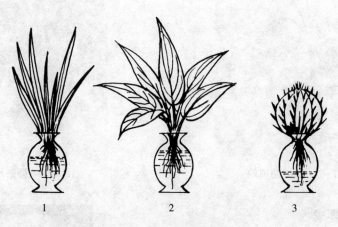

图7-10 不同花卉水培水位线
1. 一般花卉 2. 耐水湿花卉 3. 耐旱花卉

2. 营养液的补充与更换 花卉在生长过程中需要消耗大量的营养，因此，需要在花卉水培液中加入营养液，才能满足花卉生长发育所需。家庭或花店水培花卉所需的营养液在市场上目前已有比较丰富的产品。花卉不同生长时期对营养的要求不同，应根据花卉不同的时期选用不同配方的营养液，在长茎叶的营养生长时期选用氮含量高一些的营养液，在花蕾发育开花结果的生殖生长时期选用磷、钾含量较高的营养液。观叶为主的花卉选用观叶类配方的营养液。在使用时应掌握宁稀勿浓的原则。一般在换水时加入营养液，如换水时间较长，又需要补充营养时，可在中期补充营养液。营养液的浓度应保持在一定的范围内，大多数花卉要求总盐量保持在0.2%～0.3%之间，营养液浓度过高或过低，均不利于水培花卉根系对营养元素的吸收，影响花卉的生长（表7-2）。

表7-2 营养液的浓度范围

指　标	范　围		
	最　低	适　中	最　高
渗透压（kPa）	30.40	91.16	151.99
电导率（mS/cm）	0.83	2.5	4.2
盐分含量（g/L）	0.83	2.5	4.2

3. 容器和植株的清洗 在水养过程中，出现水质浑浊、滋生青苔、绿藻、根系上附着黏性物质等现象，影响植株正常生长和观赏效果，要不定期进行清洗。取出植株剪除老化、腐烂根，用自来水冲洗根系附着物，用0.1%高锰酸钾溶液清洗容器。换上新鲜水和培养液继续水养。

4. 光照调节 水培花卉大部分是适合于室内栽培的阴性和中性花卉，对光线有各自的要求。阴性花卉如蕨类、兰科、天南星科植物，应适度遮荫。有些喜光照的花卉，应给予适度光照，才能生长良好，否则，叶色枯黄，甚至死亡。

研究性教学提示

1. 教师可提供大量的多媒体教学图片、野外与实践基地的水生植物生境特点进行现场讲解。
2. 教师可根据实践条件用分组开展综合实训的方法。让学生在老师的指导下了解、理解与掌握不同类型水生花卉的栽培与管理技能，发现问题及时给予讨论、分析与讲评，以达到学以致用的目的。
3. 利用生活中各种器皿，准备好各种水培植物，让学生自己创作水培花卉作品。教师可根据学生各自水培花卉养护状况，给予评分。

探究性学习与问题思考

1. 试述水生花卉的概念。
2. 常见水生花卉栽培的步骤与技术措施有哪些？
3. 如何使花卉更快地适应水生环境？提高水培成功率。
4. 水培过程中，藻类等有害生物如何控制？

考证提示

本章考证内容，主要涉及荷花、睡莲等传统水生花卉的栽培技术和养护措施等方面，其他一些新的知识，考证涉及较少。

1. 水生花卉的类型与特点。
2. 荷花、睡莲的生态习性、栽培特点及其应用。

综合实训

花卉水培技艺

一、目的与要求

1. 通过洗根法和水插法，掌握花卉水培的基本要领。
2. 了解花卉水培的基本理论，掌握水培花卉的养护和管理技巧。

二、材料与用具

1. 材料 绿萝、龟背竹、紫叶鸭跖草、吊竹梅、吊兰、虎尾兰、常春藤、富贵竹、喜林芋、宝石花等。
2. 用具 园艺剪刀、透明玻璃器皿、水桶或塑料桶等。

三、步骤与方法

1. 洗根法

(1) 植株的选择。在选择水培花卉时，要挑选生长健壮、植株丰满的小型植株或分株后较为完整的小型植株作为试材。

(2) 洗根。选择春秋季节，从花盆或花圃地中小心起出植株，注意保持根系的完整性。用水仔细冲洗根系，清除根部附着的土壤与杂物，同时清洗全株。

(3) 植株修剪

①根系修剪。对根系过多的花卉种类，一般要剪去原来根系的1/3～1/2，以促进水培过程中新根的萌发。修剪时，要疏除枯根、弱根；短截断根或较长的生长根；对有气生根的花卉，在不影响植株整体外观的同时，尽量保留。

②枝叶修剪。对丛生的花卉种类，要疏除过多的枝叶，尤其是基部的老叶、黄叶、病叶等。枝叶修剪时，还要调整枝叶在整个植株上的均衡和布局，以增加其美感。对多浆类花卉，最好等上部的切口干燥后再进行水培。

(4) 水的选择。一般使用自来水水培，不能用蒸馏水或其他加热过的水，在水培花卉的水中还可加入适量的营养液。为抑制杂菌的繁殖，也可以在水中加入适量的如8-羟基喹啉、8-羟基喹啉硫酸盐、阿司匹林等。

(5) 上瓶水培。将修剪定型后的花卉植株放入选定的玻璃器皿中，调整植株形态，并进行固定。对有气生根的种类，使气生根依然裸露在瓶外，对植株的生长有利。

(6) 根系遮光。原有根系生长是处于暗环境条件下的，上瓶后不要立即置于光下养护，可以先用黑布或牛皮纸包住容器放到阴凉环境中10～15d，之后逐渐加大见光量，使根系逐渐适应较强的散射光条件。

(7) 换水。刚水培的花卉，要每天换水；植株生长正常后，一般生长旺盛的季节或气温较高时，可以3～5d换水一次；春、秋季气温较低的季节每周换水一次；冬季则10～15d换水一次即可。每次更换新水时，要清洗瓶壁，检查根系的生长情况，随时清除死根、烂根、落叶等，并冲洗根系。

2. 水插法

(1) 插条的选择。插条要选择在水中容易生根且生长速度较快的花卉种类，如天南星科和鸭跖草科植物。剪取插条时，要选择健壮而无病虫害的枝条。

(2) 插条的剪取。剪取插条一般在春秋两季进行。剪插条时，要从枝条茎节下2～3mm处斜剪，注意剪口要平整光滑，下部入水叶片要疏除。

(3) 换水。水插后要每天换水一次，并冲洗剪口。生根后转入正常管理（同洗根法）。

四、效果检查与评价

1. 根据每一个或每一组进行水培花卉的实验与实践写出在水培条件下主栽花卉的生长发育与自然条件下的异同，并及时进行交流与评价。

2. 在水培花卉实践中，当水培花卉出现落叶、叶尖或叶缘枯焦等现象时，分析其原因，并说明解决问题的方法。

第八章

生产组织与管理

【学习目标】 通过学习，要求了解计划制定前的市场调查、企业特色定位、生产指标管理、人力资源与成本核算相关知识；理解生产计划制定的相关内容，掌握花卉全年及阶段用工、用料计划的制定与统计分析，技术工艺指标与统计分析，人力资源责任制和成本核算的统计方法。

第一节 制定生产计划

一、市场调查

市场调查即运用科学的方法和手段，系统地、有目的地收集、分析和研究有关市场在花卉的产、供、销方面的数据和资料，并依据其如实反映的市场信息，提出结论和建议，作为花卉生产、营销决策的依据。

1. **市场环境调查** 主要是企业对其所能辐射的范围内市场环境，如政治、文化等方面的调查。

2. **市场需求调查** 主要是对市场某类花卉的最大和最小需求量，现有和潜在需求量，不同地域的销售良机和销售潜力等方面进行的调查。

3. **消费者和消费行为调查** 主要包括消费者的消费水平和消费习惯调查。

4. **花卉产品调查** 主要调查消费者对花卉质量、规格和功能等方面的评价反应。

5. **价格调查** 主要包括消费者对传统花卉品种价格和新品种价格如何定位的调查。

6. **竞争对手的调查** 主要包括调查竞争对手的数量、分布及其基本情况，竞争对手的竞争能力，竞争对手的花卉特性分析等。

除上述外，还有销售渠道调查、销售推广调查以及技术发展调查等。

二、企业的特色定位

企业的特色定位一般应在进行市场调查的基础上，再结合自身的实际情况（资金状况等）进行，主要有3个方面：

1. **规模** 企业规模大小首先要根据所投资金多少来决定，如果资金能一次性投资到位，则可根据需要生产资料一次性步骤到位。相反，可采用分期分批投入的方法，有计划有步骤地一步步扩大规模。两种方法各有优势，要因地制宜。

2. **品种**　栽培的花卉品种选择要严格以市场调查为依据。一般确定品种的依据有两条：一是本地区园林花卉品种的规划，该规划是城市绿化美化经验的总结。园林绿化设计、绿化行业的用户、城市居民都欣赏的品种，仍旧使用的品种，其产品必有广阔和相对持久的市场。二是新优花卉品种。园林花卉工作者不断引进开发新的优良品种，不断更新原有的花卉产品结构。这些新优花卉生产并推向花卉市场，有一个被人们认识的过程，谁掌握了花卉新品种生产的主动权，谁就有了竞争力。

3. **发展策略**　花卉生产的长短线结合问题亦要选择得当。如要生产年宵花、名贵花，因为栽培时间长，资金周转慢，成本投入相对高，小型花卉企业一般很难经营。但这些花卉又是园林绿化、美化所热销的、不可缺少的，所以，常是大中型企业的主项。短线产品是指企业繁殖养护周期短、繁殖率高、技术工艺简单的花卉品种。一些个体、集体企业热衷于这些花卉品种。他们以量取胜，是典型的市场调剂产品。这些短线花卉往往造成产大于销，低价抛售。因此，在生产实施之前，就需要花工夫对市场行情进行调查，或向权威专家咨询，充分了解市场的需求，降低花卉生产的风险，保证生产的高投入、高收益。切忌盲目选择。

三、生产计划实施

花卉生产计划包括全年与阶段生产计划，一般有以下内容：

1. **繁殖计划**　根据产品结构确定繁殖数量，推算出种子数量、用种（条）量和所需占用的栽培面积，繁殖所需的生产设施规模、数量。地栽扦插要按育苗规程、规范要求确定作业适合的时期。确定适宜的技术工艺，下达繁殖生产任务。容器育苗要根据扦插苗或播种苗的品种与繁殖量，安排相应的育苗温室、容器、介质。又由于用于容器育苗的品种一般繁殖材料成本都较高，特别是扦插条，大多是从国外进口或外地引进，因此要安排更多的人工在尽可能短的时间内完成扦插工作，以免造成不必要的损失，所以特别要保证人工的有效调配。

2. **移植与换盆计划**　地栽花卉企业需在上一年繁殖计划的基础上，根据各花卉品种的生长特性，结合生产实际，估计出各品种大致在何时可以移植与换盆。该计划一般是和某个品种的繁殖计划同时制订。

3. **养护计划**　移植或换盆后的花卉需要更精心的养护。养护的内容主要包括水肥管理、病虫害防治、整形修剪、中耕除草、防寒遮荫等。其中各项都需制定作业时间、数量、技术要求、用工、用具等具体计划。

4. **销售计划**　在地栽花卉经过几年的养护管理后，其高度、粗度、生长量等才能达到销售的规格或客户的要求。当花卉列入销售计划后，就应按品种分列或按规格单列并统计好各种规格的数量，提供给销售部门。一般每年的销售计划是可预计的。通过繁殖、移植或换盆、养护时间的记录，可预计几个月或几年后可以销售的花卉品种和数量。

5. **全年及阶段用工计划**　根据全年及阶段作业内容、规模数量，除以各项作业的施工定额，可以计算出所需用工数量（表8-1）。生产部门把用工计划提交给管理部，为生产准备足够的劳务。地栽花卉企业的用工季节性较容器栽培企业强，为节省开支，所以，企业一般都招用临时工（季节性工）。容器栽培企业的做法一般是雇佣一定数量的长期工，并结合生产实际再雇佣一定数量的临时工。

表8-1 _____花卉企业_____年用工计划表

地号	花种	育苗方法	施业面积（hm²）	合计用工		每公顷劳动定额									
				每公顷人工	总用工人工	种子处理人工	整地作畦人工	播种覆盖人工	扦插、移植、嫁接人工	松土除草次数	间苗抹芽次数	开沟培土次数	抗旱遮阳人工	病虫防治次数	施肥次数	起苗假植人工	其他人工

单位：工/日　　　填表人：_____　　　年　月　日

6. 全年及阶段用料计划　各项作业计划内容都包括有具体的生产用材料，如肥料、农药、生根剂、消毒剂、工具、机械、加温材料等（表8-2）。地栽花卉企业另需考虑销售时的包装、防寒材料等；容器苗生产企业另需准备介质、容器等。生产部将用料计划提供给管理部，管理部经审定后责成后勤部及时为生产提供物资保障。

表8-2　花圃_____年肥料、种穗、物料、药料消耗计划表

花种	施业面积（hm²）	种、穗		肥料				物料				药料			
		每公顷	合计	名称	用途	次数	数量（每公顷/合计）	名称	用途	次数	数量（每公顷/合计）	名称	用途	次数	数量（每公顷/合计）

单位：kg　　　填表人：_____　　　年　月　日

7. 外引繁殖材料计划　企业每年都要有计划地从国内外引进部分花卉繁殖材料。外引花卉繁殖材料主要有以下几个部分内容：①企业现在缺少的花卉品种，引进后丰富了产品的内容；②计划扩大繁殖培育的品种母株量不够，引进目的是扩大繁殖量；③自身繁殖小苗成本高、繁殖能力差，引进外地繁育的小苗成本低；④企业本地气候和土壤条件不如引进某档苗继续培养更为经济、合算。

计划内容：确定外引花卉的品种与规格、数量；确定外引地区、单位及进苗时间和运

输方式,确定本企业的栽培面积。此外,在外引计划中,一般还要注意技术措施的到位情况,并提高其成活率(表8-3)。

表8-3 _____花卉企业_____年种子、穗条引入登记表

花种	产地	数量	来源	育苗面积(hm²)	种穗品质						种子或插条贮藏的处理方法	每公顷成本			备注
					千粒重(g)	净度(%)	生长势(%)	室内		露地			用种量	单价	金额	穗条长度与粗度等
								场圃发芽(萌动)率(%)	插条成活率(%)	场圃发芽(萌动)率(%)	插条成活率(%)					

填表人:_____ 年 月 日

8. 科研计划 花卉企业的科研主要有两方面的内容,即引进、选育和研究开发(花卉繁殖、养护方面的新技术)。生产部门每年都要根据生产实际需要,提出科研课题,写出开题报告和科研试验方案;确定课题负责人、参加人;确定完成步骤、时间;确定所需经费。企业要为科研创造必要的条件,本单位技术力量不足可以寻求合作单位共同完成。生产部门可列入试生产计划,尽快把试验成果转化为生产力。

从国外或外地引入的新品种,在不清楚是否适应本地区栽培的情况下,必须先进行适应性栽种试验,以降低引种风险。作为栽培管理者,要长期记录引种花卉品种在各个季节的生长表现,最短要一年时间。容器苗最终也要应用到本地的园林绿化,因此通常对该品种应用到园林绿化工程后的表现制定了如下判断准则:是否适应本地的雨季、旱季;是否适应本地的高温天气;是否耐本地的最低温;是否易感染本地的病虫害;是否适应本地的土壤条件;是否生长过快;大量繁殖有没有问题等等。在确定新品种可以在本地栽培的前提下,再采取大量繁殖,或继续引进,这样就能够在选育问题上少走弯路。

第二节 生产指标管理

生产指标管理就是把各项作业标准量化,便于指导检查花卉生产。大型花卉企业可专设统计员,追踪统计各项数据,为生产决策提供依据。

一、生产数量指标

花卉生产计划、产品产量计划的数量指标包括花卉繁殖量、花卉生长量和花卉在圃量、花卉出圃量。通过以上4项工作可以有目的、有计划地控制生产规模,调控花卉产品

结构，使生产各阶段有序地、可持续有计划地发展。出现问题也能及时调整。一般出圃量和在圃量比例控制在1∶8～10；移植量和出圃量大致为1∶0.8；繁殖量和移植量的大致比例为1.6∶1。

1. **花卉销售量** 花卉销售量是体现企业生产能力的一个重要指标。用以衡量企业的经营规模、技术水平和管理水平。销售量取决于土地规模、土地利用率；取决于出圃品种及其规格，但最终取决于花卉生产技术水平和管理水平。销售量和经济效益不形成严格的比例关系，因产品结构和规格不同，经济效益有一定差距。

2. **花卉繁殖量** 花卉繁殖量是生产的基础。繁殖量计划分为繁殖品种、数量两个因子。这两个数量的确定要以花卉市场要求为依据，同时还要结合企业本身的生产条件和技术能力。有些品种在企业生产条件下繁育，困难的可能考虑外引，以取得较低的成本。花卉繁殖量应以最后繁殖成活量为准，不能依据繁殖计划量。

3. **花卉生长量** 花卉生长量是检验花卉养护管理水平的标准。水肥、病虫害防治、修剪等管理水平高，花卉生长量就会大，就能达到育苗规范制定的生长量指标。繁殖生长量小，达不到销售规格，就会延长出圃年限，加大生产成本。

4. **花卉在圃量** 花卉在圃量一般是在秋季工程完成后进行统计。因繁殖、养护、出圃量至年末已成定局，在圃量其实就是企业实有花卉数量。在圃量由花卉品种、品种量和各品种的各种规格数量，各树种、品种之间数量比例三因子组成。通过在圃量统计，可以分析出近几年每年可以出圃花卉的品种及数量，预算出年经济效益。一般情况下，一个中型的花卉企业经营的花卉品种，一般都在100～200种以上。为了紧紧掌握花卉市场的主动权，提高竞争力，必须认真研究在圃花卉的品种及数量。

二、生产技术工艺指标

生产技术工艺指标包括繁殖花卉的成品率、移植花卉的成活率和养护花卉的保存率，用来检查各项作业质量的优劣。通过该指标的达标，保证生产数量指标计划的完成。

1. **繁殖苗的成品率** 繁殖苗的成品率是衡量繁育小苗技术管理水平的一项重要量化指标。繁殖育苗技术工艺分为有性繁殖和无性繁殖两大类，但无论是哪种繁殖都要求其生长量必须达到一定的高度，以此量化标准，判断其是否为一株合格的成品苗。这些成品苗木数量占繁殖苗木总量的比例称之为成品率。生长量指标有两个量化因子，一个是株高，一个是干径粗度。成品苗又分为一级、二级、三级，其余列入等外苗。一般要求，一级苗占30%，二级苗占50%，三级苗占20%，等外苗不在成品苗之中，这样才能达到育苗规范的标准。育苗规范制定的量化标准是几十年育苗实践经验的总结。

容器苗成品苗分级一般是按照根系在容器中的生长情况，换相适应的盆，根据盆的体积大小，以"加仓"容积来衡量的。

2. **移植苗的成活率** 移植苗的成活率是检查花卉移植作业技术管理的一项重要指标。移植作业是将繁育的小苗，或养护、外引的花卉，按一定株行距定植于大田中，继续进行养护，最终达到销售的规格。这个关键作业程序进行得不好，会造成很多被移植的花卉的死亡，加大育苗成本。花卉移植在整个育苗生产过程中所占的工作量较大，又是比较关键的一项作业内容，所以，质量控制事关重大，一般要求成活率在98%以上。

3. 养护花卉的保存率　花卉养护的保存率是经一段时间的养护管理后，保存下来的实有育苗数量和年初某花卉品种的在圃量之比例。保存率的高低体现了企业全年养护管理水平的优劣。只有花卉的保存率高，年生长量大，花卉生产的经济效益才会有保证。

三、花卉质量指标

花卉除去其固有品种的遗传特性外，还应该检验其经繁育、精心培育而成的优质花卉属性，这个属性就是花卉产品的质量指标。具体要求是：品种纯正、规整美观、长势旺盛、无病虫害和机械损伤。地栽花卉的销售苗根系大小、土球大小、包装保护必须符合规范要求。容器苗销售出圃需植株健壮、树形整齐美观、根系发育好、叶色正常光洁、无病虫害。

四、新品种、新技术贮备指标

新优品种和新技术工艺体现花卉生产的后劲，是花卉生产可持续发展的重要保证。在花卉市场竞争中，新优品种具有强大的生命力和竞争力。品种贮备、技术贮备对一个花卉生产企业是必不可少的。每年都有 1~5 个新优品种的花卉产品向社会推出，既是对园林绿化事业的贡献，也是花卉生产经济效益的一个新增长点。

第三节　人力资源管理

一、人力资源的结构配置

对于小型企业，不需要严格的人员配置，但对于上了一定规模的企业来说，要保证生产、经营顺利，就很有必要对人员结构进行合理的配置。一般来说，应配备以下人员：

经理：负责企业总体工作，营销、宣传策划。

后勤部：负责生产资料购买、保管、供应、设备维修等服务于生产的工作。

生产部：是直接创造经济效益的实体，要根据与客户签订的合同要求，严格按照花卉生产的管理规程，生产出质量好、成本低的商品花。

管理部：一般由经理、人事主管、接待员和会计、出纳等人员组成。

市场部：主要负责对外营销，推销公司的产品，赢得客户，开拓市场，扩大公司知名度。根据客户的具体情况，详细介绍公司的技术力量、产品质量、信誉可靠度，建立合作关系，一经合作就应信守合同，确保质量，设身处地地为顾客着想，提供完善的售前、售中、售后服务，千方百计使之成为公司的永久客户，使企业获得更多的利润。

二、人力资源的制度建设

科学地建设各种规章制度是对全体职工制度的一种规范和约束，也是确保实现企业既定目标的重要措施。花卉企业的主要规章制度包括工作岗位责任制、雇佣人员合同制、工作人员定额制和工作表现奖罚制等。

1. 岗位责任制　企业的任何部门都应建立责任制，因为岗位责任制管理方法具有责任明确、任务具体等优点，对从业人员是一种督促和激励，严格的岗位责任制能将主管人操心的业务分解到所有从业人员的身上，使企业主管人不必事无巨细，以便腾出更多的时间和精力考虑对企业来说更为重要的事情，提高企业的整体工作效率。

2. **雇佣人员合同制**　合同制是现代企业劳动用工制度的一种重要形式，其优点是企业和被雇佣者在履行同一协议基础上建立关系，双方可以双向选择。企业根据应聘者各方面素质综合考察决定是否聘用，雇员可视公司的酬金福利及发展前景决定是否就职。聘用期满后，公司可根据应聘人员的工作表现和企业的用工计划做出调整，决定是解聘还是续聘。一般专业技术要求高的工种可签订相对较长的雇佣期限，普通工种或季节性用人可聘用临时工。

3. **生产劳动定额制**　花卉生产企业应根据现有设备、工具、技术难度、劳动强度、质量要求等条件制定生产劳动定额。制定劳动定额应请专业技术人员或技工参加，认真听取他们的意见，以保证其科学性与严密性。定额标准应明确规定某一特定条件下的单位时间工作量。奖励性的标准应严格掌握，用于生产性的标准可相对宽松一些。

4. **工作表现奖罚制**　这种制度有利于激励、督促雇员努力工作，运用得当可取得明显效果。一般情况下，由于企业对渎职、责任性不强等原因而造成直接经济损失的雇员应视情节轻重做出经济罚款；对消极怠工、敷衍了事、经常完不成任务的雇员，应及时结清经济手续，解除劳动合同；对工作积极努力，为公司发展做出较大贡献的雇员，要给予重奖。

5. **档案管理**　一个成功的企业必须建立完整的档案，因为完整的档案资料是企业管理的一项重要内容。花卉生产企业的档案主要包括工作记录、技术成果、财产清单等。

三、人力资源的关系位点与有效点

1. **雇佣**　雇佣是主管人的一项基本工作，要确保以后工作的顺利开展，必须把住雇佣人员的质量关。首先要求受雇人员填写申请表和简历表，经过筛选后通过面试确定是否雇佣。面试是确定雇员的重要环节，主管人可通过提问、观察和交谈来了解应试人员的基本素质、潜在优势及与人共事的能力。

2. **培训**　花卉经营及养护管理均需要专业技能，新雇员一般缺乏一定的实践能力与知识，所以，主管人员可通过对其进行短期培训、现场示范指导、订阅有关刊物与书籍等形式对雇员进行培训，使他们尽快胜任工作。

3. **交谊**　良好的友谊可以送去温暖，消除隔阂，沟通信息，增进与客户的感情。要赢得信赖与效益，必须善于交谊活动。雇员的交谊应是多方面的，不仅包括领导和同事，还应包括客户和技术专家。在所有交谊活动中，雇员要时刻注意树立自己的职业风范，努力为客户服务。

4. **日程安排**　良好的计划和统筹安排是主管人员必备的技能。实践证明，给雇员排满工作比留有空闲更受欢迎，工作紧张且正好能完成任务是最好的安排。任务不足或过轻会使人无精打采，反而感到乏味倦怠；任务太重，造成人员疲于奔命也不可取，这样会有损雇员的身心健康，挫伤工作积极性。好的管理者首先要了解花卉生产全年、分阶段的主要工作，如播种、施肥、中耕、喷洒农药的最佳时间及工作量，其次要掌握各个雇员的技能熟练程度，各种机具的性能效率等，只要这样才能做出比较合理的安排。

第四节 生产成本核算

一、成本核算的作用

1. 企业通过生产成本的核算明确各成本项目,以便对生产进行有效管理。
2. 通过生产成本核算可以了解各成本项目的开支是否合理,便于成本控制。
3. 合理分摊成本。
4. 可以使制定的当年度或次年度的生产计划更趋合理。

成本核算是一个较复杂的过程,要经过多年经验的积累,才能使核算的数据符合实际,当然在传统的企业要进行核算还是较为困难,因为很多成本难以计算,但随着发展,现代企业因为其生产资料如种子、介质、水、电、肥料等,都是现代化采购,加之专业化生产,使得各成本项目都比较明确,才能使核算方便、可行。

二、成本项目

生产型企业的成本费用项目主要有:生产成本、销售费用与管理费用。生产成本是直接用于生产产品的料、工、费的总和,包括直接指导生产的生产部费用;销售费用指生产部门以外的管理人员在工作管理过程中所发生的费用;管理费用指生产部门和销售部门以外的管理人员在工作管理过程中所发生的费用集合,包括设施设备、土地租金等期间费用。所以花卉生产的成本项目就是料、工、费中各具体项目。由于生产成本计算期间有育苗花卉售出,因此,花卉生产过程中成本上升的项目有:种子或其他繁殖材料、容器、介质等材料项目;育苗、生产管理、储运等过程中发生的人工工资;生产过程中所使用的水、电、农药、化肥等费用;花卉生产所用工具费用;为生产联系所发生的交通、通讯、为花卉出圃必须使用的包装以及其他费用项目,如标签等。至于生产用温室、设备的折旧、土地租用费、管理费、经营费用如宣传、差旅、展览费用等均不在花卉生产成本内核算。

三、各成本项目的核算

核算时应考虑到如下问题:

1. 核算花卉生产相关的各项目成本,首先要考虑的是种子或其他繁殖材料的成本。
2. 花卉生产相关的各项目包括:种子或其他繁殖材料、容器、介质、水、电、农药、化肥、工人工资、所用工具费用、交通通讯费用、包装箱及其他费用项目等。
3. 由于操作过程中会有一些材料的浪费和重复劳动,因此各个项目成本核算中均应考虑有10%的额外消耗。
4. 由于不同花卉的生长周期或达到销售规格的时间长短不一,各个项目成本的核算系数会有所不同,如劳动成本、水电费、农药化肥费用等。
5. 因客户和市场需要,生产不同规格的花卉,会牵涉到不同的育苗容器和介质等,因此成本也有很大的差异。

在进行成本核算时可参照表8-4。

表 8-4　花卉生产成本核算表

单位：用工（工）；用料（kg）；苗高、根径（cm）
地号：　　　　　　花种：　　　　　　育苗方法：　　　　　　苗龄：

费用名称		实际金额	折每公顷金额（%）	合计用工（工）	
直接成本（元）	上期转移			固定工	
	工资			实际每667m² 产量（万株）	
	种（穗）费			折每公顷产苗量（万株）	
	物料费			平均苗高（cm）	
				最高（cm）	
	肥料费			平均根径（cm）	
				最粗（cm）	
	药料费			平均主根长（cm）	
				最长（cm）	
	搬运费			平均根幅（cm）	
				最宽（cm）	
	小计			实际播种总量（kg），折每公顷播种量（kg）	
间接成本（元）	管理费用			每百株成本（元）	
	各项折旧			临时工	
	土地费			实际每667m² 产量	
	间接物料			出圃规格苗（%）	
	小计			折每公顷产苗量出圃规格苗（%）	
合计总成本（万元）			折每公顷成本（万元）		

填表人　　　　　　　　　　　　　　　　　　　　　　　年　月　日

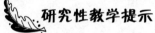

研究性教学提示

1. 教师可结合课程学习与当地花卉生产实际带领学生作一次以花卉需求与生产双因素相互关系的市场调查，写出产业结构调整的调查报告并进行调查论文的交流。
2. 可考虑外聘成功企业的人事部主任对企业人力资源合理的配置问题开展讲座。
3. 可结合校企合作实践，对某个绿化工程进行成本核算实践。

探究性学习提示与问题思考

1. 成本核算对企业的发展有何作用？
2. 如何实现人力资源的有效管理？
3. 如何实现生产指标的有效控制？
4. 市场调查的概念与内容有哪些？
5. 怎样确定企业的特色与定位？
6. 生产计划的内容有哪些？

7. 生产指标管理的内容有哪些？
8. 人力资源管理的内容有哪些？
9. 成本核算的作用与内容有哪些？

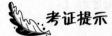
考证提示

本章考证内容，主要涉及花卉企业、花店管理及技术管理方面的内容，占高级工知识的10%，这部分内容在试题库中所占比例并不大，因而，要注意从本章节中归纳总结。随着花卉企业的不断发展，管理将成为企业效益与企业质量发展的重要环节，越来越重要。

1. 知识点：
（1）了解国家及地方已颁布的花卉技术操作规程、规范。
（2）掌握根据季节，合理安排生产计划。
（3）了解花卉企业及花店管理知识。
（4）了解国内外花卉先进技术信息。

2. 技能点：
（1）掌握具有一门以上花卉栽培或应用技术专长。
（2）掌握能针对技术专长收集相关的技术资料。
（3）掌握能写出书面技术专长小结（论文）。
（4）掌握能提出生产过程中的栽培技术要点、方法，效果明显。
（5）掌握生产花卉规格整齐，生产场地整洁，生产成本合理。

综合实训

_____（花卉企业）的现状与发展

一、目的与要求

通过参观考察较大型的花卉企业，要求对企业诸多方面的情况进行较全面的实地考察和调查分析，深入了解花卉生产发展现状、园区结构布局、生产设施、经营模式、管理方法等情况。

二、方法与步骤

1. 气候土壤情况

（1）气候：年平均温度、最高与最低温度、日照时数、初霜期和晚霜期、年降水量和雨量的季节分布情况等。

（2）地理位置：与城区的距离、主要交通道路、运输能力等。

（3）土壤：土壤性质、结构、酸碱度、肥力、有害盐类、地下水位状况等。

2. 规划区划情况　当地花卉生产历史和发展趋势，该基地的园区面积、小区划分、道路系统、排灌系统等。

3. 设施设备情况　建筑物、温室、塑料大棚、荫棚、冷窖、机械化、自动化设备，各种栽培容器与机具等。

4. 花卉种类　露地栽培种类、温室栽培种类；主要生产经营种类，少量生产经营种类等。

5. 栽培管理技术　土壤管理、植株管理、病虫害及防治等技术措施，其他先进技术及现代化设施的应用状况等。

6. 经营管理及经济效益情况　用工、用料、成本核算、营销机制、经济效益、当地的人口数量、经济发展水平、收入状况、生产企业状况、市场销售供求状况及花卉发展趋势等基本情况。

三、效果检查与评价

根据考察当地花卉企业的生产、经营、管理等情况，探析自己对当地花卉生产现代化与产业化发展的设想材料与实践交流现状，正确评判出对本章内容的学习水平。

第九章 花卉行业运作与贸易基础知识

【学习目标】 本章主要介绍国内外花卉生产经营的基本模式和进出口贸易中应注意的一些基本问题。教学时可结合《市场营销学》的知识和当地的实际情况，开展花卉生产经营调查活动。了解当地花卉种植的发展历史、种苗来源、产品销售方式和花卉价格变化情况。通过学习和调查，对花卉行业运作的方式有一些直观的认识。

第一节 花卉生产经营组织形式

花卉生产经营组织形式决定了花农和花卉公司生产规模和市场运作能力，对解决生产经营中信息、技术、资金、供销等方面的实际问题有重要的意义。20世纪80年代以来，我国的花卉业开始复苏，至90年代初，以昆明斗南花卉为代表的区域经济模式逐步形成，种植面积迅速扩大，但经营中的问题也不断凸显。花卉产品结构、质量要求、市场信息成为困扰花农的问题，也是解决花农增收的关键。由此产生了各种各样的合作组织和行会，他们的组织形式不同，但共同的目的就是获得所期望的效益。这里就国内外花卉业运作的情况做一些简要的介绍，供同学们学习和参考。

一、国外花卉行业组织与功能

花卉作为一项国际性的大产业，经一个多世纪的市场发育，已形成了完善的运作体系和专业分工。特别是第二次世界大战结束以后，发达国家利用自身优势，不断开拓国际花卉市场的份额。除了在育种、栽培技术、生产手段的改进外，先进的流通体系和合作经营模式成为他们开拓市场、抗拒风险的重要措施。如荷兰花卉委员会、荷兰国际球根花卉中心以及法国、以色列等国家的种植业者协会等组织机构等，虽然在组织形式和功能上有所区别，但目标是一致的。他们的运作资金来源于花卉种植、贸易等各行业缴纳的费用，代表着该行业的共同利益。他们整合了各种社会资源，分析市场、维持各层面的贸易联络，开发和执行市场计划，组织各类展览、商务洽谈会，开展科技教育和咨询服务，运用各种媒体从整体上宣传成员企业，树立企业品牌和社会公众形象。他们与金融机构紧密合作，为企业提供资金保障和金融服务。同时，也承担着一些社会的公共职能，从保护本国消费者和企业角度出发，制定符合本国实际的行业标准，为政府决策提供咨询服务。特别是在国际贸易中，他们代表着本国花卉行业的整体形象，在解决贸易争端中起着主体作用。

二、国内花卉生产经营组织形式

近十多年以来，尤其是中国加入 WTO 以后，以轻纺、机电、加工行业为代表的外向型企业组建了各类行业协会，在应对国外反倾销政策及解决非贸易壁垒问题，加强行业自律等工作中发挥了相应的作用。但花卉行业主体是农民，与发达国家现代化的花卉产业相比，我国花卉产业经营分散，产业化程度低，行业组织分散、形式多样，功能还未能充分体现。这里就目前我国花卉业的生产经营组织形式做简要介绍，以便于从业人员了解和认识本行业。

1. **个体经营**　以农民自己的承包地为基础，或通过土地租赁的方式，以家庭为单位组织小规模的生产。其种植水平较低，花卉种植种类、品种，主要以市场价格和个人经验、判断来确定。生产经营起伏较大，产品主要通过花卉批发市场或集贸市场流通。

2. **农村专业大户牵头经营**　以村或村民小组为单位，由当地具有种植技术和一定市场开拓能力的人牵头，组织本村的花卉种植和销售。这种类型的组织形式，较为松散，而合作者通常带有一定的亲戚和朋友关系。没有明确的组织章程和法律约束，主要靠村规民约、口头约定、亲情和信誉维系。产品主要通过花卉批发市场、集贸市场流通或以种植大户为主体，与一些花卉贸易公司签订供货协议。

3. **农村社区集体经济组织**　以村或村民小组为单位，联合本地村民，以各自的承包地或以资金的形式入股。通常由村干部牵头和发起，组织本村有一定生产技术和市场开拓能力的人，组织生产和经营。在一定范围内，提高了种植水平和专业化程度。并由此而推进了乡、县一级的合作组织，对区域经济和完整产业链的形成与发展具有重要的作用。

4. **专业花卉贸易公司**　一些专业的花卉贸易公司在其诞生之前往往具有从事商品贸易的背景，他们不涉及花卉生产，而是利用长期从事贸易的市场资源和销售渠道，开展花卉的批发、零售和代理业务。他们通过花卉专业批发市场、拍卖行或与种植户签订供货协议，组织货源。

5. **公司＋农户的经营模式**　一些专业的花卉贸易公司，利用其市场信息和销售渠道，从事花卉贸易，他们与种植户签订供货协议，为种植户提供种苗和技术服务。在一定程度上保护了花农的利益，起到了把小规模分散经营的农户与国内外大市场衔接起来的桥梁与纽带的作用。

6. **公司＋基地＋农户的经营模式**　利用花卉企业的市场运作能力和技术优势，建立花卉生产基地，并辐射到周围的农村种植户。为种植户提供种苗、技术培训和咨询服务，与种植户签订协议。实现品种、生产技术、采后处理和销售的统一。是公司和种植户利益与风险共担的一种产业化经营的模式。

7. **产业联合会**　由一些经营规模较大、具有一定影响力的花卉企业发起，在政府引导下，通过注册登记，取得社团法人资格，承担政府扶持和引导产业发展的职责。为政府牵头制定行业标准，分析市场，发布信息，提供行业发展规划建议或咨询服务。协调行业

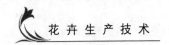

内部关系，规范企业行为。配合地方政府，开展宣传、教育和商务活动。其经费来源除了企业缴纳会员费之外，政府也提供一定的经费支持。

第二节　花卉销售

花卉销售指从生产者通过各种流通渠道，进入消费者手中的过程。根据经营规模和交易方式的不同，就常见的批发、零售和拍卖进行介绍。

一、批发

批发通常是指花卉生产者与贸易商，或者是贸易商之间进行的大批量交易活动，有时也可能在贸易商与大宗的花卉消费者之间进行。按业务性质的不同，分原产地批发、销售地批发、集散地批发和口岸批发。

1. **原产地批发**　花卉原产地在地方政府的引导下，形成一定规模的花卉交易市场，其仓储、物流和金融服务体系较为完善。花农和花卉生产商将产品运至交易市场，直接面对花卉贸易商进行交易。根据花卉物流的特点，原产地的花卉批发业务通常在晚间10时至凌晨6时进行，清晨物流公司按客户的要求，将花卉产品运至目的地。

2. **销售地批发**　在一些大中型城市，花卉消费量较大，往往设有一些花卉交易市场。经销商在市场内开辟交易窗口，陈列其经营的花卉种类。零售商根据自己的经营范围和业务需求，在市场内采购所需产品，一些大宗的消费者也可通过交易市场，以较低的批发价获得产品。

3. **集散地批发**　集散地指的是某种商品集中交易的地方，它不一定是产地或消费地，但具有便利的交通、物流和服务体系。由于历史的原因或优越的地理环境，形成了某种商品的交易中心。如昆明斗南花卉市场，既是昆明地区花卉交易的中心，也是云南其他地州（市）、邻近地区及进口花卉的集中批发地。

4. **口岸批发**　主要从事进口花卉的集中批发，通常较靠近口岸，具有花卉经营的便利条件和较为成熟的交易市场，如东南亚地区热带花卉主要集中在昆明交易。

二、零售

零售是花卉经销商直接面对消费者的交易形式，花卉的零售与其他商品零售有相似之处，一般有较为固定的销售地点，但在选择销售环境方面，具有与消费品不同的特点。常见的花卉零售有以下几种类型：

1. **专业花店**　以经营鲜切花、干花及制品为主，兼营其他插花用具和装饰用品。要求经营者具有一定的花艺装饰和设计的能力。在经营鲜切花的同时，能根据客户的需求制作花篮、花束、胸花等礼仪用花，承接婚宴、庆典、会议等花卉装饰及花卉送货业务。专业花店一般选择在人流密集的商业区、娱乐区、商务办公区、医院附近。

2. **园艺商店**　主要经营盆花、盆栽植物、盆景及用具。根据经营者的经验和消费习惯，在不同时期经营不同类型的花卉。但一些园艺商店经营类型较为单一，如专营兰花、仙人掌科及多浆植物、水培植物、盆景等。一般要求经营者具有一定的花卉栽培管理经验和知识,以及植物组合搭配的技巧。园艺商店通常集中在城市的花鸟市场、花卉或园林苗木市场内。

3. **园艺超市**　多见于欧洲国家。其经营范围非常广,从盆花、盆栽植物、园林苗木、种子(种球)、种苗、培养土、肥料、栽培工具到灌溉设施及大型的机械设备。一般开设于城市近郊,交通便利的地方,或园艺产业较为发达的城镇周边。

4. **超市、大型商场花卉专柜**　在发达国家,大部分的超市及大型商场都设有花卉商品销售区,不同城市的超市中,根据当地的消费习惯和消费水平,销售种类也不一样,有些地方的超市只经营鲜切花,有些地方经营种类较多。目前我国许多大城市的一些超市和大型购物商场也有花卉专柜,但主要以干花及制品为主,只有少数地方经营鲜切花或盆花。

5. **农贸市场**　农贸市场销售形式主要在花卉产区。花农或一些摊贩从花卉批发市场购入后将花运至农贸市场直接面对市民销售,无严格分级包装,其价格较低。与固定销售的花卉相比,质量也较差。

6. **流动经营**　没有固定的销售摊位或店面,在人流密集的街道流动销售,或者在餐饮、娱乐场所销售。由于我国城市人口密集,交通堵塞较为严重,一些流动经营的商贩,往往在人流量大的地方,甚至在人行天桥上占道经营,既影响交通又有碍于市容,故许多城市都禁止在街道上流动买卖。

三、花卉拍卖

花卉拍卖起源于20世纪初的荷兰,由花卉种植者合作社将供需双方集中在一起,以拍卖方式进行交易。1974年,成立荷兰花卉拍卖协会,负责协调7家拍卖市场的关系,在对外贸易中,是代表拍卖市场的正式发言人。阿斯米尔联合花卉拍卖行,是世界上最大的花卉拍卖市场。该拍卖行占地71.5万m^2,相当于120个足球场面积。2006年10月,世界上最大的两个花卉拍卖市场,荷兰阿斯米尔拍卖市场和荷兰花荷拍卖市场在荷兰海牙签署合并意向书,成为拥有40亿欧元产值的强大的拍卖市场。合并后的市场沿用花荷的名称,并使用阿斯米尔的红色郁金香标识,总部设在阿斯米尔。我国花卉拍卖从20世纪末开始起步,昆明国际花卉拍卖中心(KIFA)是目前国内最大的拍卖行,于2002年12月20日投入运行,占地面积11.8万m^2,现拥有超过2万m^2的交易场馆,300个交易席位,3个交易大钟及相关配套设施,至2007年累计拍卖成交总量达4亿多支,近年来平均每天拍卖30多万支,在花卉销售高峰期每天的拍卖量达100多万支。这里就以昆明国际花卉拍卖中心(KIFA)为例,对拍卖的基本常识作介绍。

(一)花卉拍卖与传统交易的区别

(1)花卉拍卖是以公开竞价的方式,通过电子拍卖大钟将花卉产品转让给出价最高的买家。但花卉拍卖和人们常见的古董及艺术品的拍卖方式不一样,花卉拍卖是"降价式拍卖",古董及艺术品拍卖是"升价式拍卖",花卉拍卖时,电子大钟指示价格由高到低逐一递减,直至第一个应价者应价即成交。

(2)花卉拍卖与传统的议价交易比较具有明显的优势。首先,花卉拍卖中心建立在标准化的基础上,以电子化为手段的全开放透明交易平台,购买者对同一产品出价,使产品获得最合理的价格；其次，拍卖体现了高效、快捷。在拍卖中心拍卖，平均4～5秒完成一宗交易，完善的物流体系可使花卉产品快速集散。同时，拍卖中心有完善的社会服务体系，海关、动植物检疫、商品检验、银行、工商等集中服务，特别是对从事花卉进出口贸易者，提供了高效快捷的平台。

（3）拍卖中心对购买者实行"交易保证金制度"和"先款后货"，保证了供货商的货款安全。同时，拍卖中心对供货商提供交易的货品进行严格的质量检验，确保所购花卉货真价实。

（4）拍卖中心提供每天向买卖双方提供交易的品种、数量、价格、每周每月的市场统计分析信息及国内外的花卉市场行情，为供货商和购买者提供准确的决策依据。

（二）花卉拍卖中心交易管理

1. 供货商管理　花卉拍卖中心对供货商管理实行会员制管理。凡具有一定种植规模的大户、花卉种植企业都可向拍卖中心申请入会，或成为拍卖中心的供货商。经审核符合条件者办理注册登记，与花卉拍卖中心签订《供货协议》和《会员合同》，并在驻场的金融机构开设银行账户。通过注册会员，使广大种职业者由独立的利益个体变成利益的共同体，从而保证拍卖产品品种、数量、质量的稳定，有利于国内外市场的开拓。拍卖中心按交易量收取供货商2％～4％的佣金，也可通过为客户提供相应的服务，收取费用来维持拍卖中心的正常运转。为了提高花卉产品质量和适应国际市场的规范要求，拍卖中心对会员在种植、采收、采后处理、包装及金融服务等方面提供帮助。

2. 购买商管理　凡从事花卉贸易或大宗花卉消费的个人和企业都可向花卉拍卖中心申请注册。申请注册者按要求提供法人身份证件、营业执照等相关证件，通过审核后即可办理注册手续，与拍卖中心签订入场合同，并在驻场金融机构办理银行卡，同时获得拍卖中心的交易身份识别卡。拍卖中心根据购买商交易量收取2％～4％的佣金。

3. 结算　购买商在入场前，根据自己预计购买的种类、数量和金额通过银行POS机（销售终端）系统作预授权，作为购买商拍卖交易后的结算确认，银行将此笔资金暂时冻结，并将冻结信息传输至拍卖中心的管理系统。交易结束后，拍卖成交信息传输到银行结算系统，银行将成交金额划入拍卖中心账户内。如果未发生交易，购买商可撤销预授权取消冻结款项。供货商、购买商也可在交易结束后获得拍卖中心提供的交易清单，清单上详细反应交易品种、数量、等级、价格、交易佣金、交易金额等。拍卖中心在一周内将货款（扣除佣金后）划到供货商的账户内。

4. 流拍处理　流拍表示货品未能成交。购买商竞价低于底价，拍卖师将对这批花卉立即安排重拍，如果第二次重拍仍低于底价时，拍卖师确定不能成交。流拍的产品由拍卖中心退回供货商，如供货商同意也可由拍卖中心销毁。

（三）拍卖流程

1. 货品供给　供货商按照拍卖要求对花卉进行采后处理和分级包装后，将花卉产品集中送到拍卖中心各入货口登记入场。

2. 货品检验　拍卖中心质检人员依照供货商所提供的货品单据信息，按拍卖等级标准进行检验，检验完毕后，质检部门将检验结果填写在供货单上，交供货商保存作为结算依据。经检验合格的花卉转入台车送入理货区。

3. **理货候拍** 工作人员将检验合格进入理货区的台车按品种组合排列，送到相应的储存区等候拍卖。

4. **货品展示** 拍卖前工作人员对货品进行展示，使购买商对所需货品质量状况有明确的了解。

5. **拍卖** 经过统一编号序的台车依次进入拍卖大厅，通过电子大钟完成拍卖交易。在拍卖开始前，购买商进入交易席位，将交易身份识别卡插入空内，拍卖开始后购买商根据拍卖大钟显示的货品信息和降至适宜的价格时，按下竞价按钮，拍卖钟会显示购买商的代码，拍卖师将与购买商对话，询问购买该批花卉的数量。只要该批花未卖完，其他人还可继续竞价。

6. **分货** 拍卖成交后的花卉送入分货区后，工作人员按照分货单，将货品分配给不同买主。

7. **结算** 由驻场的金融机构根据拍卖中心传输至结算中心的信息，将货款、佣金及其他发生的费用划至拍卖中心账户。

8. **送货** 拍卖中心工作人员将分好的花卉产品送至指定的商家专区或其他区域。

第三节 花卉进出口海关业务基础

中国花卉产业经过近20年的发展，逐步走向成熟。特别是中国加入世界贸易组织后，进出口贸易额不断上升。但进出口贸易与国内贸易相比较，风险性和复杂性更高。它受到不同国家的法律体系、贸易规则、标准以及国际政治环境、经济环境、汇率变化等因素的影响，需要运输、保险、海关、检疫检验和银行等部门的协作和监管。同时，花卉作为鲜活农产品对时限性要求较为严格，特别是种子、种苗等繁殖材料的进出口，还需要获得农业、林业及相关部门的批准。为了提高从业人员业务素质，保障对外贸易的健康持续发展和维护生态环境，我国严格实行海关报关员、报检员的考试和注册制度。这里就与花卉生产有关的基础知识作简单的介绍，以供花卉从业人员作参考、借鉴和指导生产。

一、花卉进出口的基本业务程序

（一）花卉出口

1. **信息收集** 在出口交易前要做到"知己知彼"，对货源情况、价格、国外市场情况、客户的信誉度等进行了解，制定销售方案。

2. **合同订立** 贸易双边就花卉出口的具体内容进行磋商，如价格、产品类型、品种、级别规格、数量、包装材料及要求、运输方式、交货地点、货款支付方式（通常采用L/T即信用证）等，当一方的发盘被另一边接受后，便可达成交易订立合同。

3. **出口合同履行** 买卖双方在订立出口合同后，按合同条款各自履行自己的义务。进口方在装运期一个月之前，通过所在地银行向出口方指定银行申请开立信用证。出口方做好以下工作：

（1）按合同规定组织货源、认真备货。

（2）落实信用证，做好催证、审证、改证等工作。

(3) 及时租船（飞机）、订舱，安排运输保险、办理出口检疫和海关报关手续。

(4) 缮制、备妥全套单据，向银行交单结汇，收取货款。

（二）花卉进口

1. **信息收集** 与花卉出口一样要对国内外花卉市场和外商资信情况作调查分析，选择采购市场与合作对象，制定经营方案。

2. **合同订立** 与出口合同相似，认真对合同各细节进行思考，同时研究国外市场信息，使自己在谈判中处于有利地位。

3. **进口合同履行** 进口合同履行与出口相反，如按 FIC 条件和信用证（L/T）方式付款，进口方应履行合同的程序有：

(1) 按合同规定的时限内向银行申请开立信用证。开证行根据申请内容，向出口人（受益人）开出信用证，并寄交或电传或通过 SWIFT 电讯网络送交出口地代理行（通知银行）。

(2) 对照合同审核全套单据，在单证相符时付款赎单。

(3) 办理进口报关、报检手续和验收提货。

（三）花卉进出口报关

花卉进出口报关程序一般包括报关单证准备、进出口申报、配合检查、缴纳税费、提货或转运货物等。

1. **准备报关单证** 进口货物的收货人收到"提货通知单"、出口货物的发货人在按出口合同的规定备齐出口货物后，立即准备向海关办理进出口报关手续，填写《进（出）口货物报关单》。同时准备好报关完备的单证。即发票、装箱单、运单（进口）各一份及出口收汇核销单（出口）、海关签发的《进（出）口货物征免税证明》（免税产品）、检验检疫证书、濒危物种进出口许可证件（如兰花）等。

2. **进出口申报** 进出口货物的收、发货人准备好全套单证后，首先采用电子数据形式向海关报告进出口货物情况。可采用终端申报方式、委托 EDI 方式、自行 EDI 方式和网上申报方式，将报关单申报的数据录入海关电子计算机系统。当接收到海关发送的"接受申报"报文和"现场交易"或"放行交单"通知，即表示电子申报成功。电子申报成功后打印《进（出）口货物报关单》及其他单据，以纸质报关单形式向海关申报。

3. **配合检查、缴纳税费** 海关在接受进出口货物的申报后，对进出境收发货人向海关申报的内容与货物进行核实，并核对计算机计算的税费，开具税款缴款书和收费票据，进出口收发货人在规定的时间内向指定银行办理税费手续，或通过中国电子口岸网向指定银行进行电子支付税费。征收税费后，海关进出口货物作出结束海关监管的决定，并在有关报关单据上签盖"海关放行印章"。另外，如需要办理有关退税、收付外汇手续的企业，还需要到海关办理专用退税、收付外汇报关单的签发手续，企业凭海关签发的专用报关单到国家税务局和国家外汇管理局办理有关退税及核销手续。

4. **提取货物** 进出口货物的收、发货人办理完货物放行手续后，到海关监管现场办理提取进口货物或装运出口货物手续。

目前，云南省的花卉进出口量较大，根据其鲜、活特点，昆明海关设立了"绿色通道"，采取灵活便利措施，做到花卉进出口手续随到随验，法定节假日和非工作时间实行预约制。对于进出口单证一时不能提供齐备等特殊情况采取凭保函,用手填报关单的方式先验放货物,后补办有关进出口手续。

二、进出境植物检疫

植物检疫是依法防止有害生物传播蔓延,保护农林生产和生态环境的重要措施。也是维护国家主权、促进对外交流的重要工作。自19世纪中期以来,世界一些国家发现由于农产品和种子苗木调运中传入有害生物,给本国的农林生产带来了严重的损失,甚至造成灾难,许多国家以立法的形式禁止苗木和农产品调运,防止有害生物传入和外来物种入侵。我国从20世纪30年代开始实行检疫制度,新中国成立以后设立了专门的检疫机构,制定了《中华人民共和国进出境动植物检疫法》、《中华人民共和国进出境动植物检疫法实施条例》、《进境植物繁殖材料检疫管理办法》、《进境动植物检疫审批办法》等系列法律法规,并加入了联合国食品委员会(CODEX)、亚太地区植保委员会(APPPC)等多个国际组织,与许多国家签订了双边检验检疫协定,开展检验检疫的合作与交流,共同维护人类公众利益,保护生态环境。

(一)进出境植物检疫范围

按照《中华人民共和国进出境动植物检疫法》的规定,进出境植物检疫的范围包括3个方面:

1. 进出境的货物、物品和携带、邮寄进出境的物品 包括植物、植物产品及其他检疫物。植物是指栽培植物、野生植物及其种子、种苗及其他繁殖材料。种子、种苗及其他繁殖材料指栽培、野生的可供繁殖的植物全株或部分,如植株、苗木(含试管苗)、果实、种子、砧木、接穗、插条、叶片、芽体、块根、块茎、鳞茎、球茎、花粉、植物组织或细胞培养材料苗等;植物产品指来源于植物未经加工或虽经加工但仍有可能传播病虫害的产品,如鲜切花、干花制品、水果、干果、蔬菜、粮食、棉花、生药材、木材等。

2. 装载容器、包装物及铺垫材料 包括植物、植物产品和其他检疫物的货物装载容器、铺垫材料,携带或邮寄物的包装材料等。

3. 运输工具 包括来自植物疫区的轮船、飞机、火车、汽车。与植物及植物产品进出境有关的各种进出境装载运输工具、进境供拆船用的废旧船舶均属检疫范围。

(二)国家禁止进境物

按照《中华人民共和国进出境动植物检疫法》规定,禁止下列与植株有关物品进境:
(1)植物病原体(包括菌种、毒种)、害虫及其他检疫物。
(2)植物疫情流行的国家和地区的有关植物、植物产品和其他检疫物。
(3)土壤。

口岸动植物检疫机关发现有禁止进境物时,作退回或销毁处理。因科学研究等特殊需要引进的禁止物进境,必须事先提出申请,经国家质检总局批准。

(三)植物检疫对象

植物检疫对象是指国家有关植物检疫部门根据一定时期国际国内病、虫、杂草发生、危害情况和本国、本地区的实际需要,经科学审定,明文规定要采取检疫措施禁止传播蔓延的某些植物病、虫、杂草。确定植物检疫对象的原则是凡局部地区发生的危险性大、能随植物及其产品传播的病、虫、杂草应定为植物检疫对象。

2007年5月，农业部与国家质量监督检验检疫总局共同制定和发布了新的《中华人民共和国进境植物检疫性有害生物名录》，由原来的84种（属）危险性病、虫、杂草修订为435种（属）检疫性有害生物，不再分一、二类；大幅增加针对粮食作物、油料作物、水果等重点进口产品的检疫性有害生物数量，同时根据近年进出口新形势和我国农业发展的新特点，增加了花卉、牧草、原木和木质包装、纤维作物上有害生物的种类。

1. **昆虫146种** 白带长角天牛、菜豆象、黑头长翅卷蛾、窄吉丁（非中国种）、螺旋粉虱、豆象（属）（非中国种）、荷兰石竹卷蛾、云杉树蜂、红火蚁、七角星蜡蚧、葡萄根瘤蚜、材小蠹（非中国种）、青杨脊虎天牛、巴西豆象等。

2. **软体动物6种** 非洲大蜗牛、琉球球壳蜗牛、花园葱蜗牛、散大蜗牛、盖罩大蜗牛、比萨茶蜗牛。

3. **真菌125种** 菊花花枯病菌、十字花科蔬菜黑胫病菌、杜鹃花枯萎病菌、丁香疫霉病菌、天竺葵锈病菌、杜鹃芽枯病菌、唐菖蒲横点锈病菌等。

4. **原核生物58种** 兰花褐斑病菌、瓜类果斑病菌、香石竹细菌性萎蔫病菌、菊基腐病菌、十字花科黑斑病菌、柑橘顽固病螺原体、风信子黄腐病菌等。

5. **线虫20种** 剪股颖粒线虫、草莓滑刃线虫、菊花滑刃线虫、松材线虫、鳞球茎线虫、长针线虫属（传毒种类）、根结线虫属（非中国种）、拟毛刺线虫属（传毒种类）、短体线虫（非中国种）、毛刺线虫属（传毒种类）、剑线虫属（传毒种类）等。

6. **病毒及类病毒39种** 非洲木薯花叶病毒（类）、香蕉苞片花叶病毒、蚕豆染色病毒、香石竹环斑病毒、玉米褪绿矮缩病毒、马铃薯A病毒、马铃薯V病毒、藜草花叶病毒、草莓潜隐环斑病毒、烟草环斑病毒、番茄黑环病毒、啤酒花潜隐类病毒等。

7. **杂草41种** 具节山羊草、节节麦、豚草（属）、细茎野燕麦、法国野燕麦、硬雀麦、蒺藜草（属）（非中国种）、铺散矢车菊、匐匍矢车菊、美丽猪屎豆、紫茎泽兰、假苍耳、野莴苣、薇甘菊、列当（属）、宽叶酢浆草、臭千里光、北美刺龙葵、银毛龙葵、假高粱（及其杂交种）、独脚金（属）（非中国种）、苍耳（属）（非中国种）等。

（四）进境植物、植物产品的检疫审批

1. 检疫审批机构

（1）进境植物及植物产品的检疫审批由国家质量监督检验检疫总局办理，各进境口岸直属检验检疫局负责初审，使用地不在进境口岸还需使用地初审。

（2）引进非禁止的植物繁殖材料，由各省（自治区、直辖市）农业厅（局）、林业厅（局），负责审批本省（自治区、直辖市）有关部门和单位引进或输出的植物繁殖材料的审批；引进单位填写《引进种子、苗木检疫申请书》、《引进种子、苗木检疫审批单》、《引进国外植物种苗隔离试种报告书》等材料报批。

（3）携带或邮寄植物繁殖材料，向口岸直属检验检疫局申请。

（4）因教学、科研等需要引进禁止进境的植物繁殖材料，因特殊原因引进带土或栽培介质的植物繁殖材料，必须向国家质量监督检验检疫总局申请办理特许检疫审批手续。

2. 检疫审批手续

（1）货主、引种单位在签订合同（协议）前办理检疫审批手续，并符合中国入境植物检疫规定及政府间双边植物检疫协定、协议和我国参加的地区性或国际性植保植检公约的规定，输出国家或地区无重大疫情发生等条件。

（2）货主按要求填写《中华人民共和国进境动植物检疫许可证》，并向国家质量监督检验检疫总局提交申请；引种单位在植物繁殖材料进境前10~15d，将农业厅、林业厅（局）批复的《进境动植物许可证》或《引进种子、苗木检疫审批单》、《引进林木种子种苗和其他繁殖材料审批单》送直属口岸检验检疫局办理手续。

（3）经口岸直属检验检疫局初审后，报国家质量监督检验检疫总局，对符合审批要求的给予签发《中华人民共和国进境动植物许可证》；不符合审批要求的，不予签发，并将理由通知申请人。

3. 报检主要工作程序

（1）单证准备。准备报关单、发票、装箱单、提单、运单、合同、原产地证明、检验检疫许可证、输出国检疫证明、植物熏蒸证明等。

（2）由报检员按要求填写报检单，向直属口岸出入境检验检疫局报检。

（3）检疫。包括现场检疫、实验室检疫、隔离检疫。现场检疫：货物抵达口岸时，检疫人员登机、登轮、登车或到货物停放场所实施检疫。核对进境植物繁殖材料的品种、数量、批号、唛头标记与申报是否相符。检查包装外部、铺垫材料及运输工具等有无土壤、害虫及杂草籽等。实验室检疫：检疫人员对现场检疫扦取的样品和需进一步检验、鉴定的材料送实验室检测。隔离检疫：引进的植物繁殖材料需作隔离检疫的，在指定的隔离圃隔离种植，经过至少一个生长周期的隔离检疫。

（4）检疫结果与处理。经检疫合格或经除害处理合格的进境检疫物，由口岸出入境检验检疫机构签发《检疫放行通知单》、检疫证书或在报关单上加盖印章，准予进境。对经检疫不合格的检疫物，由口岸出入境检验检疫机构签发《检疫处理通知单》，通知货主或其代理分别作除害、退回或销毁处理。

（五）花卉出口检验检疫

货主或其代理人应于发货前2~5d持有关单证（信用证、协议、合同等）向口岸直属检验检疫局申请办理报检手续。按规定填写报检单。检验检疫机关接受报检后，要核实有关单证，明确检验检疫要求，确定检验检疫时间、地点和方法。

1. 预检 花卉出口之前，由经过培训、考试合格并取得预检员资格的人员对货物进行预检，按规定填写预检结果单。

2. 现场检验检疫 大宗出口花卉现场检验检疫在包装前的生产加工过程中进行，批量较少的在存放地点或检验检疫机关指定的地点进行。

（1）质量检验。核对报检单上所填产地、品种、件数、重量、包装等是否与货物相符，包装是否符合要求等。并对花卉的长度、开放度、色泽、气味和鲜活程度等进行检验，或按贸易合同的要求，对花卉分级是否达标进行检验。

（2）病虫害检疫。抽取样品，检查花中可能藏匿的昆虫，花、叶、茎是否有病斑等情况，对可疑病状、异常的花、叶及昆虫进行实验室检验，以及病原菌分离培养鉴定、及线虫分离鉴定等。

3. 检验检疫处理

(1) 经检验质量不符合要求的，要求货主进行再加工或换货，直至满足有关要求。

(2) 经检疫发现虫害的，采取熏蒸、杀虫剂浸泡等措施进行除虫处理。

(3) 如病害症状严重不符合要求的，必须进行再加工，如摘除有病或腐烂的枝、叶、花等，必要时进行换货处理。

4. 检验检疫结果评定和放行

(1) 检验检疫合格或经处理后复检合格的，签发《检疫放行通知单》、《植物检疫证书》，准予出境。

(2) 需要熏蒸证书的，经熏蒸处理合格后，签发《熏蒸证》。

(3) 检验检疫不合格的，签发《检疫处理通知单》，通知报检人对货物作除害处理或换货处理，无有效处理方法的，不准出境。

三、花卉品种知识产权保护

1. 知识产权的概念 知识产权是指人们在科学、技术、文化等领域创造的精神财富是智力创造性劳动取得的成果，并且是由智力劳动者对其成果依法享有的专有权。是一种无形的财产权。主要包括作品、发明创造、商标标识、商业机密等。世界贸易组织关于《与贸易有关的知识产权协议》，将与贸易有关的知识产权范围确定为：版权与著作权、商标权、地理标志权、工业外观设计权、专利权、集成电路布图设计权、未披露的信息专有权。花卉是国际贸易的大宗产品，其品种权的享有、使用作为知识创新，也纳入了国际知识产权的保护体系。20世纪80年代以来，我国加入了《成立世界知识产权组织公约》等公约组织，并制定了《专利法》、《植物新品种保护条例》、《知识产权海关保护条例》等系列法律法规，除了人们熟知的对新闻出版、专利技术、商标等进行保护外，花卉新品种的保护也走向了法制化的轨道。我国《植物新品种保护条例》明确规定："完成育种的单位或者个人对其授权品种，享有排他的独占权。任何单位或者个人未经品种权所有人（以下称品种权人）许可，不得为商业目的生产或者销售该授权品种的繁殖材料，不得为商业目的的将该授权品种的繁殖材料重复使用于生产另一品种的繁殖材料"。

2. 自主知识创新、促进花卉行业健康发展 据报道，中国对日本出口香石竹2001—2006年期间净增了20倍，日本一些大型种苗公司和其他国家的育种公司联手制定切花品种出口许可证制度，并向海关申请海关知识产权保护，对未获得授权的花卉品种，其产品不允许进口，同时还将受到处罚和退货处理；国内一花卉公司对野生花卉驯化育种，培育的新品种获得国内外市场良好的声誉和市场，但由于花农及其他公司大量自行繁殖，该公司被迫放弃种植；由于我国没有按国际惯例进行国际花卉品种的注册和品种登录，中国传统十大名花中已经有9种被英国、美国、澳大利亚等国抢注。

种子是花卉生产重要的生产资料，决定了该产业的发展水平和经济地位，影响广大花农的收益和生计。如我国著名水稻专家袁隆平院士在杂交水稻育种理论研究和制种技术实践的成就，改变了世界粮食生产的进程，不仅解决了我国10多亿人口的吃饭问题，也为世界粮食安全做出了巨大贡献。由于种子生产对生产环境、生产技术性要求高，对民生影响大，世界各国都重视种子的生产和经营管理。为了保障广大群众的生产安全和生活安全，我国政府颁布了《中华人民共和国种子法》、《农业转基因生物安全管理条例》、《农作物种子生产经营许可证管理办法》和《关于设立外商投资农作物种子企业审批和登记管理的规定》等系列法规。各省（自治区、直辖市）根据国家的相关法规，制定了相应的条例，实行种子生产和经营许可证制度。未经允许，任何单位和个人，不得从事种子的生产和经营。请注意，这里所指的种子，不是植物学意义上的植物繁殖器官，按《中华人民共和国种子法》规定，是指农作物和林木的种植材料或者繁殖材料，包括子粒、果实和根、茎、苗、芽、叶等。

育种工作是种子生产的前提，花卉发达国家都重视新品种的选育和开发，包括种子生产技术、采后技术、质量控制等各方面的研究。并在种子生产、种苗培育、市场推广和售后服务方面已形成了专业的系统运作模式和科学的管理体系。如荷兰的莫尔海姆玫瑰贸易公司，成立于1888年，专业从事玫瑰的栽培和种苗繁殖业务一个多世纪，除了自己选育的品种外，还与世界著名育种人紧密合作，生产和销售世界著名育种人的几乎全部现有品种的玫瑰种苗，同时，还为客户提供技术支持和员工培训。

目前，我国花卉种子生产还相对滞后，具有自主知识产权的品种较少。绝大部分的切花和草花品种主要依靠进口。自20世纪90年代以来，荷兰、美国、日本等国家的许多种苗公司到中国寻求合作伙伴，在中国建立种子生产基地和销售网点，同时也采取授权委托国内代理等办法，拓展业务。特别是草花杂交种子生产，需要大量的人工进行授粉。国外花商为了降低成本，提高市场竞争力，他们与国内的公司、科研机构或个人合作，提供杂交组合的亲本，由国内生产单位承担技术含量低劳动密集的生产任务，种苗商回收种子后，通过采后处理和包装，再销售到各地。其销售价格往往比纯国产种子要高数倍甚至数十倍。如果我们的育种工作没有取得较大的突破，这种局面还将延续下去。

近20年以来，我国在花卉育种方面取得了长足的进步，一些科研院所、大专院校及花卉专业公司，投入了大量的资金，在种质资源的收集、野生花卉的引种驯化、优良品种引进、杂交育种等方面做了大量的工作，拥有了一批具有自主知识产权的品种，而且每年都有新的品种注册登记。据统计，1999—2006年，我国选育的花卉新品种约91个，其中月季、一品红、牡丹、杜鹃和山茶等木本类花卉新品种77个，香石竹、非洲菊、百合、兰花等草本花卉新品种14个。但与花卉发达国家百余年的积淀相比较，我们的育种工作基础还较薄弱，品种推广和售后服务体系尚未健全，知识产权保护意识还未深入人心。一些种植户自行扩繁种苗，育种人的合法收益得不到保障，致使国外种苗商不愿意将优良的新品种引入国内，而国内的育种单位和个人的积极性也受挫伤。一个花卉品种的育成需要多年的努力，甚至几代人的积累。一般草花品种的选育需多年的时间，木本花卉则更长。除了种质资源的收集、科研、品种鉴定等投入外，育种人每年还需缴纳申请品种保护费用。故从业人员应树立良好的职业道德，尊重他人的劳动，合法经营，利用资源优势，培育具有自主知识产权的花卉品种，创造性地发展各地特色花卉，才能使花卉业走向健康的发展道路，并使我国跻身于世界花卉业的先进行列。

四、濒危物种进出口管理

"一个物种可以决定一个国家的经济命脉，一个基因可以影响一个国家的兴衰"。生物物种及其基因资源，是人类赖以生存和发展的重要基础。我国是植物资源最丰富的国家之一，全球已知高等植物约 27 万种，中国有 3 万多种。随着世界人口的增长和经济的发展，生物多样性日益减少而引起各国政府和公众的关注，特别是那些稀有的物种。为此我国颁布了《中华人民共和国森林法》、《中华人民共和国野生动植物保护法》、《中华人民共和国野生动植物保护条例》等系列法律法规，对野生动植物依法进行保护。我国于 1982 年正式签订《濒危野生动植物种国际贸易公约》(CITES)，由中华人民共和国濒危野生动植物进出口管理办公室代表中国政府履行中国 CITES 公约的管理事务。2006 年 9 月颁布了《中华人民共和国濒危物种进出口管理条例》，作为履约的国家法规。国家濒危物种进出口管理办公室会同其他部门制定和调整《进出口野生动植物种商品目录》，并签发"濒危动植物种国际贸易公约允许进出口证明书"（公约证明）、"中华人民共和国进出口管理办公室野生动植物允许进出口证明"（非公约证明），对目录规定的濒危野生动植物及其产品的进出口进行管理。

濒危野生动植物种国际贸易公约（CITES）将保护物种列为 3 个附录，约 33 000 种，其中动物约 5 000 种，植物约 28 000 种。中国约有 2 000 个物种被列入附录。凡属《进出口野生动植物种商品目录》的野生动植物及产品，在进出口前必须向国家濒危物种进出口管理办公室或授权单位申报，取得公约证明或非公约证明后，方可办理海关进出口手续。

花卉产品、苗木及种子、种苗等繁殖材料有许多种类属于《进出口野生动植物种商品目录》内的物种，如大树杜鹃、鹅掌楸、珙桐、鹿角蕨、报春苣苔、兰花（所有种类）、华盖木、长蕊木兰、落叶木莲、大果木莲、黄花石蒜（所有种类）、桫椤（所有种类）、光棍树、金钱松、绣球茜、董棕、龙棕等。从事花卉业者具备一定的濒危物种保护及进出口管理的基本知识，才能正确指导生产，使花卉资源得到科学的管理、保护与合理利用，将资源优势转化为经济优势，并实现花卉产业可持续发展。

五、原产地保护

原产地域保护（地理标志）属于知识产权保护的范畴，是一个国家对自然、人文及名优特产品质量与信誉的保证制度。最早于 1883 年《保护工业产权的巴黎公约》中使用这一概念，1958 年《原产地名称保护及其国际注册里斯本协定》首次界定了原产地名称的内涵："一个国家、地区或地方的地理名称，用于指示一项产品来源于该地，其质量或者特征完全或主要取决于地理环境，包括自然和人文因素"。并在国际公约中规定了原产地名称的国际注册制度，该制度目前已被世界上许多国家采用。我国于 1999 年颁布了《原产地域产品保护规定》，2005 年重新发布了《地理产品保护规定》，建立了我国原产地名称的保护制度。

这里所指"原产地"概念与海关对进出口货物监管的"原产地"不同，按《中华人民共和国进出口原产地条例》规定："完全在一个国家（地区）获得的货物，以该国（地区）为原产地；两个以上国家（地区）参与生产的货物，以最后完成实质性改变的国家（地区）为原产地"。确定原产地的目的是为了征收关税或者采取其他贸易管制措施。如一些跨国企业或合资生产的电器产品产地在中国，配件可能是中国企业生产，也可能从其他国家进口，进出口产地明确标明"中国制造"。《知识产权协定》所使用的地理标志意义上的原产地，与特定的地理环境、历史、人文相关，只限于特定地区的生产者使用。如法国香槟、贵州茅台、云南普洱茶等。

我国地域广阔，地理、气候类型复杂多变，具有丰富的植物资源和民族多样性、文化多样性的特征，花卉栽培历史悠久。不同地方的花卉种类、栽培、修剪整形技艺各异，形成独特的品质和风格特征。如菏泽牡丹、云南山茶、漳州水仙，苏州、扬州、岭南、海派等不同风格的盆景造型艺术，具有独特的地域特征，体现了自然资源与人文的结合。虽然我国的鲜切花、商品性盆花的生产起步较晚，但发展速度较快，种植面积居世界首位。随着中国经济的发展和人们对知识产权的认识提高，将会有越来越多的花卉种类和品种出现，以适应花卉消费日趋多样性的特点。重视原产地保护，发展地方特色经济，加强行业自律，提高产品质量，创建自己的世界品牌也是花卉产业发展的必由之路。

研究性教学提示

1. 教师在教学中要注意收集国外花卉或农业组织、行业协会的相关资料，了解其运作的模式。理解非政府组织（NGO）在经济、社会发展中的地位和作用。

2. 注意收集在花卉进出口、动植物检疫、知识产权保护方面的案例，结合教学内容，开展案例教学和讨论。

探究性学习提示与问题思考

1. 利用周末的时间调查本地的花店，了解花店经营的主要花卉种类、产地、价格、服务范围、花店布置和花艺设计特点等信息。在教师的指导下，以小组为单位，制定一个开花店的计划，并提出自己经营的思路。大家相互交流，教师进行点评，看看哪个组的方案更为适用。

2. 模拟花卉拍卖，感受拍卖交易现场气氛，有条件的地方由教师组织同学到拍卖行参观，了解花卉拍卖的流程。思考竞价拍卖与传统对手交易（面对面的讨价还价）的区别和优势。

3. 以小组为单位，在教师的指导下查找资料和调查研究，了解当地花卉行业或农业产业的行业组织的主要形式有哪些？主要业务是什么？对行业的健康发展起到什么作用？

4. 以小组为单位，在教师的指导下查找资料，了解当地花卉栽培的历史，具有地方特色、栽培历史悠久的主要花卉种类和野生资源有哪些？思考如何保护和利用好这些资源。

考证要求

本章不涉及花卉园艺师考证具体技能操作内容，与考证相关知识的知识点有3个方面：

1. 结合插花艺术课程内容和插花员考证要求，了解花店经营的基本知识。

2. 了解中华人民共和国动植物检疫法中进出口植物检疫的相关内容及花卉产品消毒的主要方法。

3. 结合前面所学内容和花卉病虫害防治课程，识别花卉主要病害和害虫，掌握防治方法。

主要参考文献

[1] 陈俊愉,程绪珂.中国花经.上海:上海文化出版社,1994
[2] 胡洁清.中国插花.北京:清华大学出版社,1995
[3] 杨学成,林云等.小型植物造园应用.乌鲁木齐:新疆科学技术出版社,2005
[4] 鲁涤非.花卉学.北京:中国农业出版社,2003
[5] 刘庆华.花卉栽培学.北京:中央广播电视大学出版社,2001
[6] 南京林业学校.花卉学.北京:中国林业出版社,1993
[7] 宛成刚.花卉栽培学.上海:上海交大出版社,2002
[8] 北京林业大学园林系花卉教研组.花卉学.北京:中国林业出版社,1990
[9] 包满珠.花卉学.北京:中国农业出版社,2003
[10] 刘燕.园林花卉学.北京:中国林业出版社,2003
[11] 黄章智.切花栽培.上海:上海科技出版社,1988
[12] 施振国.园林花卉栽培新技术.北京:中国农业出版社,1999
[13] 陈卫元.花卉栽培.北京:化学工业出版社,2007
[14] 曹春英.花卉栽培.北京:中国农业出版社,2001
[15] 毛洪玉.园林花卉学.北京:化学工业出版社,2005
[16] 成海钟.观赏植物栽培.北京:中国农业出版社,2000
[17] 梁莉,李刚.名花栽培技艺与欣赏.长春:延边大学出版社,2002
[18] 韦三立.花卉产品采收与保鲜.北京:中国农业出版社,2002
[19] 石万方.花卉园艺工(中级).北京:中国劳动社会保障出版社,2003
[20] 王诚吉、马惠玲.鲜切花栽培与保鲜技术.杨凌:西北农林科技大学出版社,2004
[21] 宋军阳.温室切花生产新技术.杨凌:西北农林科技大学出版社,2005
[22] 李枝林.鲜切花栽培技术.昆明:云南科技出版社,2006
[23] 曾立文.沈基长等.棚室鲜切花栽培.北京:中国三峡出版社,2007
[24] 薛麒麟,郭继红,郭建平.切花栽培技术.上海:上海科学技术出版社,2007
[25] 中央农业广播电视学校.菊花生产栽培实用技术.北京:中国农业大学出版社,2007
[26] 罗镪.花卉生产技术.北京:高等教育出版社,2006
[27] 吴亚芹,赵东升,陈秀莉.花卉栽培生产技术.北京:化学工业出版社,2006
[28] 王代容,徐晔春.组合盆栽.广州:广东经济出版社,2007
[29] 赵家荣,秦八一.水生观赏植物.北京:化学工业出版社,2003
[30] 赵家荣.水生花卉.北京:中国林业出版社,2002
[31] 周厚高,张施君,王凤兰.水培花卉.乌鲁木齐:新疆科学技术出版社,2005
[32] 梅慧敏,江南鹤.水培花卉.上海:上海科学技术出版社,2001

[33] 李作轩. 园艺学实践. 北京：中国农业出版社，2004
[34] 王代容，徐晔春. 水养盆栽. 广州：广东经济出版社，2007
[35] 刘自学. 草皮生产技术. 北京：中国林业出版社，2001
[36] 江胜德，包志毅. 园林苗木生产. 北京：中国林业出版社，2004
[37] 白雪燕等. 2007年报关员资格全国统一考试教材. 北京：中国海关出版社，2007
[38] 董国荣，刘占梅，薛幼虹. 报检员应试入门. 上海：华东理工大学出版社，2005
[39] 国家保护知识产权工作组. 领导干部知识产权读本. 北京：人民出版社，2006

图书在版编目（CIP）数据

花卉生产技术/银立新，郭春贵主编．—北京：中国农业出版社，2009.1（2024.6重印）
中等职业教育农业部规划教材
ISBN 978-7-109-12093-8

Ⅰ．花…　Ⅱ．①银…②郭…　Ⅲ．花卉－观赏园艺－专业学校－教材　Ⅳ．S68

中国版本图书馆 CIP 数据核字（2008）第 188962 号

中国农业出版社出版
（北京市朝阳区农展馆北路 2 号）
（邮政编码 100125）
责任编辑　王　斌

三河市国英印务有限公司印刷　新华书店北京发行所发行
2009 年 1 月第 1 版　2024 年 6 月河北第 11 次印刷

开本：787mm×1092mm 1/16　印张：15.5　插页：4
字数：350 千字
定价：48.00 元
（凡本版图书出现印刷、装订错误，请向出版社发行部调换）